Algorithmen – kurz gefasst

W0303678

Uwe Schöning

Algorithmen – kurz gefasst

Spektrum Akademischer Verlag Heidelberg · Berlin

Autor:
Prof. Dr. Uwe Schöning
Abteilung Theoretische Informatik
Universität Ulm

Die Deutsche Bibliothek – CIP-Einheitsaufnahme

Schöning, Uwe:
Algorithmen – kurz gefasst / Uwe Schöning. – Heidelberg ; Berlin : Spektrum, Akad. Verl., 1997
(Spektrum-Hochschultaschenbuch)
ISBN 3-8274-0232-8

Der Verlag und der Autor haben alle Sorgfalt walten lassen, um vollständige und akkurate Informationen in diesem Buch zu publizieren.
Der Verlag übernimmt weder Garantie noch die juristische Verantwortung oder irgendeine Haftung für die Nutzung dieser Informationen, für deren Wirtschaftlichkeit oder fehlerfreie Funktion für einen bestimmten Zweck.
Der Verlag übernimmt keine Gewähr dafür, daß die beschriebenen Verfahren, Programme usw. frei von Schutzrechten Dritter sind.

Alle Rechte, insbesondere die der Übersetzung in fremde Sprachen, sind vorbehalten. Kein Teil des Buches darf ohne schriftliche Genehmigung des Verlages photokopiert oder in irgendeiner anderen Form reproduziert oder in eine von Maschinen verwendbare Form übertragen oder übersetzt werden.

Lektorat: Dr. Georg W. Botz / Bianca Alton (Ass.)
Umschlaggestaltung: Eta Friedrich, Berlin
Druck und Verarbeitung: Franz Spiegel Buch, Ulm

Vorwort

Dieses Buch macht mit einer Reihe von sequenziellen Algorithmen aus den verschiedensten Bereichen, deren Komplexitätsanalyse, allgemeinen algorithmischen Prinzipien und grundsätzlichen Methoden der Algorithmenanlyse vertraut. Die Algorithmentechnik ist ein attraktives und sehr aktives Gebiet, in dem es immer noch überraschende Ergebnisse und neue interessante Entwicklungen gibt. Ich habe versucht, etwas von diesem Flair einzufangen. Die verschiedenen Themen werden hierbei „kurz gefasst" behandelt, das heißt, es wird auf das Wesentliche fokussiert; die Algorithmen werden knapp aber nichtsdestoweniger präzise – oft in Umgangssprache oder einer Pascal-ähnlichen Notation – beschrieben. Begleitet wird die Darstellung mit theoretischen Analysen zur Komplexität der betreffenden Verfahren.

Das *Traveling Salesman Problem* spielt in diesem Buch eine gewisse Sonderrolle, da dieses Problem immer wieder als Beispiel herangezogen wird, an dem sich bestimmte Algorithmentypen gut illustieren lassen (zum Beispiel beim dynamischen Programmieren, bei den Greedy-Heuristiken, bei Branch-and-Bound, bei den lokalen Verbesserungsstrategien und bei den genetischen Algorithmen).

Als unmittelbare Ergänzung und Vertiefung zu den hier behandelten Themen bieten sich an: Algorithmische Geometrie, Algorithmen in der Computergrafik, Parallele Algorithmen und Kryptographie. Diese spezialisierten Bereiche wurden zugunsten des „kurz gefasst" Konzepts ausgespart.

Vorausgesetzt werden gewisse Vorkenntnisse aus dem Bereich der Praktischen Informatik: Programmieren in einer höheren Programmiersprache, Datenstrukturen mit Zeigern (Listen, Suchbäume, balancierte Bäume), Erfahrung mit rekursiver Programmierung, einige elementare Algorithmen. Gelegentlich werden Themen aus der Theoretischen Informatik angesprochen: endliche Automaten, der Algorithmen- und Berechenbarkeitsbegriff, NP-Vollständigkeit. Elementare Kenntnisse über Graphen und algebraische Strukturen sind bei einigen Algorithmen gefragt.

Wie man vielleicht schon an der Schreibweise einiger Wörtern in diesem Vorwort oder auch im Titel des Buches gemerkt hat, habe ich mich an die neue Deutsche Rechtschreibung gehalten.

Hervorgegangen ist dieses Buch – wie üblich – aus einem Vorlesungsskript, in dessen jeweilige Auflagen viele Anregungen, Korrekturen und Verbesserungen eingeflossen sind, die mir von Studenten und Kollegen zugetragen wurden. Hierfür möchte ich mich herzlich bedanken.

Ulm, im Juli 1997 Uwe Schöning

Inhaltsverzeichnis

Überblick

Im ersten Kapitel haben wir einiges zusammengestellt, was sozusagen zum Handwerkszeug eines „Algorithmikers" gehört. Grundbegriffe aus der *Stochastik* werden bei stochastischen Komplexitätsabschätzungen und der Analyse von *probabilistischen Algorithmen* benötigt. Weiterhin werden die grundsätzlichen Konzepte der *worst-case* und der *average-case* Analyse vorgestellt. Hierbei werden Komplexitätsangaben, also Aussagen über die Laufzeit von Algorithmen in Abhängigkeit von der Eingabelänge, sinnvollerweise mit Hilfe der asymptotischen *O-Notation* (oder einer ähnlichen) gemacht. Bei solchen Laufzeituntersuchungen ist es sinnvoll, ein Repertoir an nützlichen *Abschätzungen* zur Verfügung zu haben. Bei der Analyse von rekursiven Algorithmen treten typischerweise *Rekursionsgleichungen* auf. Hierfür müssen Lösungsmethoden bereitgestellt werden.

Probabilistische Algorithmen stellen ein interessantes, relativ neuartiges Konzept dar. In manchen Bereichen sind die schnellsten bekannten Algorithmen probabilistisch.

Eine ausgefeiltere Analysetechnik des worst-case Verhaltens von Algorithmen stellen sog. *amortisierte Analysen* dar. Diese treten immer im Zusammenhang mit einer im Lauf des Algorithmus' zu manipulierenden *Datenstruktur* auf.

Das in den meisten Fällen verwendete *uniforme Komplexitätsmaß* erweist sich bei zahlentheoretischen Algorithmen als nicht angebracht oder zu grob. Stattdessen weichen wir auf die Betrachtung der *Bit-Komplexität* aus.

Für viele Problemstellungen sind trotz aller Anstrengungen keine effizienten Algorithmen gefunden wurden. Meistens fallen diese Problemstellungen in die Klasse der *NP-vollständigen* Probleme. Dieser Begriff und die grundsätzliche Frage, was ein effizienter Algorithmus ist, wird in Abschnitt 1.9 diskutiert.

Immer wenn es um die Verwaltung, Verarbeitung oder Übertragung großer Datenmengen oder um Datenstrukturen zur Speicherung solcher Datenmengen geht, kommt man um den Begriff der *Entropie*, des inhärenten Informationsgehalts, nicht herum. Mit Hilfe der Entropiefunktion lassen sich Abschätzungen für die mittlere Baumtiefe von Such-, Code- oder Entscheidungsbäumen angeben. Eng damit verknüpft ist die

Frage, ob und inwieweit (und mit welchen Algorithmen) Dateien ohne Informationsverlust *komprimiert* werden können. Solche Fragestellungen werden in Abschnitt 1.10 besprochen.

Das zweite Kapitel behandelt verschiedene *Sortieralgorithmen* (BubbleSort, QuickSort, HeapSort, BucketSort) und prinzipielle untere Schranken für die mögliche Laufzeit von Sortierverfahren. Ferner werden *Selektionsalgorithmen* behandelt, zum Beispiel für das Auffinden des Minimums und/oder des Maximums oder des Medians einer Zahlenmenge.

Hashing ist eine erstaunlich effiziente Methode zum Verwalten kleinerer Datenmengen, wenn die Anforderungen an die Datenstruktur vergleichsweise einfach sind (Suchen, Einfügen, Löschen). Solche Verfahren werden in Kapitel 3 behandelt.

Algorithmen nach der Methode *Dynamisches Programmieren* bauen sukzessive eine Tabelle auf, in der optimale Lösungen für Problemstellungen der Größe $i = 1, 2, 3, \ldots$ eingetragen werden, bis das eigentliche Problem der Größe $i = n$ gelöst ist. Typische Anwendungen der Methode bestehen darin, dass eine optimale Klammerungs- oder Baumstruktur gefunden werden soll. Ebenfalls werden in Kapitel 4 dynamische Programmieralgorithmen für gewisse NP-vollständige Probleme vorgestellt (Traveling Salesman Problem, Rucksackproblem).

Einfacher als dynamisches Programmieren ist die Methode *Greedy* (Kapitel 5): Versuche eine optimale Lösung für eine Problemstellung zu gewinnen durch sukzessives Erweitern der bisherigen Lösung um die (anscheinend) beste Möglichkeit. In Fällen, in denen die zugrundeliegende Struktur ein sog. *Matroid* ist, funktioniert diese „naive" Vorgehensweise tatsächlich. Prominenteste Beispiele für das Funktionieren des Greedy-Ansatzes sind der Huffman-Algorithmus zur Konstruktion eines optimalen Präfixcodes, der Kruskal-Algorithmus zur Konstruktion eines minimalen aufspannenden Baumes, der Dijkstra-Algorithmus zum Auffinden eines kürzesten Weges in einem Graphen. Bei der effizienten Implementierung von Greedy-Algorithmen zeigt es sich, dass man nicht ohne fortschrittlichere Datenstrukturen wie Priority Queues und Union-Find-Strukturen auskommt.

Mit dem vorigen Kapitel wurde die Welt der Algorithmen auf Graphen bereits betreten. Solche Algorithmen werden dann im sechsten Kapitel systematisch weiter behandelt. Neben der Frage, wie man Graphen Computer-intern repräsentiert, und wie sich die Wahl der Repräsentation ggfs. auf die Komplexität der verschiedenen Algorithmen auf Graphen auswirkt, werden verschiedene Standardverfahren, wie das Durchlaufen eines Graphen, das topologische Sortieren und das Bestimmen der transitiven Hülle, vorgestellt. Zu erwähnen sind vor allem der Ford-Fulkerson Algorithmus zur Bestimmung eines maximalen Flusses in einem Graphen und die Evaluation von sog. Spielbäumen.

Algebraische und zahlentheoretische Algorithmen sind das Thema von Kapitel 7. Wir behandeln schnelle Multiplikationsmethoden für ganze Zahlen, für Matrizen und für Polynome (im letzteren Fall mit Hilfe der schnellen Fourier-Transformation, kurz: FFT). Desweiteren wird der Euklidsche Algorithmus zur Bestimmung des größten gemeinsamen Teilers und seine Erweiterungen und Anwendungen eingehend behandelt. Eine Methode zum schnellen Berechnung der modularen Potenzfunktion wird vorgestellt, und sozusagen als Anwendung hiervon, ein schneller (probabilistischer) Primzahltest.

In Kapitel 8 wird das spezielle Thema der *String Matching* Algorithmen behandelt. Wir stellen die gängigen Algorithmen hierfür vor.

Kapitel 9 behandelt die unterschiedlichsten sog. *heuristischen Algorithmen.* Dieses sind Verfahren, die insbesondere bei schwierig zu lösenden Problemen zur Anwendung kommen, für die keine effizienten Algorithmen bekannt sind (wie die NP-vollständigen). Bei diesen Algorithmen kann zugunsten der Effizienz keine Lösungs- (oder Optimalitäts-) Garantie gegeben werden. Die theoretische Untermauerung derartiger Verfahren ist bisher noch relativ lückenhaft. Trotzdem liefern diese Verfahren in der praktischen Anwendung sehr brauchbare Ergebnisse. Erwähnenswert ist, dass wir in diesem Kapitel das *Traveling Salesman Problem* als laufendes Beispiel hernehmen, um die verschiedenen Konzepte zu illustrieren. Bei den meisten der vorgestellten heuristischen Verfahren spielt Probabilismus eine Rolle, wenn zum Beispiel Anfangslösungen „geraten" werden müssen oder Lösungen zufällig „mutiert" werden sollen.

Algorithmen formulieren wir im Folgenden durchweg in einer Pascal- bzw. Modula-ähnlichen Notation – evtl. mit umgangssprachlichen Einschüben – wobei die Blockstruktur durch Einrücken (ohne Verwenden von END) deutlich gemacht wird.

Wir gehen davon aus, dass die vorgestellten Algorithmen mit Unterstützung der üblichen Datenstrukturen (lineare Listen, etc.) implementiert werden – meist ohne diese explizit zu erwähnen. In einigen Fällen müssen zur effizienten Implementierung von algorithmischen Ideen speziell zugeschnittene höherwertige Datenstrukturen entworfen werden. In diesen Fällen weisen wir natürlich darauf hin (vgl. Abschnitte 5.8 und 6.1).

Kapitel 1

Grundlegende Konzepte

Wir stellen in diesem Kapitel einige grundlegende Konzepte und Methoden der Algorithmenanalyse und deren Umfeld zusammen. Einiges davon geht ein wenig über das hinaus, was tatsächlich in diesem Buch in späteren Kapiteln gebraucht wird.

1.1 Ein wenig Stochastik

Wir wollen einige Begriffe aus der Stochastik in aller Kürze rekapitulieren, da diese bei Algorithmenanalysen und im Zusammenhang mit probabilistischen Algorithmen immer wieder benötigt werden. Wir werden es hier immer mit endlichen Wahrscheinlichkeitsräumen zu tun haben. Ein solcher wird spezifiziert durch eine endliche Menge $M = \{e_1, \ldots, e_n\}$ von *Elementarereignissen*, denen jeweils eine *Wahrscheinlichkeit* $p(e_i)$ zugeordnet ist, wobei $\sum_{i=1}^{n} p(e_i) = 1$. (Die Vorstellung ist hierbei, dass auf dem Wahrscheinlichkeitsraum ein *Zufallsexperiment* durchgeführt wird, dessen Ergebnis genau eines der Elementarereignisse sein kann. Zum Beispiel könnten die e_i die potentiellen Eingaben für einen Algorithmus darstellen). Sofern alle Wahrscheinlichkeiten $p(e_i)$ identisch sind (also $p(e_i) = 1/n$), so sprechen wir von einer *Gleichverteilung*. Der Wahrscheinlichkeitsbegriff lässt sich verallgemeinern auf *Ereignisse*, dies sind beliebige Teilmengen der betreffenden Grundmenge M. Mit $Pr(E)$ bezeichnen wir die Wahrscheinlichkeit des Ereignisses $E \subseteq M$. Es ist $Pr(E) = \sum_{e \in E} p(e)$.
Einige Eigenschaften der Wahrscheinlichkeitsfunktion Pr sind die Folgenden.

- $0 \leq Pr(E) \leq 1$.
- $Pr(\emptyset) = 0, \; Pr(M) = 1$.

- $Pr(\overline{E}) = 1 - Pr(E)$, wobei $\overline{E}$ das *Komplementärereignis* von E darstellt, also $\overline{E} = M - E$.
- $Pr(E \cup F) = Pr(E) + Pr(F) - Pr(E \cap F)$ (Siebformel).

Zwei Ereignisse E, F heißen *stochastisch unabhängig*, falls $Pr(E \cap F) = Pr(E) \cdot Pr(F)$ gilt.

Eine *Zufallsvariable* ist eine Funktion, die jedem Elementarereignis einen (reellen oder ganzzahligen) Wert zuordnet. Oft werden Ereignisse über die möglichen Werte, die eine Zufallsvariable annehmen kann, definiert. Sei etwa X eine Zufallsvariable auf einem Wahrscheinlichkeitsraum M. Dann bezeichnet „$X = a$" das Ereignis E, dass X den Wert a annimmt, also $E = \{e \in M \mid X(e) = a\}$.

Der *Erwartungswert* und die *Varianz* einer Zufallsvariablen X sind definiert durch

$$\begin{aligned} E[X] &= \textstyle\sum_{e \in M} X(e) \cdot p(e), \\ V[X] &= E[(X - E[X])^2] = E[X^2] - (E[X])^2 \end{aligned}$$

Eine wichtige Eigenschaft ist die *Linearität* des Erwartungswertoperators:

$$E[aX + bY] = aE[X] + bE[Y]$$

Wenn der Erwartungswert (und evtl. die Varianz) bekannt sind, so kann man diese charakteristischen Werte verwenden, um die Wahrscheinlichkeit, dass die Zufallsvariable bestimmte Werte (die vom Erwartungswert abweichen) annimmt, abschätzen:

$$\begin{aligned} Pr(X \geq a) &\leq E[X]/a \quad \text{(Markoff-Ungleichung)} \\ Pr(|X - E[X]| \geq a) &\leq V(X)/a^2 \quad \text{(Tschebyscheff-Ungleichung)} \end{aligned}$$

Im Falle der Markoff-Ungleichung ist gefordert, dass die Zufallsvariable X nur positive Werte annehmen kann.

Eine häufig auftretende Wahrscheinlichkeitsverteilung ist die *Binomialverteilung*. Hierbei wird n-mal unabhängig ein Zufallsexperiment durchgeführt, das jedesmal entweder den Ausgang 0 oder 1 haben kann. Das heißt, die Menge der Elementarereignisse des gesamten Zufallsexperiments ist $\{0, 1\}^n$. Und zwar tritt das Ereignis 1 bei einem einzelnen Versuch mit Wahrscheinlichkeit p und das Ereignis 0 mit Wahrscheinlichkeit $1 - p$ auf. Wir definieren auf diesem Wahrscheinlichkeitsraum eine Zufallsvariable X, die angibt, wieoft bei den n Versuchen das Ergebnis 1 aufgetreten ist. Es gilt:

$$\begin{aligned} Pr(X = i) &= \tbinom{n}{i} p^i (1 - p)^{n-i} \\ E[X] &= np \\ V[X] &= np(1 - p) \end{aligned}$$

In den Abschnitten 1.6 und 9.4 werden wir noch weitere nützliche Abschätzungen zur Binomialverteilung herleiten.

1.2 Worst-Case und Average-Case

Ein *Algorithmus* wird immer gestartet mit einer *Eingabe*. Eine Eingabe kann zum Beispiel ein Graph, eine Zahl, eine Matrix, etc., oder eine Kombination hiervon sein. Jeder Eingabe kann man eine ***Länge*** $n \in \mathbb{N}$ zuordnen. Mit $|x|$ bezeichnen wir die Länge der Eingabe x.

Die *worst-case-Komplexität* von einem Algorithmus A ist die Laufzeit von A bei der ungünstigsten Eingabe der Länge n. In Formeln:

$$\text{wc-time}_A(n) \;:=\; \max_{x:|x|=n} \text{time}_A(x)$$

Hierbei ist $\text{time}_A(x)$ die Laufzeit (Anzahl der durchlaufenen Elementarschritte) von Algorithmus A bei Eingabe x.

Da wir an dieser Stelle nur über *deterministische* Algorithmen reden, ist mit Angabe einer Eingabe x der Rechenablauf und damit dessen Länge eindeutig festgelegt.

Falls $\text{wc-time}_A(n) \leq f(n)$ für eine Funktion f gilt, so heißt dies, dass der Algorithmus A bei *jeder* Eingabe der Länge n höchstens $f(n)$ Schritte macht. Falls dagegen $\text{wc-time}_A(n) \geq g(n)$ für eine Funktion g gilt, so heißt dies (nur), dass es Eingaben der Länge n gibt, für die Algorithmus A mindestens die Laufzeit $g(n)$ benötigt.

Bei der *average-case*-Analyse von einem Algorithmus A wird Gleichverteilung auf allen Eingaben der Länge n angenommen. Die Laufzeit A von einem Algorithmus (bei zufälliger Wahl der Eingabe) wird damit zu einer *Zufallsvariablen* $T_{A,n}$. Es ist

$$\text{av-time}_A(n) \;:=\; E[\,T_{A,n}\,]$$

wobei die Eingaben der Länge n unter Gleichverteilung zufällig ausgewählt werden. Hierbei ist E der *Erwartungswertoperator*. In Formeln heißt dies also:

$$\text{av-time}_A(n) \;:=\; \frac{1}{|\{x : |x| = n\}|} \cdot \sum_{x:|x|=n} \text{time}_A(x)$$

Beispiel: Maximum bestimmen.

Betrachte den folgenden Programmabschnitt (Eingabe sei ein Array $a[1..n]$, $n \geq 1$).

$$\begin{array}{ll} (1) & \text{max} := a[1] \\ (2) & \text{FOR } i := 2 \text{ TO } n \text{ DO} \\ (3) & \quad \text{IF } a[i] > \text{max THEN } \underbrace{\text{max} := a[i]}_{(4)} \end{array}$$

Sei c_1 der Aufwand zur Ausführung von (1). Sei c_2 der Aufwand, der mit jedem einzelnen Schleifendurchlauf in (2) und (3) verbunden ist. Sei c_3 der Aufwand für (4). Dann ergibt sich:

$$\text{wc-time}_A(n) = c_1 + (n-1)(c_2 + c_3)$$

Wie sieht es mit dem average-case aus? Als eine Eingabe der Länge n betrachten wir hier ein Array $a[1..n]$, dessen Elemente eine beliebige Permutation der Zahlen (z.B.) $1, 2, \ldots, n$ darstellen. Alle $n!$ solchen Permutationen seien gleichwahrscheinlich. Dann gilt:

$$\begin{array}{lcl} Pr(a[2] > a[1]) & = & \frac{1}{2} \\ Pr(a[3] > \max(a[1], a[2])) & = & \frac{1}{3} \\ & \vdots & \\ Pr(a[n] > \max(a[1], a[2], \ldots, a[n-1])) & = & \frac{1}{n} \end{array}$$

Sei X_j $(j = 1, \ldots, n)$ die Zufallsvariable mit

$$X_j = \begin{cases} 1, & \text{in dem Arrayabschnitt } a[1..j] \text{ ist } a[j] \text{ das Maximum} \\ 0, & \text{sonst} \end{cases}$$

Dann ist $E[X_j] = Pr(a[j] > \max(a[1], a[2], \ldots, a[j-1])) = \frac{1}{j}$. Daher ergibt sich:

$$\begin{array}{rcl} \text{av-time}_A(n) & = & c_1 + (n-1)c_2 + c_3 E\Big[\sum_{j=2}^{n} X_j\Big] \\ & = & c_1 + (n-1)c_2 + c_3 \sum_{j=2}^{n} E[X_j] \\ & = & c_1 + (n-1)c_2 + c_3 \sum_{j=2}^{n} \frac{1}{j} \\ & = & c_1 + (n-1)c_2 + (H_n - 1)c_3 \\ & \approx & c_1 + (n-1)c_2 + (\ln n)c_3 \end{array}$$

Hierbei ist $H_n = \sum_{j=1}^{n} \frac{1}{j}$ die harmonische Reihe (vgl. auch Abschnitt 1.4).

1.3 Asymptotische Notationen

Die genaue Angabe einer Komplexitätsfunktion, bis auf den konstanten Faktor, ist oft schwierig oder unmöglich, da die konkrete Laufzeit eines Algorithmus' von der verwendeten Maschine, der Programmiersprache, ja sogar vom verwendeten Compiler, abhängig ist. Eine Angabe, die dagegen stabil, also von der konkreten Ausführung des Algorithmus unabhängig ist, ist zum Beispiel die Aussage, dass die Komplexität „höchstens quadratisch mit der Eingabelänge zunimmt". Genau solche unscharfen Aussagen werden durch die folgenden Notationen unterstützt.

Wir beginnen mit der O-Notation, welche es ermöglicht, Aussagen über obere Schranken zu machen – unter Ignorieren von konstanten Faktoren und von Termen niedrigerer Ordnung.

Im Folgenden seien f und g immer Funktionen von $\mathbb{N}$ nach $\mathbb{R}_+$.

Definition: Mit $O(f(n))$ bezeichnen wir die Klasse aller Funktionen g mit der Eigenschaft:

$$\exists c > 0 \; \exists n_0 > 0 \; \forall n \geq n_0 \; : \; g(n) \leq cf(n)$$

Beispiel: Es gilt $3n^4 + 5n^3 + 7\log n \in O(n^4)$, denn es gilt $3n^4 + 5n^3 + 7\log n \leq 3n^4 + 5n^4 + 7n^4 = 15n^4$ für $n \geq 1$. Daher können wir $c = 15$ und $n_0 = 1$ wählen.

Die O-Notation ist natürlich nur dann sinnvoll, wenn die zur Abschätzung verwendete Funktion *möglichst einfach* ist, also keine überflüssigen konstanten Faktoren oder Terme niedriger Ordnung enthält.

Dual zur O-Notation, und damit für untere Schranken geeignet, ist die Ω-Notation:

Definition: Mit $\Omega(f(n))$ bezeichnen wir die Klasse aller Funktionen g mit der Eigenschaft:

$$\exists c > 0 \; \exists n_0 > 0 \; \forall n \geq n_0 \; : \; g(n) \geq cf(n)$$

Definition: Mit $\Theta(f(n))$ bezeichnen wir die Klasse $O(f(n)) \cap \Omega(f(n))$.

Falls also $g(n) \in \Theta(f(n))$ gezeigt ist, so haben wir das Wachstum der Funktion $g(n)$ mittels $f(n)$ genau – bis auf einen konstanten Faktor und bis auf Terme niedriger Ordnung – abgeschätzt. Die Funktion $g(n)$ verläuft dann also, zumindest ab einem Anfangswert n_0, in dem „Streifen" $[c_1 f(n), c_2 f(n)]$, für gewisse Konstanten c_1, c_2 mit $c_1 < c_2$.

Beispiele: $1 + \sin n \in \Theta(1)$, $3n^2 \log n + 4n^2 + 3n \in \Theta(n^2 \log n)$.

Es gibt noch einige seltener verwendete asymptotische Notationen:

Definition: Mit $o(f(n))$ bezeichnen wir die Klasse aller Funktionen g mit der Eigenschaft:

$$\forall c > 0\, \exists n_0 > 0\, \forall n \geq n_0 : g(n) \leq cf(n)$$

Der Unterschied zur O-Notation besteht „nur" in dem Quantor bei der Konstanten c. Der Effekt dieses Allquantors ist, dass sich die Funktionen f und g beliebig weit (für genügend große n) unterscheiden müssen.

Beispiele: Im Unterschied zur O-Notation gilt $3n^2 \notin o(n^2)$, aber zum Beispiel $3n \log n \in o(n^2)$. Eine Funktion $g(n) \in o(1)$ ist zum Beispiel eine Nullfolge.
Es gilt: $g(n) \in o(f(n))$ genau dann, wenn $\lim_{n\to\infty} g(n)/f(n) = 0$.

Die zur o-Notation duale Notation ist die ω-Notation.

Definition: Mit $\omega(f(n))$ bezeichnen wir die Klasse aller Funktionen g mit der Eigenschaft:

$$\forall c > 0\, \exists n_0 > 0\, \forall n \geq n_0 : f(n) \leq cg(n)$$

Es gilt: $g(n) \in \omega(f(n))$ genau dann, wenn $\lim_{n\to\infty} f(n)/g(n) = 0$.

In Analogie zum Vergleich zweier reeller Zahlen a und b kann man die folgenden intuitiven Vergleiche aufstellen:

$$\begin{array}{rcl} g(n) \in O(f(n)) & \text{entspricht} & a \leq b \\ g(n) \in \Omega(f(n)) & \text{entspricht} & a \geq b \\ g(n) \in \Theta(f(n)) & \text{entspricht} & a = b \\ g(n) \in o(f(n)) & \text{entspricht} & a < b \\ g(n) \in \omega(f(n)) & \text{entspricht} & a > b \end{array}$$

Der Vergleich hat jedoch seine Grenzen. Während für alle reellen Zahlen a, b gilt, dass entweder $a < b$ oder $a = b$ oder $a > b$ gilt, können Funktionen f und g im Sinne keiner dieser asymptotischen Notationen miteinander vergleichbar sein.

Beispiel: Sei $f(n) = n^2$ und $g(n) = \begin{cases} n, & n \text{ ungerade,} \\ n^3 & n \text{ gerade.} \end{cases}$

In der Praxis wird bei asymptotischen Abschätzungen oft das Gleichheitszeichen „=“ verwendet, obwohl eigentlich „∈“ oder „⊆“ korrekt wäre: Man schreibt zum Beispiel

$$3n^3 + 4n + \log n \;=\; 3n^3 + \Theta(n) \;=\; \Theta(n^3)$$

anstatt

$$3n^3 + 4n + \log n \;\in\; 3n^3 + \Theta(n) \;\subseteq\; \Theta(n^3)$$

Die Genauigkeit der Abschätzung nimmt hierbei von links nach rechts ab. Solche „Gleichungen“ dürfen also nur von links nach rechts gelesen werden.

Zum Schluss wollen wir noch eine weitere asymptotische Notation einführen: Man schreibt $f(n) \sim g(n)$ genau dann, wenn $\lim_{n\to\infty} f(n)/g(n) = 1$. Dies ist ein genauerer Vergleich der beiden Funktionen f und g als dies zum Beispiel durch die Notation $f(n) = \Theta(g(n))$ ausgedrückt wird. Bei $f(n) \sim g(n)$ muss der konstante Faktor bei beiden Funktionen übereinstimmen.

1.4 Einige nützliche Abschätzungen

Die folgenden Funktionen treten oftmals bei der Analyse von Algorithmen auf. Oft lassen sich diese durch einfachere Funktionen (asymptotisch) abschätzen.

Es gilt mit der *Stirlingschen Formel*

$$n! \;\sim\; \sqrt{2\pi n}\cdot (n/e)^n$$

Hieraus ergibt sich

$$\log(n!) = n\log n - \Theta(n)$$

und auch

$$\binom{2n}{n} \;\sim\; \frac{4^n}{\sqrt{\pi n}}$$

Eine weitere Konsequenz der Stirlingschen Formel ist die Abschätzung

$$(\frac{n}{k})^k \le \binom{n}{k} \le (\frac{en}{k})^k$$

bzw.

$$\sum_{i=0}^{\lambda n} \binom{n}{i} \le 2^{h(\lambda)n}, \quad \lambda \le \frac{1}{2}$$

wobei $h(x) = -x \log_2 x - (1-x)\log_2(1-x)$ die binäre *Entropiefunktion* ist, vgl. Seite 41. Hieraus ergibt sich auch

$$\log_2 \binom{n}{k} \leq h(\frac{k}{n})n$$

Sei

$$H_n := \sum_{i=1}^{n} \frac{1}{i}$$

die *harmonische Reihe*. Es gilt:

$$\ln n \leq H_n \leq \ln n + 1$$

wobei ln der Logarithmus zur Basis e ist.

Gelegentlich möchte man Ausdrücke mit Logarithmen vermeiden. Für $x > 0$ gilt die Abschätzung

$$\ln x \leq x - 1$$

die besonders gut in der Nähe von $x = 1$ ist.

Sei $\pi(n)$ die Anzahl der Primzahlen bis zur Zahl n. Der berühmte *Primzahlsatz* der Zahlentheorie besagt, dass

$$\pi(n) \sim n/\ln n$$

Wenn man also eine Zahl $z \in \{1, \ldots, n\}$ zufällig unter Gleichverteilung zieht, so wird diese etwa mit Wahrscheinlichkeit $\frac{n/\ln n}{n} = 1/\ln n$ eine Primzahl sein. Im Mittel wird man also das Zufallsexperiment ($\ln n$)-mal wiederholen müssen, bis man eine Primzahl gefunden hat.

1.5 Rekursionsgleichungen

Bei der Komplexitätsanalyse von (rekursiven) Algorithmen entstehen sehr oft Rekursionsgleichungen, die behandelt und gelöst werden müssen. Eine Rekursionsgleichung hat die Form $f(n) = F(f(1), f(2), \ldots, f(n-1))$.

Ohne eine weitere Angabe besteht die Lösungsmenge einer solchen Gleichung in einer Funktionenschar. Die einzelnen Funktionen der Funktionenschar werden durch Festlegen geeigneter Parameter spezifiziert. Wenn k Parameter anzugeben sind, so können diese durch Lösen von k Anfangswertbedingungen an f ermittelt werden:

$$\begin{aligned} f(1) &= a_1 \\ f(2) &= a_2 \\ &\vdots \\ f(k) &= a_k \end{aligned}$$

Beispiel: Die *Fibonacci*-Folge ist definiert durch die Rekursion $f(n) = f(n-1) + f(n-2)$ und $f(1) = f(2) = 1$. Wir vermuten, dass diese Funktion exponentielles Wachstum besitzt. Also zeigen wir, dass für gewisse Konstanten a, c gilt: $f(n) \geq ac^n$, $n \geq n_0$. Wir setzen induktiv in die Rekursionsgleichung ein:

$$\begin{aligned} f(n) &= f(n-1) + f(n-2) \\ &\geq ac^{n-1} + ac^{n-2} \\ &= ac^n \cdot \frac{c+1}{c^2} \end{aligned}$$

Dieser letzte Ausdruck sollte $\geq ac^n$ sein, damit der Induktionsschritt korrekt bewiesen ist. Dies ist äquivalent mit $c^2 - c - 1 \leq 0$. Lösen der quadratischen Gleichung $c^2 - c - 1 = 0$ liefert $c = \frac{\sqrt{5}+1}{2}$ (der goldene Schnitt). (Die zweite, negative Lösung für c ist hier uninteressant). Somit ist der Induktionsschritt für $c \leq \frac{\sqrt{5}+1}{2} \approx 1.618$ gezeigt. Der Induktionsanfang gilt, indem man geeignet a und den Startwert n_0 wählt.

Analog (durch Vertauschen von „$\geq$“ und „$\leq$“) zeigt man auch, dass $f(n) \leq a'd^n$ für eine geeignete Konstante a' und $d \geq \frac{\sqrt{5}+1}{2}$ gilt.

Zusammengefasst heißt dies, dass $f(n) = \Theta(c^n)$, wobei $c = \frac{\sqrt{5}+1}{2}$.

Beispiel: Angenommen, ein typischer *divide-and-conquer* Algorithmus zerlegt das zu lösende Problem der Größe $n = 2^k$, $k \geq 1$, in 2 Teilprobleme der Größe $n/2$, löst diese rekursiv und setzt die Lösung aus den beiden erhaltenen Lösungen zusammen:

```
PROCEDURE löse(x : Eingabe) : Lösung
IF |x| = 1 THEN
  löse x direkt; die Lösung sei l
  RETURN l
ELSE
  zerlege x in zwei Teilprobleme x1 und x2
  l1 := löse(x1); l2 := löse(x2)
  setze Lösung l aus l1 und l2 zusammen
  RETURN l
```

Der Aufwand für das Zerlegen der Eingabe und Zusammenfügen der Lösungen zur Gesamtlösung sei durch $cn + d$ gegeben. Dann ergibt sich für die Komplexität von löse bei einer Eingabe der Länge n:

$$f(n) = cn + d + 2f(n/2)$$

Nach etwas Nachdenken wird man vielleicht eine Lösung der Form $f(n) = \alpha + \beta n + \delta n \log n$ (mit noch unbekannten Konstanten α, β, δ) vermuten. Setzen wir dies (induktiv) ein:

$$\begin{aligned} f(n) &= cn + d + 2f(n/2) \\ &= cn + d + 2\alpha + 2\beta(n/2) + 2\delta(n/2)\log(n/2) \\ &= cn + d + 2\alpha + \beta n + \delta n \log n - \delta n \end{aligned}$$

Durch Koeffizientenvergleich mit der erwünschten Lösung $\alpha + \beta n + \delta n \log n$ ergibt sich $\alpha = -d$ und $\delta = c$. Die Funktionenschar der Lösungsfunktionen hat also die Form

$$\{-d + \beta n + cn \log n \mid \beta \in I\!R\}$$

Sei nun die Anfangswertbedingung $f(1) = a$ gegeben. Dann ergibt sich durch Einsetzen der Wert des Parameters β:

$$-d + \beta + c \log 1 = a \quad \Rightarrow \quad \beta = a + d$$

Die Lösungsfunktion lautet also $f(n) = -d + (a + d)n + cn \log n$.

Dies war ein Beispiel für die *induktive Einsetzungsmethode*. Man rät die Lösung und bestätigt diese durch Induktion. Oftmals enthält die vermutete Lösung noch zu spezifizierende Parameter. Die Werte dieser Parameter ergeben sich dann oft durch die Notwendigkeit, dass der Induktionsbeweis korrekt vollzogen werden muss (vgl. den Koeffizientenvergleich oben). In diesem Zusammenhang spricht man auch oft von einer *konstruktiven Induktion*.

Bei dem folgenden *Beispiel* gibt es einen kleinen Haken. Gegeben sei die Rekursionsgleichung $f(n) = f(\lceil n/2 \rceil) + f(\lfloor n/2 \rfloor) + 1$. Wir raten die durchaus richtige Lösung $f(n) = O(n)$. Also versuchen wir es mit $f(n) \leq cn$ mittels der induktiven Einsetzungsmethode:

$$\begin{aligned} f(n) &= f(\lceil n/2 \rceil) + f(\lfloor n/2 \rfloor) + 1 \\ &\leq c\lceil n/2 \rceil + c\lfloor n/2 \rfloor + 1 \\ &= cn + 1 \end{aligned}$$

So, und wie soll es nun weitergehen? Der letzte Ausdruck lässt sich nicht durch cn nach oben abschätzen.

Der Trick besteht darin, bei der Lösungsvermutung eine Konstante abzuziehen. Es soll also die *stärkere* Behauptung $f(n) \leq cn - a$ bewiesen werden.

$$\begin{aligned} f(n) &= f(\lceil n/2 \rceil) + f(\lfloor n/2 \rfloor) + 1 \\ &\leq (c\lceil n/2 \rceil - a) + (c\lfloor n/2 \rfloor - a) + 1 \\ &= cn - 2a + 1 \\ &\leq cn - a \quad \text{falls } a \geq 1. \end{aligned}$$

Bei der *Iterationsmethode* wird fortgesetzt die Rekursionsgleichung auf der rechten Seite wieder eingesetzt und dann, wenn möglich, in eine geschlossene Form aufgelöst.

Beispiel: $f(n) = n + 3f(n/4)$.

Wir setzen iterativ ein:

$$\begin{aligned} f(n) &= n + 3f(\tfrac{n}{4}) \\ &= n + 3(\tfrac{n}{4} + 3f(\tfrac{n}{16})) \;=\; n + \tfrac{3}{4}n + 3^2 f(\tfrac{n}{4^2}) \\ &= n + \tfrac{3}{4}n + 3^2(\tfrac{n}{4^2} + 3f(\tfrac{n}{4^3})) \;=\; n + \tfrac{3}{4}n + (\tfrac{3}{4})^2 n + 3^3 f(\tfrac{n}{4^3}) \\ &= n + \tfrac{3}{4}n + (\tfrac{3}{4})^2 n + \ldots + (\tfrac{3}{4})^{\log_4 n - 1} + 3^{\log_4 n} f(1) \\ &\leq n \cdot \sum_{i=0}^{\infty} (\tfrac{3}{4})^i + 3^{\log_4 n} f(1) \\ &= n \cdot \tfrac{1}{1-3/4} + o(n) \\ &= 4n + o(n) \;=\; O(n) \end{aligned}$$

Da $f(n) \geq n$, gilt also $f(n) = \Theta(n)$. Man beachte, dass man diese asymptotische Aussage treffen kann, *ohne* eine Anfangswertbedingung verwendet zu haben, denn die Anfangswertbedingung $f(1) = a$ wirkt sich höchstens auf die in der Θ-Notation versteckte Konstante aus.

Die nächste Methode, die wir diskutieren wollen, ist die *Variablensubstitution*.

Einige Arten von Rekursionsgleichungen haben wir bereits im Griff und können sie also lösen. Andere scheinen auf den ersten Blick überhaupt nicht die vertraute Form zu haben:

$$f(n) = 2f(\sqrt{n}) + \log n$$

Das Ungewohnte hierbei ist, dass das Argument von f auf der rechten Seite nicht die Form $n/2$ (oder $n - 1$) hat.

Führen wir aber mal eine neue Variable m ein und setzen $m = \log n$ bzw. $n = 2^m$. Dann ergibt sich:

$$f(2^m) = 2f(\sqrt{2^m}) + \log(2^m) = 2f(2^{m/2}) + m$$

Kürzen wir ferner $f(2^m)$ durch $g(m)$ ab, so erhalten wir nun die neue Rekursionsgleichung:

$$g(m) = 2g(m/2) + m$$

Diese Gleichung können wir lösen; siehe oben. Es ist $g(m) = \Theta(m \log m)$. Wieder rückwärts eingesetzt ergibt dies $f(2^m) = \Theta(m \log m)$, und damit $f(n) = \Theta(\log n \log \log n)$.

Ähnlich der iterativen Einsetzungsmethode ist die *Visualisierung der Baumstruktur:* Wir entwickeln die Rekursionsgleichung Schritt für Schritt in eine Baumstruktur:
Sei beispielsweise $T(n) = n + T(n/3) + T(2n/3)$ gegeben.

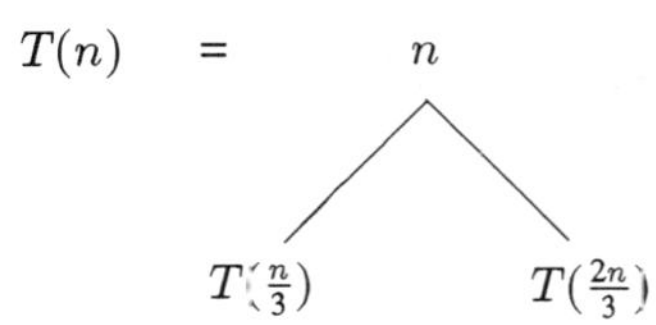

Und weiter:

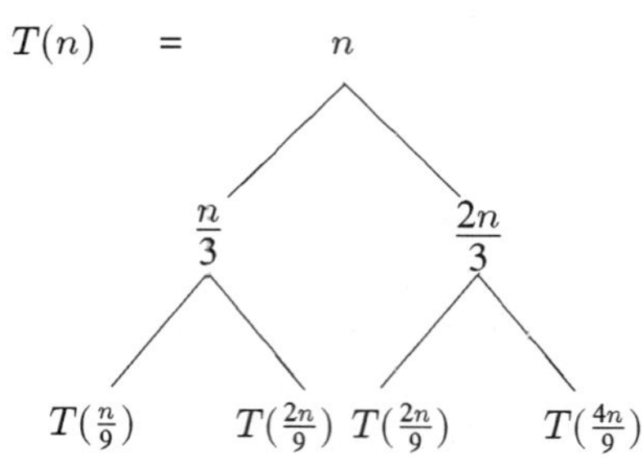

Und weiter:

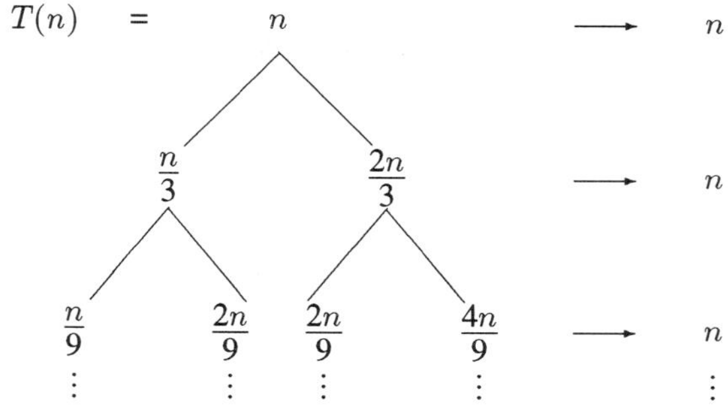

Man erkennt, dass in jeder Schicht des Baumes ein Anteil von n (in den tieferen Schichten $\leq n$) entsteht. Da die Baumtiefe durch $O(\log n)$ beschränkt ist, ergibt sich $T(n) \leq nO(\log n) = O(n \log n)$.

Bei den obigen Beispielen sind bereits verschiedene Vereinfachungen und Vernachlässigungen vorgekommen, die bei den Rekursionsgleichungen wie sie bei der Algorithmenanalyse vorkommen, allerdings üblich und durchaus zulässig sind. Wir stellen diese nochmals zusammen:

- *Nicht-Ganzzahligkeit.*

  Korrekt sollte die Rekursionsgleichung für die Laufzeit $T(n)$ eines gewissen divide-and-conquer Algorithmus vielleicht lauten

  $$T(n) = T(\lceil n/2 \rceil) + T(\lfloor n/2 \rfloor) + n$$

  Stattdessen ignorieren wir das Erzwingen der Ganzzahligkeit des Arguments von T und analysieren die Rekursionsgleichung

  $$T(n) = 2T(n/2) + n$$

  Diese Änderung wirkt sich asymptotisch nicht aus.

- *Ignorieren der Anfangswertbedingung.*

  Die Lösungsmenge einer Rekursionsgleichung ohne Angabe einer Anfangswertbedingung ist eine Funktionenschar. Die (potenzielle) Anfangswertbedingung legt meist nur den konkreten konstanten Faktor bei der Lösungsfunktion fest. Da wir diese konstanten Faktoren bei der (z.B.) Θ-Notation ignorieren, brauchen wir auch keine Anfangswertbedingungen zu betrachten.

- *Asymptotische Notation bereits in der Rekursionsgleichung.*

  Da uns am Ende nur eine Lösungsfunktion T der Form $T(n) = \Theta(\ldots)$ interessiert, können wir die asymptotische Notation auch schon in der Rekursionsgleichung selber verwenden (Beispiel: $T(n) = \Theta(n) + 2T(n/2)$) und dadurch die Analyse wesentlich vereinfachen.

  Eine gewisse Vorsicht ist hierbei aber vonnöten. Betrachten wir zum Beispiel die iterative Einsetzungsmethode:

$$\begin{aligned} T(n) &= \Theta(n) + T(n/2) \\ &= \Theta(n) + \Theta(n/2) + T(n/4) \\ &\vdots \\ &= \Theta(n) + \Theta(n/2) + \Theta(n/4) + \ldots \end{aligned}$$

  Bei dem letzten Ausdruck muss man nun aber wissen, dass die in den verschiedenen Θ-Notationen versteckten Konstanten *immer dieselben* sind! Man darf also den letzten Ausdruck nicht umformen zu

$$\Theta(n) + \Theta(n) + \Theta(n) + \ldots$$

- *Obere oder untere Schranke.*

  Meist interessiert uns nicht die exakte Lösung der Rekursionsgleichung, sondern nur eine Abschätzung nach oben oder nach unten (meist nach oben). Daher kann es einfacher sein, bei einer gegebenen Rekursionsgleichung von $T(n)$ nachzuweisen, dass $T(n) \leq f(n)$ für eine gewisse Funktion f gilt als die exakte Lösung g mit $T(n) = g(n)$ zu bestimmen.

  (Möglicherweise liegt die Rekursions„gleichung" auch nur in Form einer Ungleichung vor; Beispiel: $T(n) \leq 3T(n/3) + 2$).

Das folgende „*Master-Theorem*" gibt die Lösung einer ganzen Klasse von Rekursionsgleichungen, wie sie typischerweise bei divide-and-conquer Algorithmen auftreten, auf einmal an.

Satz. Gegeben sei eine Rekursionsgleichung der Form

$$T(n) = a \cdot T(n/b) + \Theta(n^k)$$

wobei $a \geq 1$, $b > 1$. Hierbei darf „n/b" konkret sogar „$\lceil n/b \rceil$" oder „$\lfloor n/b \rfloor$" bedeuten.

(Diese Rekursionsgleichung beschreibt die Laufzeit eines Algorithmus', der die Eingabe der Größe n in a Teilprobleme der Größe n/b zerlegt; diese durch a rekursive Aufrufe löst, und aus den erhaltenen Teillösungen die Gesamtlösung zusammensetzt. Hierbei ist $\Theta(n^k)$ der Aufwand für diesen Algorithmus – ohne die rekursiven Aufrufe; dies ist also diejenige Zeit, die für das Zerlegen in Teilprobleme und für das Zusammensetzen der Gesamtlösung benötigt wird).

Dann kann $T(n)$ asymptotisch wie folgt abgeschätzt werden:

$$T(n) = \begin{cases} \Theta(n^k), & \text{falls } a < b^k \\ \Theta(n^k \log n), & \text{falls } a = b^k \\ \Theta(n^{\log_b a}), & \text{falls } a > b^k \end{cases}$$

Beispiele: Die drei Rekursionsgleichungen

$$\begin{aligned} T(n) &= 8T(n/3) + n^2 \\ T(n) &= 9T(n/3) + n^2 \\ T(n) &= 10T(n/3) + n^2 \end{aligned}$$

haben der Reihe nach die Lösungen:

$$\begin{aligned} T(n) &= \Theta(n^2) \\ T(n) &= \Theta(n^2 \log n) \\ T(n) &= \Theta(n^{\log_3 10}) = \Theta(n^{2.09}) \end{aligned}$$

Der Beweis des Master-Theorems (den wir hier nicht bringen) verwendet die oben diskutierten Standardmethoden (induktives Einsetzen, etc.)

1.6 Probabilistische Algorithmen

Probabilistische Algorithmen verwenden im Laufe ihrer Rechnung Zufallszahlen. Diese Zufallszahlen werden benutzt, um den weiteren Algorithmenablauf zu steuern. Deshalb muss im allgemeinen sowohl die Rechenzeit als auch das Rechenergebnis als Zufallsvariable betrachtet werden. Hierbei wird die Existenz eines idealen Zufallszahlengenerators vorausgesetzt. Programmtechnisch formulieren wir das Verwenden einer Zufallszahl folgendermaßen:

RANDOM x IN M

Hierdurch wird der Variablen x zufällig unter Gleichverteilung ein Wert aus der endlichen Menge M zugewiesen. Kommt eine solche Zufallszahl in einem mathematischen Kontext vor, so schreiben wir auch stattdessen: $x \in_R M$.

In der Praxis werden statt echter Zufallszahlen (wie soll man diese herstellen?) oft sog. *Pseudozufallszahlen* verwendet. Diese sind das Ergebnis eines algorithmischen Prozesses – und daher eigentlich überhaupt nicht „zufällig“. Und zwar beginnt man mit einer beliebigen Startzahl z_0 (dem „seed“), und dann berechnet man bei jedem Aufruf von RANDOM geeignet die Zahl z_{n+1} aus z_n. Aus der Zahl z_i, die im i-ten Aufruf von RANDOM berechnet wurde, gewinnt man dann die eigentliche (Pseudo-) Zufallszahl. Der aktuelle Aufruf in einem probabilistischen Algorithmus sei zum Beispiel

$$\text{RANDOM } x \text{ IN } [u..v] \quad \text{wobei } u, v \in I\!N,\ u \leq v$$

Dann setzt man $x = (z_i \bmod (v - u + 1)) + u$. Eine mögliche Berechnungsvorschrift für z_{n+1} ist gegeben durch die *Kongruenzmethode*:

$$z_{n+1} = (a \cdot z_n + b) \bmod c$$

für geeignete Zahlen a, b, c.

Die mit dieser oder ähnlichen Methoden gewonnenen Pseudozufallszahlen erfüllen mehr oder weniger die statistischen Zufälligkeitskriterien, wie unter anderem die der Gleichverteilung und der Unabhängigkeit. Es gibt verschiedene statistische Testmethoden, die die Zufälligkeit solcher Zahlenfolgen bewerten können (zum Beispiel den χ^2-Test). Wichtig ist unter anderem auch, dass die Anzahl der in einem Algorithmus verwendeten Zufallszahlen kleiner ist als die *Periode* des verwendeten Pseudozufallszahlengenerators, also die Anzahl der durchlaufenen Zahlen, bis sich eine Zahl z_i wiederholt. Bei Pseudozufallszahlengeneratoren nach der Kongruenzmethode ist die Periode immer $\leq c$. Es ist noch Thema aktueller Forschung, inwieweit (und mit welchen Abstrichen) solche Pseudozufallszahlengeneratoren tatsächlich wie echte Zufallszahlengeneratoren verwendet werden können.

Beispiel für einen probabilistischen Algorithmus (*probabilistisches BubbleSort*). (Dieser Algorithmus soll allerdings nur als Beispiel dienen, ansonsten ist dieser sicher nicht empfehlenswert).

```
REPEAT
  RANDOM i IN [1 .. n − 1]
  IF a[i] > a[i + 1] THEN
    Vertausche(a[i], a[i + 1])
UNTIL sorted(a)
```

Bei diesem Algorithmus ist nur die Laufzeit eine Zufallsvariable, nicht jedoch das Rechenergebnis; dieses ist immer die sortierte Zahlenfolge.

Bei einem probabilistischen Algorithmus A wird die Laufzeit $\text{time}_A(x)$ (bei fester Eingabe x) zu einer Zufallsvariablen. Sei $\text{time}'_A(x)$ der Erwartungswert von $\text{time}_A(x)$, wobei dieser über alle im Lauf des Algorithmus möglichen Zufallsauswahlen ermittelt wird.

Nun kann man bei probabilistischen Algorithmen wieder worst-case Analyse betreiben:

$$\text{wc-time}_A(n) \;=\; \max_{x:|x|=n} \text{time}'_A(x)$$

als auch average-case Analyse:

$$\text{av-time}_A(n) \;=\; \frac{1}{|\{x : |x| = n\}|} \cdot \sum_{x:|x|=n} \text{time}'_A(x)$$

Bei letzterem Ausdruck wird also ein Erwartungswert gebildet über ein kombiniertes Zufallsexperiment: zum einen wird die Eingabe x der Länge n zufällig gezogen, zum anderen kommen im Lauf des Algorithmus' Zufallszahlen vor, die die jeweilige Rechenzeit bei Eingabe x beeinflussen.

Man beachte, dass für manche probabilistische Algorithmen auch das Rechenergebnis als Zufallsvariable betrachtet werden muss; d.h. mit gewisser Wahrscheinlichkeit könnte auch ein falsches (oder gar kein) Ergebnis berechnet werden. Dies macht nur dann Sinn, wenn man die Wahrscheinlichkeit hierfür sehr klein halten kann. Diese Situation kommt z.B. bei verschiedenen probabilistischen Primzahltests vor (vgl. Abschnitt 7.9).

Beispiel für einen probabilistischen Algorithmus mit „Fehler“: Gegeben seien zwei Arrays $A[1..n]$ und $B[1..n]$. Es soll festgestellt werden, ob die darin enthaltenen Zahlen (als Multimenge) gleich sind; das heißt, es soll festgestellt werden, ob in A und B dieselben Zahlen – und mit derselben Häufigkeit – auftreten. Wir verwenden das Zeichen $\equiv$, um diese Art von Äquivalenz zwischen A und B auszudrücken. Es gilt beispielsweise

$$\boxed{2\,|\,5\,|\,5\,|\,3\,|\,2\,|\,2} \;\equiv\; \boxed{5\,|\,2\,|\,3\,|\,2\,|\,2\,|\,5}$$

aber

$$\boxed{2\,|\,5\,|\,5\,|\,3\,|\,2\,|\,2} \;\not\equiv\; \boxed{5\,|\,2\,|\,3\,|\,5\,|\,2\,|\,5}$$

Man könnte die beiden Arrays sortieren, was die Komplexität $\Theta(n \cdot \log n)$ hat, vgl. Kapitel 2, und dann Element für Element vergleichen. Durch einen probabilistischen

Algorithmus erreichen wir die Komplexität $\Theta(n)$. Und zwar ordnen wir den beiden Arrays A und B Polynome p_A und p_B zu. Diese sind wie folgt definiert:

$$p_A(x) = \prod_{i=1}^{n}(x - A[i]), \quad p_B(x) = \prod_{i=1}^{n}(x - B[i])$$

Diese Polynome besitzen genau an den Arrayelementen ihre (evtl. mehrfachen) Nullstellen. Falls $A \equiv B$, so sind die Polynome p_A und p_B identisch und es gilt $p_A(x) = p_B(x)$ für alle $x \in I\!R$. Falls $A \not\equiv B$, so sind die Polynome p_A und p_B verschieden; das heißt, $p_A - p_B$ ist nicht identisch Null. Das Polynom $p_A - p_B$ hat höchstens n Nullstellen. Wenn wir x zufällig aus einer endlichen Menge S wählen mit $|S| >> n$, so ist es sehr unwahrscheinlich, dass x gerade eine Nullstelle ist, und es wird höchstwahrscheinlich $p_A(x) \neq p_B(x)$ gelten. Der folgende probabilistische Algorithmus führt diese Idee aus (hierbei sei ε eine noch akzeptable Fehlerwahrscheinlichkeit für den Algorithmus, die zuvor festgelegt wurde).

```
RANDOM x IN [1..⌈n/ε⌉] ;
a := 1;  b := 1;
FOR i := 1 TO n DO
  a := a · (x − A[i])
  b := b · (x − B[i])
IF a = b THEN „A ≡ B“  {höchstwahrscheinlich}
  ELSE „A ≢ B“  {definitiv}
```

Ein Problem bei diesem Algorithmus könnte noch sein, dass die Zahlen a und b zu groß werden, so dass sie nicht mehr in einer Speicherzelle gehalten werden können. In einem solchen Fall kann man nicht mehr sinnvollerweise von der Komplexität $O(1)$ für eine arithmetische Operation ausgehen, was die Gesamtkomplexität von $O(n)$ in Frage stellt. Das Problem kann man dadurch beseitigen, dass man alle Rechnungen modulo p ausführt, wobei p eine genügend große Primzahl ist (also $p \geq |S|, A[i], B[j]$), die aber noch in eine Speicherzelle passt. Da p eine Primzahl ist, ist die zugrundeliegende algebraische Struktur nach wie vor ein Körper (es gilt insbesondere der Interpolationssatz für Polynome), dass also alle obigen Bemerkungen zur Anzahl der Nullstellen immer noch gelten.

Man beachte, dass bei diesem Beispiel für einen probabilistischen Algorithmus die Analyse der mittleren Laufzeit einfach ist, nämlich $\Theta(n)$, da bei diesem Algorithmus die Rechenzeit nicht vom Wert der Zufallszahl x abhängt. Hier wirkt sich die Zufallsauswahl von x nur auf die evtl. Korrektheit des Ergebnisses aus.

Man kann sich fragen, warum ein probabilistischer Algorithmus, der mit einer gewissen Wahrscheinlichkeit eine falsche Antwort berechnen kann, überhaupt akzeptabel sein kann. Nehmen wir das obige Beispiel. Falls die Antwort des Algorithmus „$A \not\equiv B$" ist, so ist diese Antwort sicher korrekt. Falls die Antwort aber „$A \equiv B$" ist, so kann mit Wahrscheinlichkeit ε doch fälschlicherweise $A \not\equiv B$ gelten. Solange die Algorithmen-Antwort „$A \equiv B$" ist, wiederholen wir denselben Algorithmus in einer Schleife bis zu t-mal, wobei jedesmal neue, unabhängige Zufallszahlen verwendet werden. Hat man am Ende t-mal die Antwort „$A \equiv B$" erhalten, so ist die Wahrscheinlichkeit für einen Fehler nur noch ε^t. Das heißt, man kann durch eine vergleichsweise geringe Anzahl t von Wiederholungen die Fehlerwahrscheinlichkeit unter jede vorgegebene Schranke bringen, zum Beispiel unterhalb der Wahrscheinlichkeit, dass die ausführende Maschine eine spontane Hardware-Fehlfunktion hat. Insofern ist die Situation bei einem im Prinzip fehlerfrei arbeitenden deterministischen Algorithmus nicht grundsätzlich anders: auch dieser kann, ausgeführt auf einer konkreten Hardware, mit einer Wahrscheinlichkeit sehr nahe bei Null, aber eben nicht gleich Null, eine Fehlfunktion haben.

Bei dem obigen Argument, welches zeigt, wie man die Fehlerwahrscheinlichkeit von ε auf ε^t reduzieren kann, spielte eine wichtige Rolle, dass die Antwort „$A \not\equiv B$" immer korrekt ist, während nur bei der Antwort „$A \equiv B$" ein Fehler möglich ist. Was ist, wenn jede der beiden möglichen Algorithmen-Ergebnisse, sagen wir 0 und 1, mit einer Fehlerwahrscheinlichkeit $\varepsilon < \frac{1}{2}$ behaftet ist? In diesem Fall kann man wie folgt vorgehen. Man wiederholt den Algorithmus wiederum t-mal, notiert sich die erhaltenen Antworten, und entscheidet dann nach „Majoritätsvotum". Wenn öfter eine 0 als eine 1 erhalten wurde, so gibt man 0 aus, und genauso umgekehrt. Die Wahrscheinlichkeit p, hierbei einen Fehler zu begehen, kann gemäß Binomialverteilung wie folgt abgeschätzt werden:

$$\begin{aligned}
p &\leq \sum_{i=0}^{t/2} \binom{t}{i} (1-\varepsilon)^i \varepsilon^{t-i} \\
&\leq \sum_{i=0}^{t/2} \binom{t}{i} (1-\varepsilon)^i \varepsilon^{t-i} \left(\frac{1-\varepsilon}{\varepsilon}\right)^{t/2-i} \qquad \text{da } \varepsilon \leq \tfrac{1}{2} \\
&= (\varepsilon(1-\varepsilon))^{t/2} \sum_{i=0}^{t/2} \binom{t}{i} \\
&\leq (\varepsilon(1-\varepsilon))^{t/2} \cdot 2^t \;=\; \delta^t
\end{aligned}$$

wobei $\delta = 2\sqrt{\varepsilon(1-\varepsilon)} < 1$ (falls $\varepsilon < \frac{1}{2}$).

Das heißt, auch in diesem Fall strebt die Fehlerwahrscheinlichkeit mit wachsendem t exponentiell gegen Null, allerdings mit einer etwas größeren Basiszahl δ als zuvor.

Die folgende *Skizze* zeigt den Zusammenhang zwischen ε und δ.

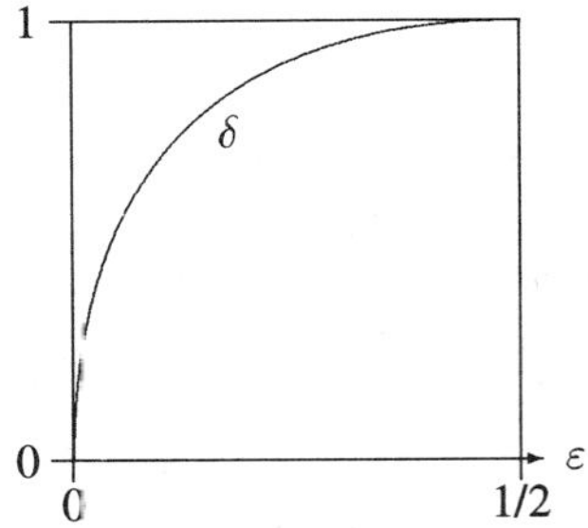

In der Literatur werden probabilistische Algorithmen oft in „Las Vegas-Algorithmen" und „Monte Carlo-Algorithmen" unterteilt. Die Las Vegas-Algorithmen sind dadurch charakterisiert, dass sie keine falschen Ausgaben produzieren können (höchstens die Ausgabe „Misserfolg" ist zugelassen); ein Beispiel dafür wäre der probabilistische Bubble-Sort-Algorithmus. Bei Monte Carlo-Algorithmen können fehlerhafte Ausgaben vorkommen. Hierbei kann man, wie wir es oben gesehen haben, noch weiter unterscheiden zwischen solchen mit einseitigem Fehler und solchem mit zweiseitigem Fehler. (Wie wir oben gezeigt haben, kann aber in beiden Fällen die Fehlerquote so verkleinert werden, dass sie „fast nicht mehr messbar" ist).

1.7 Amortisierte Analyse

Angenommen, es wird im Rahmen der Ausführung eines Algorithmus' auf einer Datenstruktur eine gewisse Grundoperation (z.B. Einfügen, Löschen oder Hochzählen) n-mal ausgeführt. Dann ist es oft möglich, dass sich die worst-case Komplexität einer solchen Abfolge von n Grundoperationen in der Gesamtheit besser abschätzen lässt, als wenn man bei jeder einzelnen Grundoperation den worst-case zugrundelegt und dann mit n multipliziert.

Sei $T(n)$ die Gesamtkomplexität (im worst-case Sinne) bei der sequenziellen Ausführung von n solchen Grundoperationen. Dann nennt man $T(n)/n$ die sog. *amortisierte Komplexität* der Einzeloperation. Wie bereits angedeutet, kann diese amortisierte Komplexität u.U. geringer ausfallen als die worst-case Komplexität der einzelnen Grundoperation.

Amortisierte Komplexitätsangaben muss man von einer average-case Komplexitätsangabe klar unterscheiden, da hier keine Wahrscheinlichkeitsbetrachtung involviert ist: es wird der Durchschnitt über die Komplexitäten bei einer Folge von Grundoperationen genommen.

Beispiel: Die zugrundeliegende Datenstruktur sei ein Binärzähler. Die Grundoperation bestehe hier im Hochzählen des Zählers um 1, beginnend beim Zählerstand 0. Die Komplexität sei hier die Anzahl der Zähler-Bits, die geändert werden müssen. Insgesamt soll n-mal gezählt werden. Es reicht also, einen Binärzähler mit $\approx \log n$ Bits vorzusehen.

Der worst-case bei der einzelnen Grundoperation liegt vor, wenn die Überträge sich bis in die erste Bitposition fortpflanzen; dies wäre also die Komplexität $\log n$. Tatsächlich lässt sich die Gesamtkomplexität aber besser abschätzen als mit $n \log n$.

Betrachten wir eine Folge von Zähloperationen:

Zähler	Komplexität
00000	
$0000\underline{1}$	1
$000\underline{10}$	2
$0001\underline{1}$	1
$00\underline{100}$	3
$0010\underline{1}$	1
$001\underline{10}$	2
$0011\underline{1}$	1
$0\underline{1000}$	4
$0100\underline{1}$	1
	$\vdots$

(Hierbei wurden immer die sich ändernden Bits unterstrichen). Bei jedem Zählvorgang entsteht mindestens die Komplexität 1; jedes 2. Mal kommt noch eine weitere Einheit dazu (was dann die Komplexität 2 ergibt); jedes 4. Mal kommt eine weitere Einheit dazu (was die Komplexität 3 ergibt), usw. Daher erhalten wir insgesamt:

$$T(n) = n + \frac{n}{2} + \frac{n}{4} + \frac{n}{8} + \ldots \leq 2n$$

Die amortisierte Komplexität einer einzelnen Zählaktion ist daher $T(n)/n \leq 2n/n = 2$.

Betrachten wir ein anderes *Beispiel:*

FOR i := 1 TO n DO
  Lege Objekt a_i auf einen Stack
  Nimm eine (nicht näher bestimmte) Anzahl von Objekten
   vom Stack herunter (sofern dieser nicht leer ist)

Jede Stackoperation (push oder pop) soll hier *eine* Komplexitätseinheit kosten.

Formal betrachtet besteht der obige Algorithmus aus zwei inneinander geschachtelten Schleifen; die äußere läuft von 1 bis n, und die innere entspricht dem sukzessiven Abbau des Stacks, wobei im schlimmsten Fall n Elemente entnommen werden. Somit ergibt eine grobe Abschätzung die Komplexität

$$n \cdot \text{(worst case für die innere Schleife)} = O(n^2).$$

Man kann aber offensichtlich besser abschätzen: Jedes Element a_i wird einmal auf den Stack gelegt und kann höchstens einmal entnommen werden, somit ergibt diese Betrachtung die obere Komplexitätsschranke $2n$, und damit eine amortisierte Komplexität für einen einzelnen Schleifendurchlauf von ≤ 2.

Ähnlichen Argumenten wird man in den Abschnitten 4.5 und 8.3 wieder begegnen.

1.8 Uniformes Komplexitätsmaß und Bit-Komplexität

Bei allen obigen Betrachtungen sind wir davon ausgegangen, dass jede Elementaroperation (z.B. die Addition zweier Zahlen) einen konstanten Aufwand erfordert. Dies ist dann gerechtfertigt, wenn alle in einem Programm vorkommenden Zahlen in jeweils einer Speicherzelle untergebracht werden können. Diese Annahme vereinfacht natürlich die Komplexitätsanalyse von Algorithmen ganz entscheidend. Wir sprechen hier vom sog. *uniformen Komplexitätsmaß*.

Eine weitere Simplifikation besteht darin, dass bisher relativ unspezifiziert blieb, was genau die Eingabelänge für ein Problem ist. Sollen z.B. n Zahlen sortiert werden, so wählen wir beim uniformen Komplexitätsmaß n als Eingabelänge und geben alle Komplexitätsangaben als Funktion von n an. Das ist in diesem Fall sinnvoll, denn man möchte von den eigentlichen zu sortierenden Zahlenwerten abstrahieren. Man möchte von der Komplexität des Sortierens als solches reden – unabhängig davon, ob man große oder kleine Zahlenwerte zu sortieren hat.

Bei manchen Aufgabenstellungen ist diese Simplifikation, was die Eingabelänge betrifft, und damit einhergehend, das uniforme Komplexitätsmaß, nicht angebracht. Beim Primzahlproblem zum Beispiel (vgl. Abschnitt 7.9) ist die Eingabe eine einzelne Zahl; von dieser soll festgestellt werden, ob sie Primzahl ist oder nicht. Was ist die Eingabelänge? Bei uniformer Betrachtungsweise wäre sie 1. Dann kann man aber keine sinnvollen Komplexitätsaussagen in Abhängigkeit von der Eingabelänge machen. Außerdem geht es hier ja gerade darum, dass die Primzahleigenschaft bei *sehr großen* Zahlen getestet werden soll, die nicht mehr in eine einzelne Speicherzelle passen.

In einem solchen Fall (insbesondere immer dann, wenn die Eingabe aus *Zahlen* besteht), ist das sog. *Bit-Komplexitätsmaß* eher angebracht: Wir messen die Eingabelänge anhand der Anzahl der Bits, die die Eingabe (in codierter Form) in Anspruch nimmt. Bei natürlichen Zahlen ist dies die Länge der Binärdarstellung. Dann können wir auch nicht mehr annehmen, dass elementare Rechenoperationen, wie die Addition, mit konstantem Aufwand ausführbar sind. Vielmehr müssen wir jetzt den Aufwand jeder Operationen bis auf Bitebene ausrechnen. (Zum Beispiel kann man n-Bit-Zahlen mit Aufwand $O(n)$ addieren und mit Aufwand $O(n^2)$ multiplizieren).

Die Bit-Komplexität entspricht also dem Komplexitätsbegriff auf einer Turingmaschine. Wenn wir im Folgenden gelegentlich ein NP-Vollständigkeitsergebnis anführen, so heißt dies, dass für das entsprechende Problem keine Algorithmen mit polynomialer Komplexität in Bezug auf die Bit-Komplexität bekannt sind.

1.9 NP-Vollständigkeit

Wir wollen die wesentlichen Ideen des NP-Vollständigkeitsbegriffs hier rekapitulieren. Ausgangspunkt für diese Theorie sind die Klassen P und NP. Eine algorithmische Problemstellung fällt in die Klasse P, wenn es für diese einen Algorithmus gibt mit Bit-Komplexität $\leq p(n)$, wobei p ein Polynom in n, der Eingabelänge, ist; also zum Beispiel $p(n) = 7n^3 + 2n^2 + 10$. Solch einen Algorithmus nennen wir fortan einen *polynomialen Algorithmus*. Zum Beispiel gibt es einen polynomialen Algorithmus zur Multiplikation zweier n-Bit-Zahlen (vgl. Abschnitt 7.1). Also liegt das Multiplikationsproblem in der Klasse P.

Ein wenig idealisierend kann man die Klasse P gleichsetzen mit denjenigen algorithmischen Aufgabenstellungen, für die es *effiziente* Algorithmen gibt. Für praktische Begriffe ist der durch die Klasse P gesteckte Rahmen wohl etwas weit gefasst. Aber der Vorteil der Klasse P ist deren Robustheit: Die Menge der Polynome ist abgeschlossen unter Addition, Multiplikation und Einsetzung. Wenn man daher polynomiale Algorithmen in beliebiger Weise miteinander kombiniert (Hintereinanderausführen, oder den einen Algorithmus als Unterprogramm des anderen verwenden, etc.) so ergibt sich wieder ein polynomialer Algorithmus.

Es ist auf jeden Fall sicher, dass Algorithmen mit Komplexitäten, die sich *nicht* polynomial beschränken lassen, höchstens für kleine Eingaben zu verwenden sind (das mag ja ausreichend sein) und für große Eingaben ineffizient sind, da die potenziellen

Rechenzeiten dann astronomische Ausmaße annehmen. Da hilft es auch nicht, auf eine schnellere Rechnergeneration zu warten.

Beispiel: Ein bestimmter nicht-effizienter Algorithmus habe die Komplexität 2^n. Sei die Eingabelänge $n = 100$, für die der Algorithmus eingesetzt werden soll. Selbst mit sehr schnellen Computern, die sagen wir 100 Millionen Einzeloperationen pro Sekunde durchführen können, benötigen wir eine Rechenzeit von $2^{100}/10^8$ Sekunden. Dies sind mehr als 10^{14} Jahre. (Das Alter des Universums wird auf 10^{10} Jahre geschätzt).

Eine andere Dimension als P hat die Klasse NP, und zwar enthält NP viele Problemstellungen, für die bisher keine polynomialen Algorithmen bekannt sind. Ein *Entscheidungsproblem*, also eine algorithmische Aufgabenstellung, die nur die Antworten „ja" (bzw. 1) und „nein" (bzw. 0) zulässt (Beispiel: Ist die Eingabe x eine Primzahl?), liegt in der Klasse NP, falls es einen polynomialen Algorithmus gibt, der außer der „eigentlichen" Eingabe x eine weitere „Zusatzeingabe" y verarbeitet und sich folgendermaßen verhält:

- Wenn die richtige Antwort für die Eingabe x „ja" ist, so *gibt es* eine Zusatzeingabe y, so dass der Algorithmus auf (x, y) „ja" antwortet.

- Wenn die richtige Antwort für die Eingabe x „nein" ist, so gilt *für alle* Zusatzeingaben y, dass der Algorithmus auf (x, y) „nein" antwortet.

Außerdem ist gefordert, dass die Zusatzeingabe „nicht zu viel Information" enthalten darf, nämlich die Länge von y muss sich durch ein Polynom in der Länge von x beschränken lassen. Dies impliziert, dass es höchstens exponentiell in n viele Kandidaten für die Zusatzeingabe y gibt. Wenn dem Algorithmus also nichts klevereres einfällt, kann er einfach so vorgehen, dass er alle potenziellen y daraufhin untersucht, ob die Eingabe (x, y) die Antwort „nein" hervorruft (oder ob einmal „ja" vorkommt). Ein solcher Algorithmus hätte dann exponentielle Komplexität. Mit anderen Worten, alle Probleme in NP lassen sich mit exponentieller Komplexität lösen.

Bei den Problemen in P ist es allerdings so, dass es nach Definition von P einen polynomialen Algorithmus gibt, der diese Zusatzeingabe y völlig ignorieren kann, und seine Entscheidung nur auf der ersten Komponente der Eingabe x basieren kann. Dieses Argument zeigt, dass für alle Entscheidungsprobleme A gilt: $A \in P \Rightarrow A \in NP$. Ob die Umkehrung gilt, ist offen (und wird bezweifelt). Dies ist gerade das berühmte P-NP-Problem. Wenn die Umkehrung gelten sollte, so heißt dies, dass es für alle NP-Probleme eine kleverere algorithmische Möglichkeit gibt, um zu der betreffenden ja-nein-Entscheidung zu kommen.

Hier ist ein *Beispiel* für ein NP-Problem, für das kein polynomialer Algorithmus bekannt ist: Die Eingabe besteht aus zwei Graphen G_1, G_2, es soll durch die ja-nein-Antwort entschieden werden, ob die Graphen isomorph sind oder nicht, also ob es eine bijektive Abbildung π zwischen den beiden Knotenmengen gibt, welche mit der Kanteneigenschaft konsistent ist (das heißt, $\{u, v\}$ ist genau dann eine Kante in G_1, wenn $\{\pi(u), \pi(v)\}$ eine Kante in G_2 ist).

Beispiel für zwei isomorphe Graphen und einen möglichen Isomorphismus:

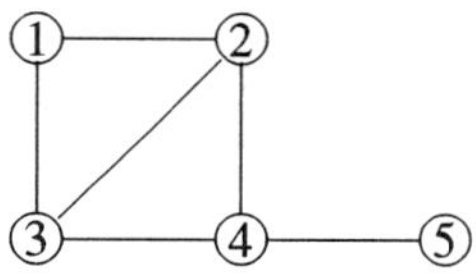

G_1

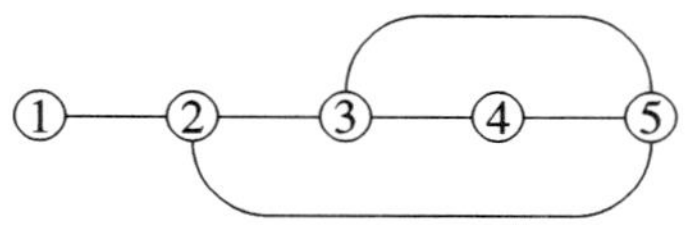

G_2

$$\pi : \begin{cases} 1 \mapsto 4 \\ 2 \mapsto 5 \\ 3 \mapsto 3 \\ 4 \mapsto 2 \\ 5 \mapsto 1 \end{cases}$$

Das Problem liegt in der Klasse NP, denn es gibt einen polynomialen Algorithmus, der bei Eingabe von G_1, G_2 und π als Zusatzeingabe lediglich feststellt, ob π die erwünschten Eigenschaften hat. Es ist klar, dass alle Bedingungen in der Definition von NP erfüllt sind.

Ein Besonderheit dieser P-NP-Theorie ist es, dass es gelungen ist, solche algorithmischen Probleme in NP zu identifizieren, deren Status, was die Existenz oder Nicht-Existenz von polynomialen Algorithmen betrifft, bereits die gesamte P-NP-Frage löst. Für ein solches Problem gibt es *genau dann* einen polynomialen Algorithmus, wenn es polynomiale Algorithmen für *alle* Probleme in NP gibt, also wenn $P = NP$ gilt. Solche Probleme heißen *NP-vollständig*.

Der wesentliche Begriff in der formalen Definition der NP-Vollständigkeit ist der der *polynomialen Reduzierbarkeit*. Ein Entscheidungsproblem A ist auf ein Entscheidungsproblem B *polynomial reduzierbar*, wenn es eine mit polynomialer Komplexität berechenbare Funktion f gibt, so dass für alle Eingaben x gilt: $x \in A \Leftrightarrow f(x) \in B$. Das bedeutet, dass sich das Entscheidungsproblem A sozusagen als Spezialfall von B „einbetten" lässt. Insbesondere folgt, dass A einen effizienten (polynomialen) Algorithmus besitzt, wenn B einen solchen besitzt; oder logisch gleichwertig, wenn für A kein polynomialer Algorithmus existiert, dann auch nicht für B.

Falls *alle* Probleme A in NP auf ein Problem B polynomial reduzierbar sind, so heißt B *NP-schwierig* (oder *NP-hart*). Ein solches Problem B ist also in gewisser Weise mindestens so schwer zu lösen wie jedes Problem in NP. Falls zusätzlich gilt, dass B selber in NP liegt, so heißt B *NP-vollständig*.

Die NP-vollständigen Sprachen sind in also die „schwierigsten“ Probleme in NP, vgl. folgende Skizze:

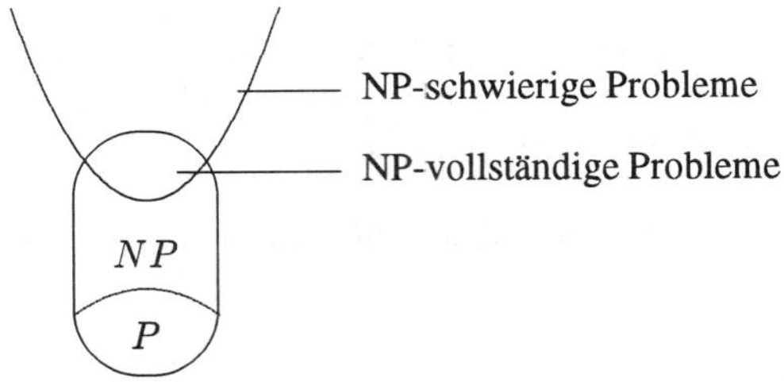

Da die NP-vollständigen Probleme nach Definition auch selber in NP liegen, folgt, dass sie paarweise aufeinander polynomial reduzierbar sind. Das heißt, die NP-vollständigen Probleme bilden eine Äquivalenzklasse unter der Reduzierbarkeitsrelation.

Man kann allerdings auch zeigen, dass es unter der Annahme $P \neq NP$ Probleme geben muss, die weder in P liegen, noch NP-vollständig sind. Kandidaten hierfür sind das Primzahlproblem und das oben angegebene Graphisomorphieproblem, denn für beide Probleme konnte bisher weder der eine noch der andere Nachweis geführt werden. (In Abschnitt 7.9 werden wir jedoch sehen, dass die Position des Primzahlproblems „sehr nahe“ bei der Klasse P liegt, da es zwar polynomiale, allerdings probabilistische Algorithmen für das Problem gibt).

Viele NP-vollständige Probleme sind inzwischen bekannt. Einige in Schlagworten: das Erfüllbarkeitsproblem für aussagenlogische Formeln (vgl. Abschnitt 9.4); das Problem festzustellen, ob ein Graph einen Hamiltonschen Kreis enthält; das Traveling Salesman Problem (TSP, vgl. Abschnitt 4.3 und Kapitel 9); das 0/1-Rucksackproblem (vgl. Abschnitt 4.4); das Graphenfärbeproblem (vgl. Abschnitt 5), also das Problem festzustellen, ob ein Graph mit einer vorgegebenen Zahl von Farben färbbar ist; das Mengenüberdeckungsproblem (vgl. Abschnitt 5); das Problem (0/1-) ganzzahlige Programmierung (vgl. Abschnitt 9.1), und viele andere mehr.

Die „natürliche“ Formulierung einer algorithmischen Aufgabenstellung ist normalerweise nicht die als Entscheidungsproblem, sondern als *funktionales Problem*: Gegegen x, bestimme eine „Lösung“ y, falls eine solche existiert. Dies ist dann gerade ein solches y, das in der Definition von NP die Rolle der Zusatzeingabe spielt. (Beispiel: gegeben zwei Graphen G_1, G_2, bestimme einen Isomorphismus π, falls ein solcher existiert).

Darüberhinaus werden oft *Optimierungsprobleme* betrachtet: es wird in diesem Fall nicht nur irgendeine Lösung gesucht, sondern eine solche, die eine bestimmte Kostenfunktion maximiert (oder minimiert).

Nun ist es aber so, dass sich für NP-vollständige Probleme das funktionale Problem oder das Optimierungsproblem auf das Entscheidungsproblem polynomial reduzieren lässt, in dem Sinne, dass sich aus der Existenz eines polynomialen Algorithmus' für das Entscheidungsproblem auch ein solcher für das funktionale oder das Optimierungsproblem ergibt.

Ein interessantes NP-Problem, für das diese Aussage womöglich nicht zutrifft, ist das Nicht-Primzahlproblem. Wenn eine Zahl *nicht* Primzahl ist (also die Antwort auf das betreffende Entscheidungsproblem „ja" lautet), so läßt sie sich in nicht-triviale Faktoren zerlegen. Die funktionale Version des Nicht-Primzahlproblems besteht darin, in diesem Fall einen (oder alle) nicht-trivialen Faktoren zu liefern (auch *Faktorisierungsproblem* genannt). Dies scheint eine wesentlich schwierigere Aufgabe zu sein als die ja-nein Entscheidung (Primzahl oder nicht) zu liefern, jedenfalls ist bisher keine polynomiale Reduktion des Faktorisierungsproblems auf das (Nicht-)Primzahlproblem bekannt. Diese Diskrepanz ist entscheidend für die Sicherheit einiger kryptographischer Verfahren (z.B. des RSA-Systems).

Wir werden uns noch gelegentlich mit Algorithmen für NP-vollständige Probleme befassen. Wenn diese das betreffende (funktionale oder Optimierungs-) Problem exakt lösen, so wird deren Laufzeit exponential sein, allerdings kann es sein, dass der betreffende Algorithmus immer noch weit besser als der oben beschriebene naive Algorithmus ist, welcher alle potenziellen Lösungskandidaten y durchprobiert. Allerdings lassen sich mit geeigneten polynomialen Algorithmen unter Umständen akzeptable Näherungslösungen für NP-vollständige Probleme berechnen (vgl. Kapitel 9). Für manche NP-vollständige Probleme gibt es sogar (evtl. probabilistische) Algorithmen, die im Sinne der average-case Komplexität (unter geeigneten Wahrscheinlichkeitsverteilungen auf den Eingaben) sogar polynomial sein können (vgl. Abschnitt 9.4).

1.10 Entropie und Datenkompression

Wenn wir es mit einem Zufallsexperiment zu tun haben, das endlich viele mögliche Ausgänge hat, welche mit den Wahrscheinlichkeiten $p_1, \ldots, p_n$ mit $\sum_{i=1}^{n} p_i = 1$ auftreten, so kann man diesem Zufallsexperiment eine Maßzahl zuordnen. Dies ist die *Entropie* der Wahrscheinlichkeitsverteilung $(p_1, \ldots, p_n)$ und wird mittels

$$H(p_1, \ldots, p_n) = -\sum_{i=1}^{n} p_i \log_2 p_i = \sum_{i=1}^{n} p_i \log_2(1/p_i)$$

definiert. (Wir setzen hierbei $0 \log_2 0 = 0$). Diese Zahl kann man als ein Maß für die *Unbestimmtheit* des Ausgangs des betreffenden Zufallsexperiments ansehen, *bevor* dieses durchgeführt wird. Umgekehrt kann man die Entropie auch als Maß für die *Information* ansehen, die man erhält, *nachdem* das Ergebnis des Zufallsexperiments feststeht. Entropiewerte werden üblicherweise in *bit* angegeben.

Das folgende Bild zeigt den Verlauf der Entropiefunktion für den Fall eines Zufallsexperiments mit 2 möglichen Ausgängen, wobei die erste Alternative mit Wahrscheinlichkeit p und die zweite Alternative mit Wahrscheinlichkeit $1 - p$ auftritt.

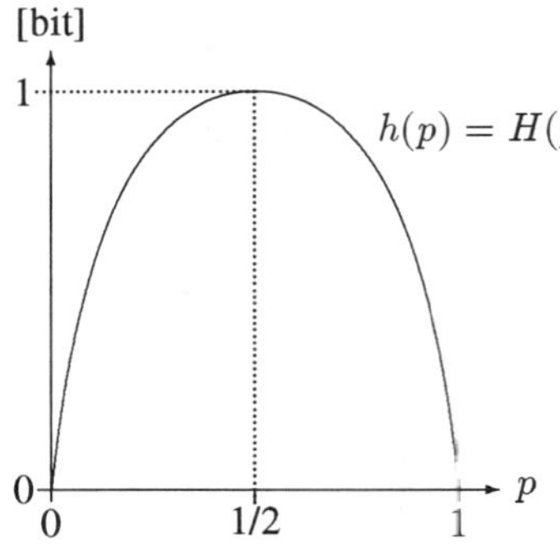

Einige Eigenschaften der Entropiefunktion sind die Folgenden:

- Es gilt $H(p_1, \ldots, p_n) \geq 0$, wobei Gleichheit genau dann gilt, wenn $p_i = 1$ für genau ein i gilt (und dementsprechend für die anderen Wahrscheinlichkeiten $p_j = 0$ gilt). In diesem Falle ist der Ausgang des Zufallsexperiment vollständig determiniert, und enthält keinerlei Unsicherheit (bzw. liefert keinerlei Information).

- Es gilt $H(p_1, \ldots, p_n) \leq \log_2 n$, wobei Gleichheit genau dann gilt, wenn $(p_1, \ldots, p_n) = (\frac{1}{n}, \ldots, \frac{1}{n})$.

- Es gilt $H(p_1, \ldots, p_n) = H(p_1, \ldots, p_n, 0)$.

- Sei π eine beliebige Permutation auf der Menge $\{1, \ldots, n\}$. Dann gilt: $H(p_1, \ldots, p_n) = H(p_{\pi(1)}, \ldots, p_{\pi(n)})$.

- $H(p_1, \ldots, p_n) = H(p_1 + p_2, p_3, \ldots, p_n) + (p_1 + p_2)H(\frac{p_1}{p_1+p_2}, \frac{p_2}{p_1+p_2})$ (Gruppierungseigenschaft).

- Sei $(q_1, \ldots, q_n)$ eine beliebige, weitere Wahrscheinlichkeitsverteilung (also $\sum_{i=1}^n q_i = 1$). Dann gilt

$$H(p_1, \ldots, p_n) \le -\sum_{i=1}^{n} p_i \log_2 q_i$$

wobei Gleichheit genau dann gilt, wenn $(p_1, \ldots, p_n) = (q_1, \ldots, q_n)$ (Lemma von Gibb). Wir bemerken, dass das Lemma auch (erst recht) gilt, wenn $\sum_{i=1}^n q_i \le 1$ gilt.

Entropieargumente werden bei der Algorithmen-Analyse und Konstruktion immer dann eine Rolle spielen, wenn eine Wahrscheinlichkeitsverteilung in Bezug auf ein gewisses Zufallsexperiment vorliegt oder angenommen werden kann (zum Beispiel in Form von Zugriffshäufigkeiten bei einem Suchbaum, oder wenn eine Wahrscheinlichkeitsverteilung auf der Menge der potentiellen Algorithmen-Eingaben vorliegt).

Nehmen wir an, B sei ein Binärbaum mit n Blättern. Diese Blätter kommen auf den Tiefen $t_1, \ldots, t_n$ vor.

Beispiel: Die Blätter (rechteckig gezeichnet) in dem folgenden Binärbaum sind auf den Tiefen 2,2,3,3.

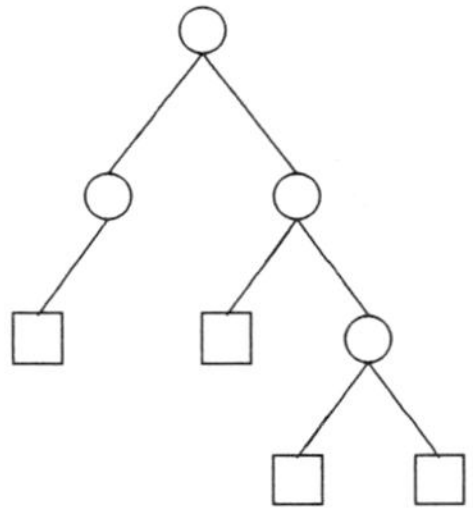

Man kann allgemein nachweisen, dass für die in einem Binärbaum vorkommenden Blatt-Tiefen $t_1, \ldots, t_n$ immer gilt:

$$\sum_{i=1}^{n} 2^{-t_i} \le 1 \quad \text{(Kraftsche Ungleichung)}$$

Bei dem Beispiel oben ergibt sich: $\frac{1}{4} + \frac{1}{4} + \frac{1}{8} + \frac{1}{8} = \frac{3}{4} \le 1$. Wenn man den Pfad ganz links um eine Kante verkürzt, ergibt sich die Bilanz: $\frac{1}{2} + \frac{1}{4} + \frac{1}{8} + \frac{1}{8} = 1$.

Daher können wir die Folge $(q_1, \ldots, q_n) := (2^{-t_1}, \ldots, 2^{-t_n})$ in das Lemma von Gibb einsetzen und erhalten:

$$H(p_1, \ldots, p_n) \leq -\sum_{i=1}^{n} p_i \log q_i = -\sum_{i=1}^{n} p_i \log 2^{-t_i} = \sum_{i=1}^{n} p_i t_i$$

Dies bedeutet folgendes: Wenn p_i die Wahrscheinlichkeit ist, dass das i-te Blatt in B „nachgefragt" wird, so ist $\sum_{i=1}^{n} p_i t_i$ gerade die mittlere Baumtiefe der Blätter (entsprechend dieser Wahrscheinlichkeitsverteilung). Die obige Ungleichung besagt, dass sich dieser gewichtete Mittelwert von unten durch die Entropie der betreffenden Wahrscheinlichkeitsverteilung abschätzen lässt.

Anwendungen dieser Abschätzung finden sich im Abschnitt 2.2 (untere Schranke für die mittlere Anzahl von Vergleichen beim Sortieren), im Abschnitt 4.2 (Abschätzungen der mittleren Suchzeit in einem optimalen Suchbaum) und im Abschnitt 5.2 (mittlere Codewortlänge in einem optimalen Präfixcode).

Insbesondere wird in Abschnitt 5.2 als eine mögliche Anwendung gezeigt, wie man Dateien komprimieren kann. Als untere Schranke für die erreichbare Kompression erweist sich hierbei die Entropie, also der Informationsgehalt, der in der Datei enthaltenen Daten. Dies ist intuitiv einsichtig: man kann eine Datei nicht auf weniger bits komprimieren als der in ihr enthaltene Informationsgehalt (in bit). Sonst geht Information verloren, und man wird die ursprüngliche Datei aus der komprimierten Version nicht verlustfrei rekonstruieren können.

Allerdings ist anzumerken, dass das zugrundeliegende Modell bei dem in Abschnitt 5.2 diskutierten Verfahren ein sehr einfaches – ein zu einfaches – ist: jedes Zeichen der zu komprimierenden Datei wird unabhängig von den anderen nach einer bestimmten Wahrscheinlichkeitsverteilung gezogen. Evtl. vorhandene Abhängigkeiten bei der Aufeinanderfolge der Zeichen werden nicht berücksichtigt.

Da Algorithmen zur Datenkompression eine große praktische Rolle spielen, wollen wir diesen Aspekt hier noch etwas weitergehender betrachten. Eine andere, rein kombinatorische Theorie der Datenkompression (die ohne Wahrscheinlichkeitstheorie auskommt) geht schlicht von der Tatsache aus, dass die Abbildung

$$\text{Originaldatei} \mapsto (\text{komprimierte Datei, Dekompressionsalgorithmus})$$

injektiv sein muss (sonst entsteht Datenverlust). Ein simples Abzählargument zeigt, dass von allen Dateien der Länge n nur ein Anteil von höchstens 2^{-k} auf die Länge $n-k$ komprimierbar sein kann (wenn wir das Kompressions/Dekompressionsverfahren festhalten), denn es gibt nur 2^{n-k} Dateien der Länge $n - k$. Das heißt, dass eine zufällig erzeugte 0-1-Folge mit hoher Wahrscheinlichkeit *nicht komprimierbar* ist. (Dies ist übrigens ein guter Test auf Zufälligkeit: wenn sich die Ausgabe eines Pseudozufallszahlengenerators (vgl. Abschnitt 1.6) durch einen Kompressionsalgorithmus um nur, sagen wir, 10 bits komprimieren lässt, so spricht dies sehr gegen die Güte dieses Generators, denn bei einer echt zufälligen Folge wäre dies nur mit Wahrscheinlichkeit $\leq 2^{-10}$ möglich).

Was wir hier andeuten ist Thema der sog. *algorithmische Informationstheorie* oder *Kolmogoroff-Komplexität.*

Derartige Kompressionsalgorithmen müssen in geeigneter Weise irgendwelche Regularitäten, also immer wiederkehrende Muster im Dateitext aufspüren und durch eine kürzere Darstellung, eine „Abkürzung", ersetzen. Ein besonders kleverer Kompressionsalgorithmus, der ebenfalls mit Binärbäumen arbeitet, geht auf Ziv und Lempel zurück. Hierbei wird die zu komprimierende Datei Zeichen für Zeichen gelesen und (nahezu) „online" wird die komprimierte Version der Datei erzeugt. Der Ziv-Lempel-Algorithmus erzeugt in adaptiver Weise während des Durchlaufs durch die Datei einen ständig wachsenden Binärbaum, der die bisher aufgefundenen „Regularitäten" widerspiegelt, und den der Algorithmus in gewisser Weise als „Wörterbuch" verwendet, um für die regelmäßig auftretenden Zeichenfolgen „Abkürzungen" bereit zu stellen.

Der im Algorithmus verwendete Baum besteht zu Beginn nur aus der Baumwurzel. Während des Scannens des Textes wird der bisher konstruierte Baum von der Wurzel beginnend, wie ein endlicher Automat durchlaufen, bis man zu einem Blatt gelangt. An dieses Blatt wird nun ein weiterer (linker oder rechter) Sohn angehängt; und zwar je nach dem, was das nächste Zeichen im Text ist (0 oder 1). Nach dieser Aktion beginnen wir wieder bei der Wurzel und fahren im Scannen des Textes fort.

Beispiel: Gegeben sei folgender Text:

$$0011010101011101001 0$$

Es wird der im folgenden Bild gezeigte Baum generiert. Hierbei ist in den Knoten die Reihenfolge eingetragen, in der diese generiert wurden; diese Nummern dienen später dazu, den betreffenden Knoten zu identifizieren. Diese Nummern sind sozusagen die „Abkürzungen", von denen weiter oben die Rede ist.

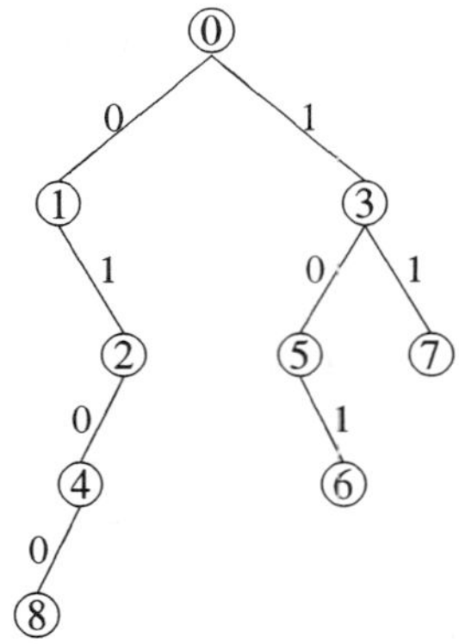

Nachfolgend zeigen die Striche im Text an, wie die Folge implizit in Blöcke zerlegt wird. Bei jeder Strichposition wird gerade ein neuer Knoten generiert und dann wieder neu bei der Wurzel aufgesetzt.

$$0\,|\,0\,1\,|\,1\,|\,0\,1\,0\,|\,1\,0\,|\,1\,0\,1\,|\,1\,1\,|\,0\,1\,0\,0\,|\,10$$

Als komprimierten Text verwenden wir nun eine Hintereinanderreihung von Paaren, wobei für jeden Block (bis auf den letzten) genau ein Paar vorgesehen ist. Ein Paar besteht immer aus der betreffenden Knotennummer im Baum und dem betreffenden bit, mit dem der jeweilige Knoten mit einem Sohn-Knoten erweitert wurde. (Beachte: Der letzte Block muss anders behandelt werden; und zwar geben wir dann nur die betreffende Knotennummer aus).

$$(0,0)\,(1,1)\,(0,1)\,(2,0)\,(3,0)\,(5,1)\,(3,1)\,(4,0)\,5$$

Lies: erst wurde Knoten 0 um eine 0 erweitert (und dies ergibt Knoten 1), dann wurde Knoten 1 um eine 1 erweitert (und dies ergibt Knoten 2), dann wurde Knoten 0 um eine 1 erweitert (und dies ergibt Knoten 3), usw., und der letzte Block entspricht dem Knoten Nr. 5.

In dieser Form können wir die Datei allerdings nicht schreiben, sondern als ein 0-1-Wort, das heißt, wir dürfen keine Klammern oder andere Zahlen als 0,1 verwenden. Daher schreiben wir die ersten Komponenten der Paare als Binärzahlen, denen wir eine genau vorgegebene Anzahl von Bits bereitstellen, und fügen das weitere Bit (die zweite Komponentente eines Paars) direkt hinten an. Und zwar kann die erste Komponente des n-ten Paares nur einen der Werte in $\{0, \ldots, n-1\}$ annehmen. Daher sehen wir für diese Binärzahl genau $\lceil \log n \rceil$ bits vor. Für die Repräsentation des n-ten Paars benötigen wir daher genau $\lceil \log n \rceil + 1$ viele bits. Daher erhalten wir nun folgende komprimierte Version des obigen Bitstrings (wobei wir nur aus Gründen der besseren Lesbarkeit Abstände zwischen je zwei Block-Beschreibungen eingefügt haben; aber auch ohne die Abstände kann eindeutig dekomprimiert werden):

0 11 001 010 0110 1011 0111 1000 0101

Tatsächlich ist dieser „komprimierte“ Text bei unserem Beispiel länger als das Original, aber bei einem längeren Text (sofern dieser gewisse Regelmäßigkeiten enthält, wie z.B. bei einem deutschen oder englischen Text) wird der Kompressioneffekt immer besser sichtbar werden. Und zwar ist die Kompression umso besser, je „entarteter“ der Baum sich entwickelt. Zum Beispiel entsteht bei einem Text der Form $000\ldots00$ ein einziger langer Pfad. In diesem Fall entsteht aus einem Text der Länge n ein komprimierter Text der Länge $O(\sqrt{n}\log n)$.

Im allgemeinen gilt, wenn m die Anzahl der Blöcke ist, dann ist die erzeugte Länge des „komprimierten“ Textes $\leq \sum_{i=1}^{m}(1 + \lceil \log_2 i \rceil) = O(m \log m)$. Das bedeutet, dass sich die Kompression dann lohnt, wenn für die Anzahl der Blöcke m gilt $m = o(n/\log n)$, bzw. wenn die durchschnittliche Blocklänge $\omega(\log n)$ ist.

Das folgende Bild skizziert die erreichbare Kompression bei einem Text mit „Regelmäßigkeiten“ in Abhängigkeit von der Dateilänge (wie oben ausgeführt, gilt dies nicht bei einem „zufälligen“ Text).

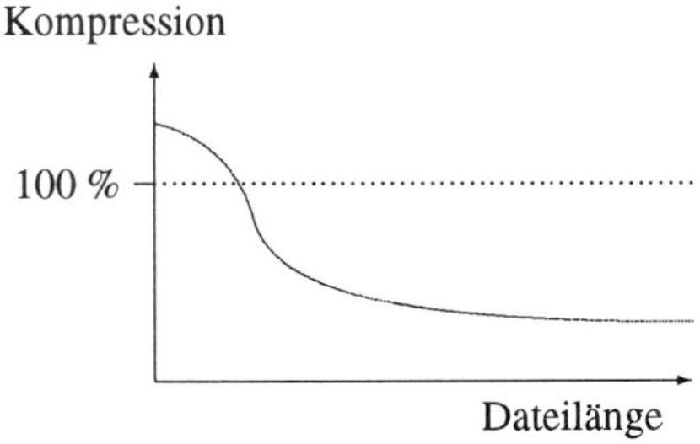

Der entsprechende Dekompressionsalgorithmus bei der Ziv-Lempel Verschlüsselung muss synchron zum Kompressionsvorgang ebenfalls sukzessive den entsprechenden Baum generieren und für die Decodierung verwenden. Bei der Dekompression muss dann allerdings immer von der gelesenen Knotennummer auf den zugehörigen 0-1-Text rückgeschlossen werden, das heißt, es muss der entsprechende Knoten im Baum schnell aufgefunden werden. Hierzu empfiehlt sich die Verwendung einer geeigneten Datenstruktur, wie zum Beispiel einer Hashtabelle (vgl. Kapitel 3).

Interessant ist, dass der Kompressions- und der Dekompressionsvorgang nahezu „online“ geschehen können. Die Verzögerung macht gerade eine Blocklänge aus. Um die Blocklängen (und damit die Verzögerungszeit) nicht beliebig anwachsen zu lassen (und wegen des begrenzten Speicherplatzes) wird man in der Praxis den Baum nur bis zu einer gewissen Maximalgröße anwachsen lassen und dann keine neuen Knoten mehr hinzufügen.

Kapitel 2

Sortier- und Selektionsalgorithmen

Sortieralgorithmen gehören zu den am häufigsten vorkommenden in der Informatik.

Gegeben sei eine Folge von (der Einfachheit halber: verschiedenen) Zahlen $a[1] \ldots a[n]$. Ein *Sortieralgorithmus* soll diese Folge sortieren; das heisst, am Ende soll eine Folge $b[1] \ldots b[n]$ entstehen mit $b[1] \leq b[2] \leq \ldots \leq b[n]$ und $\{b[1], \ldots, b[n]\} = \{a[1], \ldots, a[n]\}$.

Ein *Selektionsalgorithmus* soll bei einer gegebenen Zahlenfolge $a[1..n]$ und $i \in \{1, \ldots, n\}$ feststellen, welches das i-kleinste Element der Folge ist. (Spezialfälle hiervon sind das Bestimmen des größten Elements ($i = n$), des kleinsten Elements ($i = 1$) oder des Medians der Folge ($i = \lfloor \frac{n}{2} \rfloor$)). Man könnte die Selektionsaufgabe natürlich dadurch lösen, dass man die gesamte Folge zunächst sortiert, und dann feststellt, welches Element der Folge an die i-te Position gesetzt wurde. Aber wir werden noch sehen, dass es effizienter geht.

2.1 BubbleSort

Es gibt verschiedene sehr simple, allerdings nicht optimale Sortier-Algorithmen. Stellvertretend betrachten wir *BubbleSort:*

```
REPEAT
  b :=TRUE
  FOR i := 1 TO n − 1 DO
   IF a[i] > a[i + 1] THEN
     b :=FALSE
     Vertausche(a[i], a[i + 1])
UNTIL b
```

Günstigstenfalls ist das Array a bereits sortiert; in diesem Fall stellt dies der Algorithmus nach einem Durchlauf fest, also gilt dann $T(n) = \Theta(n)$.

Im ersten FOR-Schleifendurchlauf erreicht das größte Element seine endgültige Position, nämlich n; (spätestens) im zweiten Durchlauf erreicht das zweitgrößte die Position $n - 1$, so dass nach höchstens n Durchläufen die Folge sortiert ist. Also gilt für die worst-case Komplexität $T(n) = O(n^2)$.

Diese Abschätzung ist scharf, denn im schlechtesten Fall wird diese Komplexität tatsächlich auch erreicht: Wenn das kleinste Element der Folge a an Position n liegt, dann wandert dieses in jedem Durchlauf der FOR-Schleife nur um eine Position nach vorne, und im nächsten wieder um eine Position, usw. Der Sortiervorgang ist dann also erst nach $n - 1$ Durchläufen beendet. Also ergibt sich für die worst-case Komplexität $T(n) = \Theta(n^2)$.

Was den mittleren Fall betrifft; für alle $i \in \{1, \ldots, n\}$ gilt, dass das kleinste Element der a-Folge mit Wahrscheinlichkeit $1/n$ gerade das Element $a[i]$ ist. In diesem Fall ergeben sich also (mit Wahrscheinlichkeit $1/n$) mindestens i FOR-Schleifendurchläufe. Für die mittlere Laufzeit $T(n)$ gilt also

$$T(n) \geq \Omega(n) \cdot \frac{1}{n} \cdot \sum_{i=1}^{n} i = \Omega(n^2)$$

Da dies mit der worst-case Komplexität (abgesehen vom konstanten Faktor) übereinstimmt, gilt für den average-case also auch $T(n) = \Theta(n^2)$.

2.2 Eine untere Schranke für (fast) alle Sortierverfahren

Für die folgende Betrachtung nehmen wir an, dass die einzige Art, wie der potenzielle Sortieralgorithmus etwas über die Anordnung der Eingabefolge erfährt, darin besteht, Abfragen der Form „$a[i] < a[j]$" zu tätigen. Der Algorithmus BubbleSort (und auch die noch zu besprechenden Algorithmen QuickSort und HeapSort) ist von dieser Art. Da wir keine Annahme über die absolute Größe der zu sortierenden Zahlen treffen, ist eine (hier nicht zulässige) Abfrage wie „$a[3] > 100$" auch nicht sinnvoll.

Jeder Sortieralgorithmus ist zunächst in vollständiger „Unwissenheit" darüber, welche Permutation π die gegebene Eingabe $a[1..n]$ sortiert (das heißt, für welches π gilt, dass $\pi(i)$ gerade der Rang des Elements $a[i]$ ist, $i = 1, 2, \ldots, n$). Die Menge der zu Beginn der Rechnung möglichen Permutationen U_0 hat die Mächtigkeit $n!$. Durch eine IF-Abfrage nach „$a[i] < a[j]$" wird die Menge der möglichen Permutationen in zwei Teilmengen zerlegt. Genauer: Sei U_k die Menge der möglichen Permutationen nach dem k-ten Vergleich. Nach Ausführung des Vergleichs „$a[i] < a[j]$" wird U_k zerlegt in

$$\begin{aligned} U_k' &= \{\pi \in U_k \mid \pi(i) < \pi(j)\} \\ U_k'' &= \{\pi \in U_k \mid \pi(i) \geq \pi(j)\} \end{aligned}$$

Je nachdem, wie der Vergleich ausfällt, gilt dann $U_{k+1} = U_k'$ oder $U_{k+1} = U_k''$. Im schlechtesten Fall gilt in jedem Schritt $|U_{k+1}| \geq |U_k|/2$, denn die aktuell vorliegende Eingabe-Permutation π könnte sich ja in der größeren der beiden Mengen U_k und U_k' befinden. Daher muss jeder Sortieralgorithmus schlimmstenfalls soviele Vergleiche machen, wie man benötigt, durch fortgesetztes Halbieren die Zahl $|U_0| = n!$ zu einer Zahl ≤ 1 zu machen. Dies sind also mindestens $\lceil \log_2(n!) \rceil$ Vergleiche. (Denn wenn ein Sortieralgorithmus nach k Schritten stoppt, solange sich noch mehr als eine Permutation in U_k befindet, ist dieser inkorrekt: Seien $\pi_1, \pi_2 \in U_k$, so würde der Algorithmus Eigabefolgen, die mittels π_1 sortiert werden genau gleich behandeln wie Einagbefolgen, die mittels π_2 sortiert werden).

Asymptotisch verhält sich $\log_2(n!)$ wie $n \log_2 n - \Theta(n)$ (vgl. Abschnitt 1.3). Daher muss *jeder* (auf paarweisen Element-Vergleichen basierende) Sortieralgorithmus die worst-case Komplexität $\Omega(n \log n)$ haben.

Hinter dem gerade gegebenen Beweis steckt das Konzept des *Entscheidungsbaums*. Jede Verzweigung (=innerer Knoten des Baumes) ist mit einer Abfrage $a[i] < a[j]$ beschriftet. An den Blättern des Entscheidungsbaums ist die festgestellte Permutation eingetragen. Da es $n!$ verschiedene Permutationen gibt, muss der einem Sortieralgorithmus zugeordnete Entscheidungsbaum mindestens $n!$ Blätter haben. Dies impliziert, dass es mindestens einen Pfad der Länge $\lceil \log_2(n!) \rceil$ in dem Baum gibt. (Diesen Zusammenhang zwischen der Anzahl der Blätter und der Tiefe eines Binärbaumes sieht man sofort mit einer Induktion ein).

Man spricht in diesem Zusammenhang auch von der *informationstheoretischen Schranke*, denn um durch binäre ja/nein-Fragen zwischen einer von $n!$ Möglichkeiten zu unterscheiden, benötigt man (schlechtestenfalls) $\log(n!)$ viele Fragen. Ein Ereignis, das $n!$ mögliche, gleichwahrscheinliche Ausgänge hat, hat den Informationsgehalt von $\log(n!)$ bits (vg. Abschnitt 1.10).

Beispiel: Der folgende spezielle Entscheidungsbaum „sortiert" das Array $a[1..3]$. Da $3! = 6$, muss dieser mindestens 6 Blätter besitzen. Es ist $\log 6 \approx 2.58$. Also muss dieser Baum einen Pfad der Länge 3 besitzen.

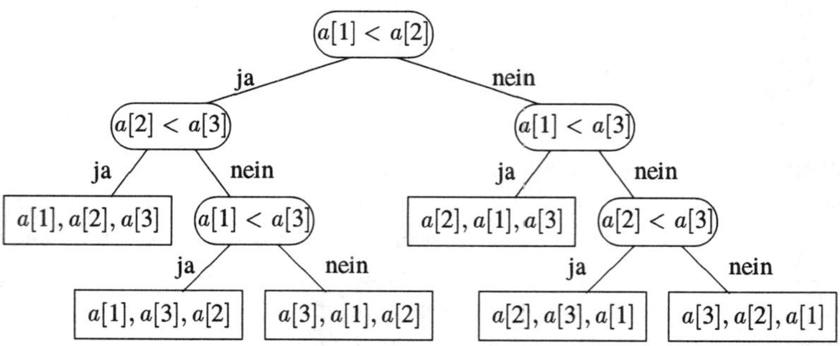

Nun wollen wir eine untere Schranke für die *average-case* Komplexität eines beliebigen Sortieralgorithmus' angeben. Aus Abschnitt 1.10 ergibt sich sofort, dass die mittlere Blatt-Tiefe eines jeden Binärbaumes mit $n!$ Blättern mindestens den Wert des Entropiewerts $H(\underbrace{\frac{1}{n!}, \ldots, \frac{1}{n!}}_{n!\text{-mal}}) = \log_2(n!)$ haben muss. Hierbei gehen wir von der Gleichverteilung $(\underbrace{\frac{1}{n!}, \ldots, \frac{1}{n!}}_{n!\text{-mal}})$ auf den $n!$ Blättern (also möglichen Permutationen) aus. Also muss jedes Sortierverfahren auch im Mittel mindestens $\log(n!) = n \log n - \Theta(n)$ viele Vergleiche durchführen.

2.3 QuickSort

QuickSort ist ein im Mittel sehr schnelles Sortierverfahren; es erreicht im average-case die bestmögliche Komplexität, die, wie wir gesehen haben, $\Theta(n \log n)$ beträgt.

Im worst-case hat QuickSort allerdings wie die naiven Verfahren die Komplexität $\Theta(n^2)$.

QuickSort, ein typisches *divide-and-conquer* Verfahren, funktioniert wie folgt:

PROCEDURE *QuickSort*(links , rechts)
{Sortiert den Array-Abschnitt a[links..rechts]}
IF rechts−links $\geq$ 1 THEN
  Wähle ein Element x aus a[links..rechts], z.B. $x = a$[links]
  Ordne a[links..rechts] so um, dass alle Array-Elemente, die kleiner (größer) als x sind, links (bzw. rechts) von x angeordnet werden.
  Sei q die Array-Position, die x bei der Umordnung von a erhält.
  QuickSort(links , $q - 1$)
  QuickSort($q + 1$, rechts)

Im Hauptprogramm wird diese Prozedur durch QuickSort$(1, n)$ aufgerufen.

Die folgende Skizze zeigt ein Beispiel für den Aufteilungsprozess des Arrays.

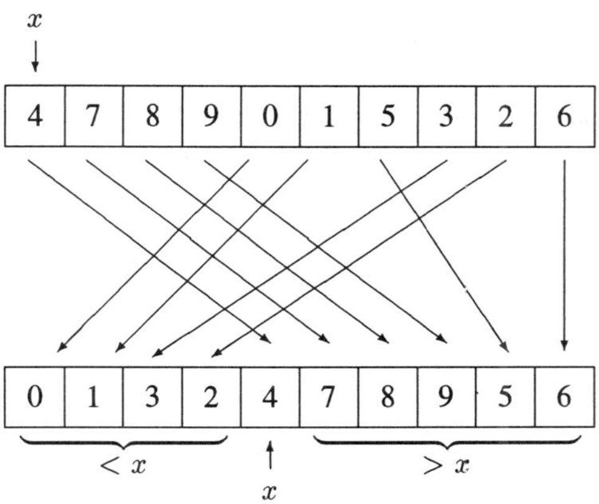

Bei diesem Beispiel ist das erste Array-Element das Aufteilungselement x (das „Pivotelement"), nämlich die 4. Die entstehende Zerlegung ist dann solcherart, dass im linken Teil-Array noch 4 Elemente zu sortieren sind, im rechten Teil-Array noch 5.

Im *schlechtesten Fall* gilt bei jedem rekursiven Aufruf $q =$ links (oder $q =$ rechts). In diesem Fall sind im ersten Aufruf von QuickSort $n-1$ Elemente-Vergleiche notwendig, dann im nächsten $n-2$, usw. Wenn $V(n)$ die Anzahl der Vergleichsoperationen im schlechtesten Fall ist, so gilt also

$$V(n) = \sum_{i=0}^{n-1} i = \frac{(n-1)n}{2}$$

Also ist wc-time$_{\text{QuickSort}}(n) = \Theta(n^2)$. (Interessanterweise tritt dieser schlechteste Fall dann auf, wenn die zu sortierende Zahlenfolge bereits sortiert ist!)

Im *günstigsten Fall* werden bei jedem Umordnungs-Vorgang zwei gleichgroße Hälften geschaffen. Dies ist dann der Fall, wenn das Element x, das sog. *Pivotelement* gerade der Median des Arrays a[links..rechts] ist.

Sei $V(n)$ die Anzahl der Vergleiche zum Sortieren von n Elementen. Wenn also jedesmal dieser günstigste Fall vorliegt, dann gilt die Rekursionsgleichung

$$V(n) \leq n - 1 + 2 \cdot V(\frac{n}{2})$$

denn $n-1$ Vergleiche werden für das Aufteilen selbst benötigt. Aus dieser Ungleichung ergibt sich $V(n) \leq n \cdot \log_2 n$. Im günstigsten Fall erreicht man also die minimal mögliche Anzahl von Vergleichen.

Wir wollen nun das average-case Verhalten von QuickSort analysieren. Wir nehmen hierzu an, dass alle $n!$ Permutationen der Eingabezahlen gleichwahrscheinlich sind.

Sei s_i dasjenige Array-Element, das den Rang i hat, das heißt, s_i ist das i-kleinste Element in a. Sei X_{ij} $(i < j)$ eine 0-1-wertige Zufallsvariable, die genau dann den Wert 1 annimmt, wenn die Elemente s_i und s_j bei einem Lauf von QuickSort – bei zufälliger Eingabefolge $a[1..n]$ – miteinander verglichen werden. (Man überzeuge sich davon, dass zwei Array-Elemente bei QuickSort höchstens einmal miteinander verglichen werden). Dann ist die mittlere Anzahl von Vergleichen, die QuickSort bei zufälliger Eingabe tätigt, gegeben durch

$$V(n) = E\left[\sum_{i<j} X_{ij}\right] = \sum_{i<j} E[X_{ij}]$$

Sei p_{ij} die Wahrscheinlichkeit, dass bei einem Lauf von QuickSort die Elemente s_i und s_j verglichen werden. Da

$$E[X_{ij}] = 1 \cdot p_{ij} + 0 \cdot (1 - p_{ij}) = p_{ij}$$

besteht die Aufgabe, $V(n)$ zu berechnen, letztlich darin, p_{ij} zu berechnen.

Behauptung: Genau die folgenden Eingabe-Permutationen führen dazu, dass ein Vergleich zwischen s_i und s_j stattfindet: Im Eingabe-Array $a[1..n]$ sei von den Zahlen $s_i, \ldots, s_j$ die Zahl s_μ diejenige mit dem kleinsten Index, also $s_\mu = a_k$, k minimal. Es findet genau dann ein Vergleich zwischen s_i und s_j statt, wenn $\mu = i$ oder $\mu = j$.

Daher gilt für die gesuchte Wahrscheinlichkeit $p_{ij} = 2/(j - i + 1)$, denn in genau 2 von $j - i + 1$ Fällen tritt der betreffende Fall ein.

Die Begründung für die obige Behauptung ist wie folgt: In jedem Aufteilungsvorgang des Arrays, in dem das Pivotelement nicht aus dem Abschnitt $s_i, \ldots, s_j$ stammt, wird die relative Reihenfolge der Elemente $s_i, \ldots, s_j$ im betreffenden Teilarray nicht geändert. (Zur Veranschaulichung vgl. das Bild auf Seite 53). Dasjenige Element mit dem kleinsten Index bleibt also das mit kleinstem Index. Insbesondere werden in diesem Fall s_i und s_j nicht miteinander verglichen. Wenn schließlich in einem rekursiven Aufruf von QuickSort ein Pivotelement x aus der Menge $\{s_i, \ldots, s_j\}$ ausgewählt wird, so ist es dasjenige s_μ, das im Eingabe-Array den kleinsten Index hat.

Sofern das Pivotelement x aus der Menge $\{s_i, \ldots, s_j\}$ stammt, und $x \neq s_i$ und $x \neq s_j$, so geraten s_i und s_j in verschiedene Teilarrays und werden im späteren Verlauf nicht mehr miteinander verglichen. Nur im Fall, dass $x = s_i$ oder $x = s_j$ werden die beiden Elemente im Laufe des Partitionsvorgangs miteinander verglichen.

Wir setzen nun in die oben entwickelte Formel ein und erhalten für die gesuchte mittlere Anzahl von Vergleichen:

$$
\begin{aligned}
V(n) = \sum_{i<j} E[X_{ij}] = \sum_{i<j} p_{ij} &= \sum_{i<j} \frac{2}{j - i + 1} \\
&= \sum_{i=1}^{n-1} \sum_{j=i+1}^{n} \frac{2}{j - i + 1} \\
&\leq \sum_{i=1}^{n-1} 2(H_n - 1) \\
&\leq 2n(H_n - 1) \\
&\leq 2n \ln n \leq 1{,}39 \cdot n \log_2 n
\end{aligned}
$$

Hierbei ist H_n die harmonische Reihe. Im Mittel benötigt QuickSort also etwa 39 Prozent mehr Vergleiche als das potenzielle Optimum. Auf jeden Fall ist die average-case Komplexität von QuickSort $\Theta(n \log n)$.

Außer dem n-elementigen ARRAY für das zu sortierende Feld benötigt QuickSort im Mittel $\Theta(\log n)$ zusätzlichen Speicherplatz, der durch die rekursiven Prozeduraufrufe zustande kommt. Die mittlere Rekursionstiefe von QuickSort ist $O(\log n)$. Sei nämlich

$S(n)$ der mittlere benötigte Speicherplatz bei einem Aufruf von Quicksort. Dann gilt:

$$S(n) = O(1) + \frac{1}{n} \sum_{i=1}^{n} \max(S(i-1), S(n-i)) = O(\log n)$$

Eine Variante von QuickSort ist *probabilistisches QuickSort*. Dieses ist, wie der Name sagt, ein probabilistischer Algorithmus. Der Unterschied liegt nur darin, dass das Pivotelement x zufällig ausgewählt wird:

RANDOM j IN [links .. rechts]
$x := a[j]$

Was ist der Unterschied? Sei a ein beliebiges Eingabe-Array der Länge n. Wir berechnen die durchschnittliche Anzahl von Vergleichen $T(a)$ bei Eingabe a. Hierbei wird der Durchschnitt (Erwartungswert) über die potenziellen Zufallsauswahlen im Verlauf des Algorithmus' genommen. Sei wieder X_{ij} die Zufallsvariable wie oben – wobei jetzt allerdings ein anderes Zufallsexperiment zugrundeliegt (nicht die Eingabe wird zufällig gezogen, sondern der Algorithmus agiert zufällig).

Es gilt aber für die Wahrscheinlichkeit p_{ij} wie oben auch $p_{ij} = 2/(j-i+1)$. Denn mit dieser Wahrscheinlichkeit wird – unter der Bedingung, dass ein Element aus der Menge $\{s_i, \ldots, s_j\}$ zum Pivotelement wird – gerade s_i oder s_j zum Pivotelement.

Daher ist die mittlere Zahl von Vergleichen $T(a) \leq 1,39 \cdot n \log_2 n$. Dieses gilt für *jede* Eingabe-Permutation a.

Was ist nun der Unterschied gegenüber dem deterministischen QuickSort-Algorithmus? Beim deterministischen Algorithmus gab es einzelne Eingaben (z.B. die sortierte Folge), die die Laufzeit n^2 haben. Solche „schlechten" Eingaben kommen jedoch nicht sehr häufig vor, denn im Mittel (gebildet über alle Eingabefolgen der Länge n) hat QuickSort die Laufzeit $n \log n$.

Der probabilistische Algorithmus verhält sich dagegen – statistisch gesehen – bei jeder Eingabefolge gleich. Bei jeder Eingabefolge besteht eine kleine Chance, dass die Laufzeit n^2 ist; im Durchschnitt (gebildet über die Zufallsauswahlen im Innern des Algorithmus) wird sie jedoch $n \log n$ sein. Hier gibt es also keine „guten" und „schlechten" Eingaben mehr; alle sind gleich. (Man spricht in diesem Zusammenhang vom *„Robin-Hood-Effekt"*).

2.4 HeapSort

HeapSort operiert auf einer Datenstruktur, die *Heap* genannt wird. Eine Heap ist ein Binärbaum, der – soweit es geht – vollständig aufgefüllt ist. Nur die unterste Schicht ist möglicherweise nicht voll aufgefüllt. Was diese Schicht betrifft, so muss diese *linksbündig* aufgefüllt werden. Die Struktur eines Heaps sieht also wie folgt aus:

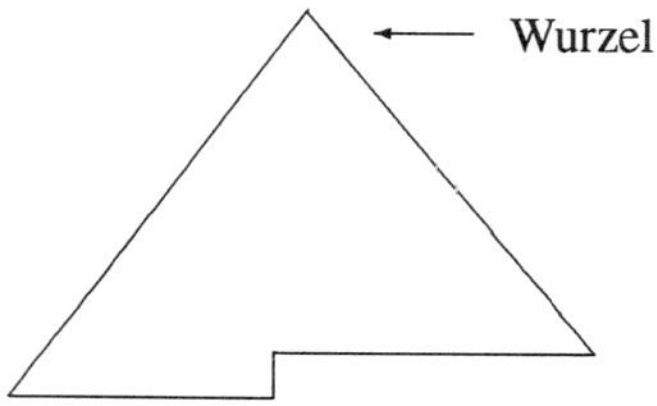

Jeder Knoten dieses Binärbaumes ist ferner mit einer Zahl beschriftet. Diese Beschriftung muss solcherart sein, dass der Vaterknoten immer einen höheren Zahlenwert trägt als jeder seiner Söhne. Zwischen den beiden Söhnen braucht keine Relation eingehalten zu werden.

Beispiel: Das Folgende ist ein Heap mit 10 Knoten, der mit den Zahlen 0,. . . 9 in einer möglichen Weise beschriftet ist:

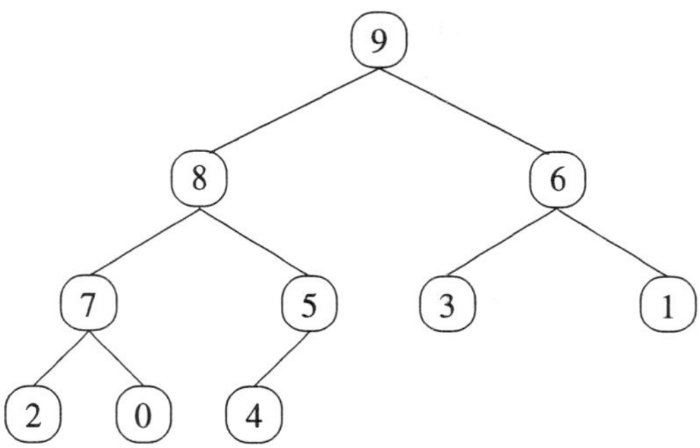

Der Wert der Wurzel muss notwendigerweise der größte der Zahlenmenge sein.

HeapSort arbeitet nun in zwei Phasen: in der ersten Phase wird aus der gegebenen Zahlenfolge ein Heap aufgebaut. In der zweiten Phase wird der Heap wieder abgebaut, dabei entsteht sukzessive eine sortierte Zahlenfolge.

Betrachten wir zunächst die zweite Phase. Bei dem obigen Beispiel-Heap steht die größte Zahl gerade an der Wurzel. „Pflücken“ wir die Zahl an der Wurzel ab, so ist natürlich die Heap-Eigenschaft verletzt:

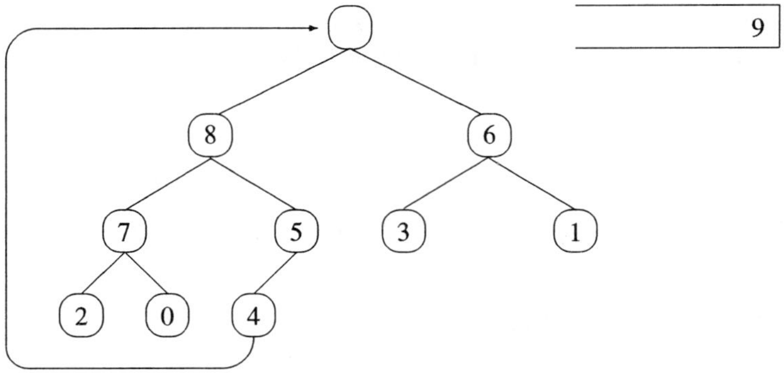

Wir setzen nun das rechteste Element der untersten Schicht an die Wurzelposition. Nun ist zwar die Heap-Baumstruktur wieder hergestellt, aber die Heap-Bedingung (Vater $\geq$ Sohn) ist an der Wurzel noch nicht erfüllt. Wir folgen nun, beginnend bei der Wurzel, dem Pfad entlang des jeweils größeren der beiden Söhne, bis wir entweder auf Blattebene ankommen oder bei einem Knoten, dessen Söhne mit kleineren Werten als der momentane Wurzelwert beschriftet sind.

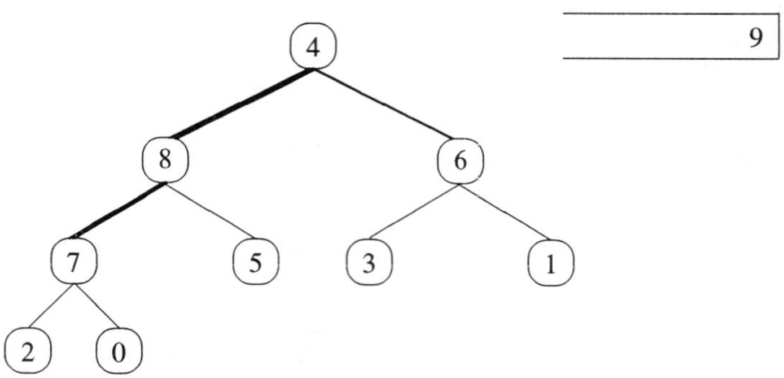

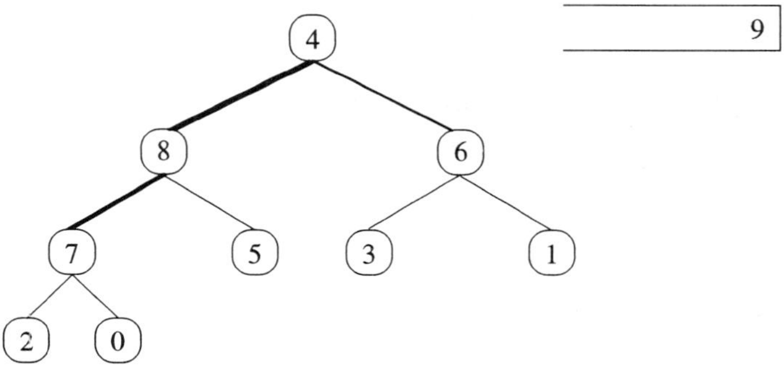

Dadurch haben wir eine Folge von Knoten gefunden, deren Werte nur im Ringtausch ausgewechselt werden müssen, um die Heap-Eigenschaft wieder herzustellen.

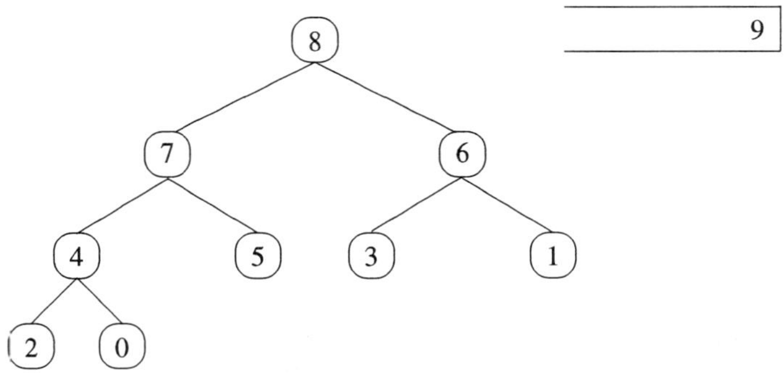

So geht es weiter. Nach 4 weiteren solchen Schritten erhalten wir:

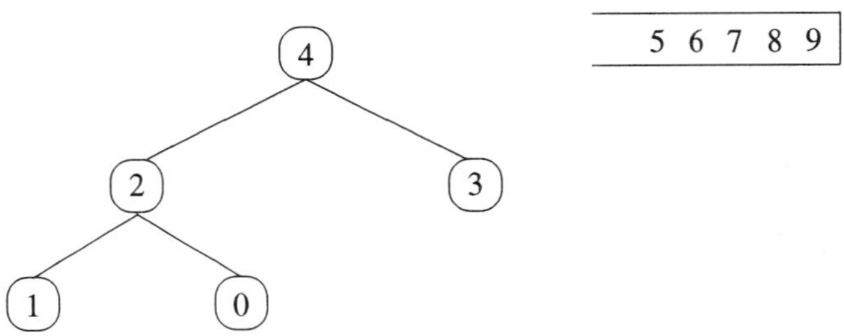

Auf diese Weise entsteht eine sortierte Folge.

Diesen Prozess des Wiederherstellens der Heap-Bedingung, wenn diese höchstens beim Wurzelknoten verletzt ist, indem man den Wurzelwert mit dem jeweils größeren der beiden Söhne vertauscht, nennen wir *Heapify*.

Bis zu diesem Zeitpunkt sieht es so aus als benötigten wir zur Realisierung dieses Algorithmus' eine verzeigerte Datenstruktur, um den Heap zu realisieren. Der Heap kann jedoch in einem Array repräsentiert werden, und zwar spiegelt sich die Heap-Struktur im Array durch die Indizierung wider:

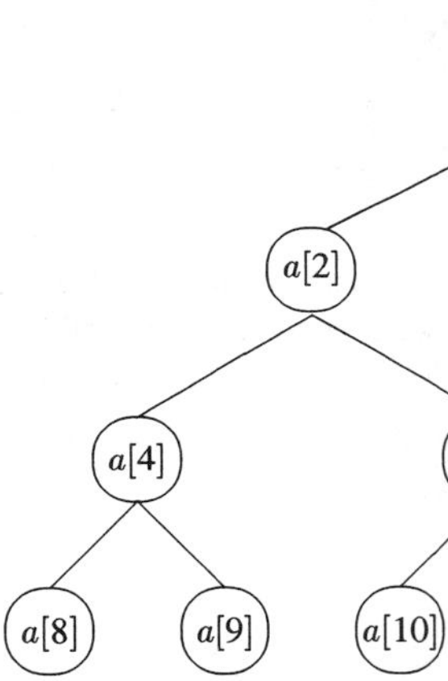

Das heißt, die Vater-Sohn-Beziehung lässt sich aus der Array-Indizierung wie folgt entnehmen: Der Knoten $a[i]$ hat die Söhne $a[2i]$ und $a[2i+1]$ (sofern $2i$ bzw. $2i+1$ kleiner-gleich n ist). Umgekehrt hat der Knoten $a[k]$ den Vater $a[k \text{ div } 2]$.

Die Heap-Bedingung lautet dann also

$$a[i] \geq a[2i] \quad \text{und} \quad a[i] \geq a[2i+1]$$

Wir wollen im Folgenden die Heap-Bedingung (per Definition) auch auf einen *Teilabschnitt* des Arrays anwenden. Daher definieren wir, dass ein Abschnitt $a[li..re] \subseteq a[1..n]$ die Heapbedingung erfüllt, falls gilt:

$$\forall i \in \{li, \ldots, re\} : \\ \big((2i \leq re \Rightarrow a[i] \geq a[2i]) \wedge (2i+1 \leq re \Rightarrow a[i] \geq a[2i+1])\big)$$

Man beachte, dass der Abschnitt $a[n \text{ div } 2 + 1, \ldots, n]$ immer die Heap-Bedingung erfüllt, da es sich bei den in diesem Abschnitt vorkommenden Knoten nur um Blätter handelt.

Die Prozedur *Heapify* können wir auf der Array-Repräsentation wie folgt realisieren:

PROCEDURE *Heapify*(li, re)
$k := 2 * li$
IF $k > re$ THEN RETURN
IF $k + 1 > re$ THEN
  IF $a[k] > a[li]$ THEN *Vertausche*$(a[li], a[k])$
  RETURN
IF $a[k] < a[k+1]$ THEN $k := k + 1$
IF $a[li] < a[k]$ THEN *Vertausche*$(a[li], a[k])$; *Heapify*(k, re)
  ELSE RETURN

HeapSort wird nun so implementiert, dass in der ersten Phase der Heap aufgebaut wird, indem der Links-Zeiger sukzessive nach vorne verschoben wird und jedesmal wieder mittels *Heapify* die HEAP-Bedingung hergestellt wird. In der zweiten Phase werden die Wurzelelemente „abgepflückt", indem der Rechts-Zeiger nach links verschoben wird und das Wurzelelement jenseits des rechten Rands des Heaps umgetauscht wird.

Skizze:

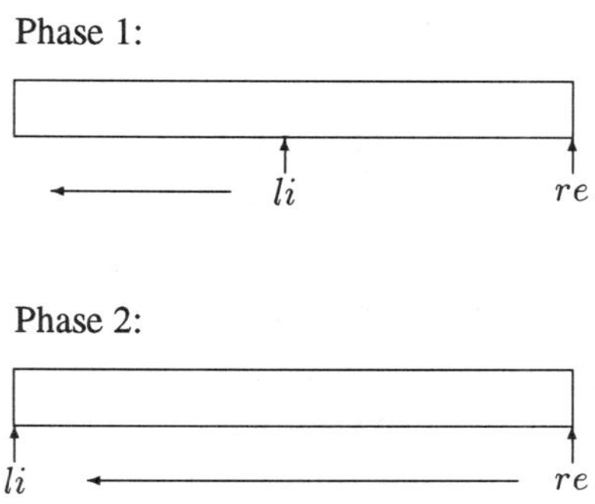

Wir formulieren dies als Programm:

$li := n$ DIV $2 + 1$
$re := n$
{Phase 1:}
WHILE $li > 1$ DO $li := li - 1$; *Heapify*(li, re)
{Phase 2:}
WHILE $re > 1$ DO
  Vertausche$(a[re], a[li])$; $re := re - 1$; *Heapify*(li, re)

Zur Komplexitätsanalyse bemerken wir zunächst, dass HeapSort ohne zusätzlichen Speicheraufwand realisiert werden kann (also $O(1)$ zusätzlicher Speicheraufwand). (Durch die Rekursion bei *Heapify* entsteht eigentlich ein gewisser Speicheraufwand; aber die Prozedur *Heapify* kann ohne weiteres nicht-rekursiv und ohne zusätzlichen Speicheraufwand programmiert werden). Man spricht von einem *in-place* Sortierverfahren.

Was die worst-case Komplexität von HeapSort betrifft, so ist ziemlich offensichtlich, dass dies ein $O(n \log n)$-Verfahren ist: Ein Aufruf von *Heapify* erzeugt höchstens $\log n$ viele Austauschaktionen (da dies die maximale Baumtiefe eines Heaps mit n Knoten ist), hat also die Komplexität $O(\log n)$. Die Prozedur *Heapify* muss in der ersten Phase etwa $(n/2)$-mal und in der zweiten Phase $(n-1)$-mal aufgerufen werden, daher ist die Komplexität also insgesamt durch $O(n \log n)$ beschränkt. Also ist die Komplexität von HeapSort (bis auf den unbekannten konstanten Faktor in der O-Notation) optimal – im Sinne von Abschnitt 2.2.

Wir wollen aber noch die genaue Anzahl von Vergleichen abschätzen, die HeapSort benötigt, und diese mit der theoretischen unteren Schranke (vgl. Abschnitt 2.2) $n \log n + \Theta(n)$ vergleichen.

Pro Austauschvorgang in der Prozedur *Heapify* sind 2 Vergleiche notwendig (nämlich, um das größte Element der Menge $\{a[i], a[2i], a[2i+1]\}$ zu bestimmen). Wir werden gleich sehen, dass die Phase 1 insgesamt nur $O(n)$ Vergleiche benötigt. Daher ist die Anzahl notwendiger Vergleiche von HeapSort (im schlechtesten Fall) $2n \log n + O(n)$, also um den Faktor 2 schlechter als das potenzielle Optimum.

Im Durchschnitt benötigt HeapSort allerdings (geeignet implementiert mittels „bottom-up HeapSort") nur $n \log n + O(n)$ Vergleiche.

Wir wollen noch zeigen, dass die Phase 1 tatsächlich nur $O(n)$ Vergleiche benötigt. Sei a ein Array mit n Elementen (=Knoten). Die Zahl der Vergleiche, um a in die Heapstruktur zu bringen, ist höchstens 2 mal so groß wie die Summe der Entfernungen aller Knoten bis zur Blattebene, denn dies ist die maximale Wegstrecke entlang der beim Heapaufbau Austausch- und Vergleichsoperationen stattfinden können.

Sei $V(t)$ die Summe der Entfernungen aller Knoten bis zur Blattebene in einem vollständigen Binärbaum der Tiefe t. Ein solcher Baum mit Tiefe $t > 0$ besteht aus einer Wurzel (welche den Abstand t zur Blattebene hat) und zwei vollständigen Binärbäumen der Tiefe $t-1$. Also ist

$$V(t) = t + 2V(t-1), \quad V(0) = 0$$

Skizze:

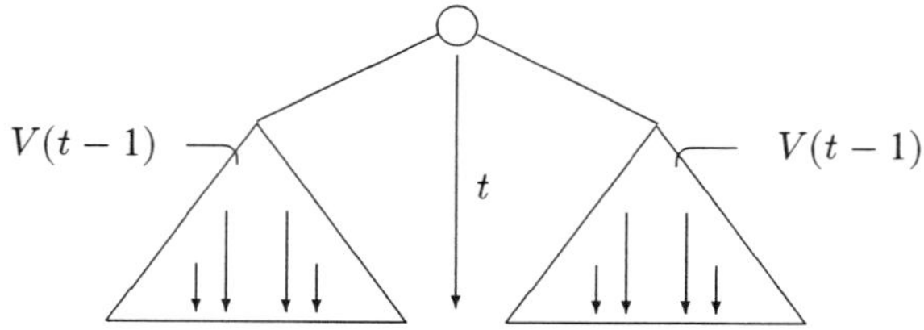

Hieraus folgt $V(t) \leq 2^{t+1}$. Sei $A(n)$ die maximale Anzahl der Vergleiche, um aus dem gegebenen Array $a[1..n]$ einen Heap aufzubauen. Es ist

$$A(n) \leq 2 \cdot V(\lfloor \log n \rfloor) \leq 2 \cdot 2^{\lfloor \log n \rfloor + 1} = 4 \cdot 2^{\lfloor \log n \rfloor} \leq 4n = O(n).$$

2.5 BucketSort

BucketSort unterbietet im average-case die $n \log n$ Schranke, denn das Verfahren hat in diesem Fall die Komplexität $O(n)$. Wie kann das im Hinblick auf Abschnitt 2.2 angehen? Der Grund liegt darin, dass BucketSort sich nicht an die in Abschnitt 2.2 vorgegebenen „Spielregeln" hält, nämlich, welche fordern, dass die einzig zulässigen Vergleiche solche zwischen Elementen $a[i]$ und $a[j]$ sind.

Diese average-case Komplexität $O(n)$ beruht allerdings auf einer weitergehenden Annahme über die Verteilung der Eingabezahlen: Die Werte $a[i] \in \mathbb{R}$ müssen unbhängig und gleichverteilt in einem festen Intervall $[a, b)$ mit $a < b$ sein. (Im Folgenden beschränken wir uns der Einfachheit halber auf $a = 0$ und $b = 1$).

Der Nachteil von BucketSort ist allerdings, dass es $O(n)$ zusätzlichen Speicherplatz benötigt, also kein „in-place" Verfahren ist.

Wir beschreiben nun das Verfahren. Die Eingabe sei $a[1..n]$. BucketSort benötigt ein weiteres Array $b[0..n-1]$ von Zeigern, welches der Ausgangspunkt für n lineare, verkettete Listen ist. Diese sind die „Buckets", welche gerade solche $a[i]$-Elemente zusammenfassen, die in dasselbe Zahlenintervall fallen. (Hierbei wird das Intervall

$[a, b) = [0, 1)$ in n gleichgroße Intervalle zerlegt).

FOR $i := 0$ TO $n - 1$ DO
  Initialisiere $b[i]$ mit der leeren Liste
FOR $i := 1$ TO n DO
  Trage $a[i]$ in die Liste $b[\lfloor n \cdot a[i] \rfloor]$ ein
FOR $i := 0$ TO $n - 1$ DO
  Sortiere die Liste $b[i]$ nach einem Standard-Verfahren (z.B. BubbleSort)
Füge die Listen $b[0], b[1], \ldots, b[n - 1]$ zu einer sortierten Liste zusammen

Beispiel:

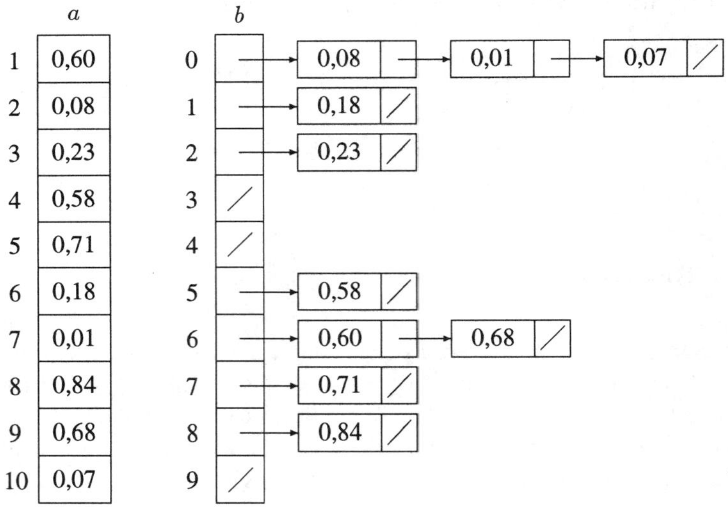

Wir analysieren nun die average-case Komplexität: Sei X_i eine Zufallsvariable, die angibt, wieviele Elemente in „Bucket" i fallen (X_i ist die Länge der Liste $b[i]$). Für jedes Array-Element $a[j]$, $j = 1, \ldots, n$, gilt:

$$Pr[\, a[j] \text{ kommt in Liste } b[i]\,] = 1/n$$

Dies gilt voneinander unabhängig für alle j. Daher liegt hier ein Bernoulli-Experiment vor. Somit ist die Zufallsvariable X_i *binomialverteilt* mit den Parametern n und $p = 1/n$.

Also gilt:

$$\begin{aligned} E[X_i] &= np = 1 \\ V[X_i] &= np(1-p) = 1 - 1/n \end{aligned}$$

Ferner beobachten wir, dass $V[X_i] = E[X_i^2] - (E[X_i])^2$, also $E[X_i^2] = V[X_i] + (E[X_i])^2$.
Der Aufwand für das Sortieren von Liste $b[i]$ ist $O(X_i^2)$. Insgesamt ergibt dies somit

$$\sum_{i=0}^{n-1} O(X_i^2)$$

Der mittlere Gesamtaufwand zum Sortieren aller $b[i]$'s ist somit

$$\begin{aligned} E\Big[\sum_{i=0}^{n-1} O(X_i^2)\Big] &= E\Big[O(\sum_{i=0}^{n-1} X_i^2)\Big] \\ &= O\Big(E[\sum_{i=0}^{n-1} X_i^2]\Big) \\ &= O\Big(\sum_{i=0}^{n-1} E[X_i^2]\Big) \\ &= O\Big(\sum_{i=0}^{n-1}(V[X_i] + (E[X_i])^2)\Big) \\ &= O\Big(\sum_{i=0}^{n-1}(2 - 1/n)\Big) \\ &= O(2n-1) = O(n) \end{aligned}$$

Damit ist gezeigt, dass die average-case Komplexität (unter der speziellen Wahrscheinlichkeitsannahme der Gleichverteilung aller $a[j]$) von BucketSort $O(n)$ ist.

2.6 Selektionsalgorithmen

Die einfachste Selektionsaufgabe besteht darin, das *Maximum* einer Zahlenmenge festzustellen. Sei $V(n)$ die Anzahl der notwendigen Vergleiche (im schlechtesten Fall), um das Maximum von $a[1..n]$ zu bestimmen.

Behauptung: Es gilt $V(n) = n - 1$.

Beweis: ($\leq$) Gehe nach der üblichen Strategie vor:

Vergleiche $a[1]$ und $a[2]$
Vergleiche $\max(a[1], a[2])$ und $a[3]$
...
Vergleiche $\max(a[1], \ldots, a[n-1])$ und $a[n]$

Dieses sind $n - 1$ Vergleiche.

($\geq$) Da bei jedem Vergleich, den ein Algorithmus tätigt, höchstens ein Element als Nicht-Maximum ausscheiden kann, ergibt sich die Schranke $V(n) \geq n - 1$. $\square$

Analoges gilt natürlich auch, wenn das *Minimum* einer Zahlenmenge bestimmt werden soll.

Als Nächstes wollen wir betrachten, wieviele Vergleiche (im schlimmsten Fall) notwendig sind, um das Minimum *und* das Maximum einer Zahlenmenge zu bestimmen. Sei $V(n)$ die entsprechende Anzahl von Vergleichen.

Man kann natürlich zunächst das Minimum bestimmen und dann das Maximum, also gilt $V(n) \leq (n-1) + (n-1) = 2n - 2$.

Geht es vielleicht noch besser?

Ja, es geht: Man führe zunächst $\frac{n}{2}$ paarweise Vergleiche durch. Danach ergibt sich folgende Situation (als Hasse-Diagramm):

Sodann bestimme man unter den $\frac{n}{2}$ vielen Maxima mit $\frac{n}{2} - 1$ Vergleichen das größte Element und unter den $\frac{n}{2}$ vielen Minima mit $\frac{n}{2} - 1$ Vergleichen das kleinste Element. Dies macht zusammen $\frac{n}{2} + (\frac{n}{2} - 1) + (\frac{n}{2} - 1)$ Vergleiche. Also gilt $V(n) \leq \frac{3}{2}n - 2$.

Als Nächstes zeigen wir, dass diese obere Schranke optimal ist. Das heißt, wir zeigen, dass *jeder* Algorithmus zum Bestimmen des Maximums und des Minimums *im schlechtesten Fall* mindestens $\frac{3}{2}n - 2$ Vergleiche durchführen muss.

Zerlege hierzu die Elemente des Arrays in 4 Gruppen:

$$\begin{aligned} A &= \text{Elemente, die bisher bei keinem Vergleich beteiligt waren,} \\ B &= \text{Elemente, die bisher bei allen Vergleichen „Sieger“ waren,} \\ C &= \text{Elemente, die bisher bei allen Vergleichen „Verlierer“ waren,} \\ D &= \text{die restlichen Elemente.} \end{aligned}$$

Sei $a = |A|$, $b = |B|$, $c = |C|$, $d = |D|$. Wir beschreiben den „Zustand“, in dem sich ein Algorithmus befindet, durch (a, b, c). (Es ist nicht notwendig, auch noch d anzugeben, da d durch a, b, c eindeutig bestimmt ist: $d = n - a - b - c$).

Jeder Algorithmus befindet sich zu Beginn im Zustand $(n, 0, 0)$; und am Ende, nachdem das Maximum und das Minimum eindeutig bestimmt sind, muss der Zustand $(0, 1, 1)$ sein. Es geht also darum, in wievielen Schritten ein Algorithmus (im schlechtesten Fall) den Anfangszustand in den Endzustand überführen kann.

Skizze:

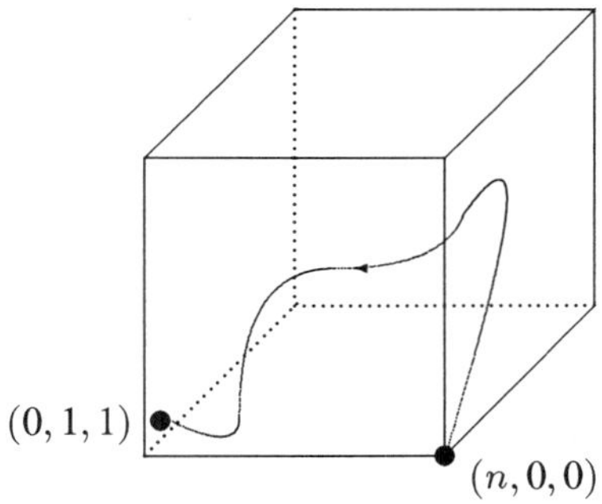

Wir analysieren die möglichen Zustandsübergänge:

$$(a,b,c) \mapsto \begin{cases} (a-2, b+1, c+1), & A < A \\ (a, b-1, c), & B < B \\ (a, b, c-1), & C < C \\ (a, b, c), & D < D \\ (a-1, b, c+1), & A < B \\ (a-1, b, c), & A > B \\ \vdots & \\ \text{(einige weitere Fälle)} & \end{cases}$$

Hierbei bedeutet zum Beispiel „$A > B$“, dass in dem betreffenden Fall ein A-Element und ein B-Element verglichen wurden, und dass das A-Element dabei der „Sieger“ war.

Jeder Algorithmus, der das kleinste und das größte Element einer Zahlenfolge bestimmt, muss daher den Anfangszustand $(n, 0, 0)$ unter Verwendung der oben angegebenen dreidimensionalen „Rösselsprünge“ in den Endzustand $(0, 1, 1)$ überführen. Da es schwierig ist, sich die möglichen Übergänge von (a, b, c) im dreidimensionalen Raum vorzustellen, bilden wir eine (für das Beweisargument) geeignete Linearkombination von a, b, c und können dann im Eindimensionalen argumentieren. Sei

$$U(a, b, c) = 3a + 2b + 2c$$

der dem Tripel (a, b, c) zugeordnete „Unsicherheitswert“. Dann gilt $U_{\text{Anfang}} = U(n, 0, 0) = 3n$ und $U_{\text{Ende}} = U(0, 1, 1) = 4$. Wenn wir zeigen könnten, dass pro Vergleichsschritt der U-Wert um höchstens 2 abnimmt, so erhalten wir also eine untere Schranke für die Zahl der notwendigen Vergleiche:

$$\frac{U_{\text{Anfang}} - U_{\text{Ende}}}{2} = \frac{3n - 4}{2} = \frac{3}{2}n - 2$$

Dies ist die angekündigte untere Schranke.

Inspizieren wir den ersten Fall oben: Der Wert $U(a, b, c)$ ändert sich hier zu $U(a - 2, b + 1, c + 1)$. Es gilt $U(a, b, c) - U(a - 2, b + 1, c + 1) = 6 - 2 - 2 = 2$. An dieser Stelle wäre unsere Annahme, dass der U-Wert pro Schritt höchstens um 2 abnimmt, also bestätigt.

Der einzige Fall oben, wo es nicht so aussieht, ist „$A > B$“. Hier ergibt sich: $U(a, b, c) - U(a - 1, b, c) = 3$. Wir müssen aber bedenken, dass unser Argument sich auf den *schlechtesten Fall* bezieht. Wenn also ein A und ein B Element verglichen werden, so legen wir nun (zur Konstruktion des schlechtesten Falles) fest, dass hier immer das A-Element das *kleinere* sein soll (also nur der Fall $A < B$ relevant ist). Für den Fall $A < B$ gilt: $U(a, b, c) - U(a - 1, b, c + 1) = 3 - 2 = 1$, was wieder in Ordnung geht.

Diese Festlegung zur Konstruktion des schlechtesten Falles ist möglich, da es sich bei einem A-Element um ein bisher noch unverglichenes Element handelt, und wir die Wahlfreiheit haben, festzulegen, dass dieses Element zum Beispiel besonders klein sein soll. Wir begeben uns hier also in keinerlei Inkonsistenzen zu vorangegangenen Vergleichsentscheidungen. Wir konstruieren hier also in gewisser Weise dynamisch den schlechtesten Fall für den fraglichen Algorithmus (man spricht oft auch von einem „adversary argument“). Auf ähnliche Weise kann man die „einigen weiteren Fälle“ in der Auflistung oben behandeln. □

Als Nächstes betrachten wir die allgemeine Selektionsaufgabe: gegeben ist ein Array a und eine Zahl i; stelle fest, welches das i-kleinste Element von a ist.

In Anlehnung an QuickSort bietet sich die folgende Lösung an:

```
PROCEDURE select(a, i)
Bestimme ein Pivotelement x in a                          (*)
Ordne a so um, dass alle Elemente, die kleiner (größer)
  als x sind, links (bzw. rechts) von x angeordnet werden
  Sei hierbei q der Index, den das Pivotelement x erhält,
  und a' (a'') sei der linke (bzw. rechte) Teil des Arrays
IF i = q THEN RETURN x
  ELSIF i < q THEN RETURN select(a', i)
  ELSE RETURN select(a'', i - q)
```

Es ist klar, dass wie bei QuickSort der schlechteste Fall dann eintritt, wenn das Pivotelement jedesmal ganz am Rand liegt. Dann hat diese Prozedur die Laufzeit $O(n^2)$.

Es ist noch nicht spezifiziert, wie das Pivotelement in Zeile $(*)$ ausgewählt werden soll. Betrachten wir zunächst die Variante, bei der das Pivotelement *zufällig* aus a ausgewählt wird. Dies ist *random-select*. Für ein Array a der Größe n und für jedes $j \in \{1, \ldots, n\}$ gilt, dass das Pivotelement x mit Wahrscheinlichkeit $1/n$ das j-kleinste Element von a ist. In diesem Fall hat dann a' die Größe $j-1$ und a'' die Größe $n-j$. Schlimmstenfalls bezieht sich der rekursive Aufruf von *select* dann auf das größere der beiden Arrays a' und a''.

Der Aufteilungsvorgang des Arrays a benötigt $n-1$ Vergleiche mit dem Pivotelement.

Sei $V(n)$ die mittlere Anzahl von Vergleichen von *random-select*. Wegen dieser Vorbetrachtungen gilt die Abschätzung

$$\begin{aligned} V(n) &\leq (n-1) + \frac{1}{n} \cdot \sum_{j=1}^{n} V(\max(j-1, n-j)) \\ &\leq (n-1) + \frac{2}{n} \cdot \sum_{j=n/2}^{n} V(j) \end{aligned}$$

Man prüft leicht nach, dass diese Rekursionsgleichung die Lösung $V(n) \leq cn$ für eine genügend große Konstante c hat.

Daher gilt, dass die mittlere Laufzeit des probabilistischen Algorithmus *random-select*, bei beliebiger Eingabe a und i, *linear* in der Array-Größe n ist.

Als Nächstes wollen wir eine *deterministische* Variante von *select* angeben. Hierbei wird die Zeile $(*)$ in kleverer Weise implementiert: Zunächst wird das Array in $n/5$

viele Gruppen mit jeweils 5 Elementen aufgeteilt. In jeder der 5-er Gruppen wird der Median bestimmt (zum Beispiel, indem man jede 5-er Gruppe vollständig sortiert).

Sei b die Menge dieser $n/5$ vielen Mediane. Wir rufen nun *select* rekursiv auf mit den Parametern b und $n/10$. Hierdurch wird also der Median der $n/5$ vielen Mediane ermittelt. Dieses Element nehmen wir als das Pivotelement x und fahren in dem oben beschriebenen Algorithmus *select* fort.

Das folgende Hasse-Diagramm beschreibt die relative Position der Elemente in den 5-er Gruppen:

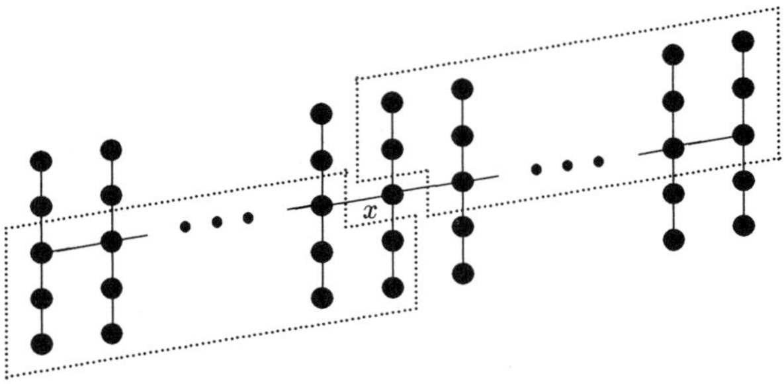

In den Bereichen, die durch gestrichelte Linien abgegrenzt sind, befinden sich Elemente, die definitiv kleiner (links unten) bzw. größer (rechts oben) sind als das Pivotelement x, der Median der Mediane. Dieses sind jeweils $\frac{3}{10}n$ viele Elemente. Das bedeutet, dass der Rang von x sich allenfalls noch in dem Intervall $[\,\frac{3}{10}n\,,\,\frac{7}{10}n\,]$ befinden kann:

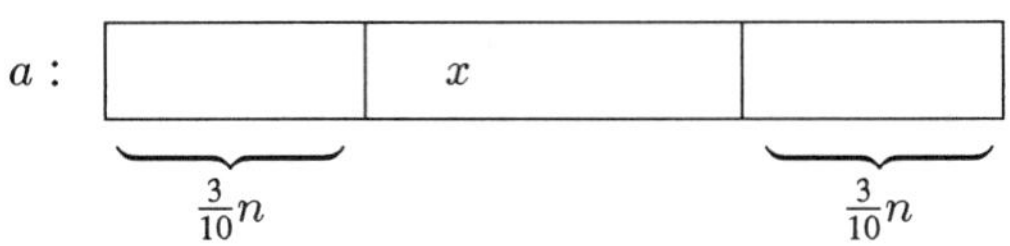

Schlechtestenfalls kann der rekursive Aufruf von *select*(a', i) bzw. *select*$(a'', i-q)$ sich auf ein Array der Größe $\frac{7}{10}n$ beziehen. Daher erhalten wir für die Anzahl der Vergleiche von *select* folgende rekursive Abschätzung:

$$V(n) \;\leq\; \frac{1}{5}dn + (n-1) + V(\frac{1}{5}n) + V(\frac{7}{10}n)$$

Hierbei ist d die notwendige Anzahl von Vergleichen, um den Median in einer 5-er Gruppe zu bestimmen (etwa $d = 8$). Die $(n-1)$ Vergleiche fallen beim Partitionsvorgang an. (Tatsächlich brauchen wir das Pivotelement nur mit denjenigen $\frac{2}{5}n$ vielen Elementen vergleichen, die *nicht* in den durch gestrichelte Linien abgegrenzten Bereichen liegen). Diese Rekursion hat die Lösung $V(n) \leq cn$. Dies bestätigen wir durch

Einsetzen:

$$\begin{aligned} V(n) &\le \tfrac{1}{5}dn + (n-1) + V(\tfrac{1}{5}n) + V(\tfrac{7}{10}n) \\ &\le \tfrac{1}{5}dn + n + \tfrac{1}{5}cn + \tfrac{7}{10}cn \\ &= \tfrac{1}{5}dn + n + \tfrac{9}{10}cn \\ &\le cn \qquad\qquad \text{falls } c \ge 2d + 10 \end{aligned}$$

Also hat dieser Selektionsalgorithmus auch im schlechtesten Fall lineare Laufzeit.

Bemerkung: Man könnte diesen Selektionsalgorithmus, der in linearer Zeit den Median bestimmt, innerhalb von QuickSort verwenden, um das optimale Pivotelement zu bestimmen (dasjenige, das eine Aufteilung in zwei Arrays der Größe etwa $n/2$ garantiert). Diese Variante von QuickSort hätte dann auch im schlechtesten Fall die Komplexität $O(n \log n)$. Allerdings wird die in der O-Notation versteckte Konstante hierbei so groß, dass dieser Algorithmus in der Praxis absolut kein Konkurrent ist.

Kapitel 3

Hashing

Hashing ist eine Methode zur dynamischen Verwaltung von Daten, wobei die Daten durch einen *Schlüssel* angesprochen werden. Viele Anwendungen benötigen nur sehr einfache Daten-Zugriffsmechanismen:

- *Suchen* nach einem Datensatz bei gegebenem Schlüssel;
- Einen neuen Datensatz (samt Schlüssel) *einfügen*;
- Einen Datensatz zu einem gegebenen Schlüssel *löschen*.

Dieses nennt man oft die *Dictionary Operations*.

Eine mögliche Methode wäre es, die Daten in einem (balancierten) Baum zu verwalten (AVL-Baum, B-Baum). In diesem Fall hat jede der obigen Operationen einen (worst-case und average-case) Aufwand von $\Theta(\log n)$. Wir werden sehen, dass Hashing unter gewissen Annahmen einen mittleren Aufwand von $O(1)$ hat.

Das Szenario bei Hashing besteht darin, dass es eine große Menge U von potenziellen Schlüsseln (das „Universum“) gibt, während die tatsächlich vorkommenden und zu verwaltenden Schlüssel eine relativ kleine Menge $S \subseteq U$ ausmachen. (Im allgemeinen ist aber S vorher nicht bekannt).

Hashing verwendet eine sog. *Hashfunktion* h, welche angewandt auf den (gesuchten oder einzufügenden) Schlüssel $s \in U$ eine Adresse in der *Hashtabelle* liefert. Diese Hashtabelle ist ein Array von Zeigern, welche dann auf die eigentlichen Datensätze zeigen. Im Folgenden nehmen wir an, dass die Hashtabelle T mit $0, 1, \ldots, m-1$ durchindiziert ist.

Nehmen wir für den Moment mal an, dass die Hashfunktion $h : U \longrightarrow \{0, 1, \ldots, m-1\}$ auf der Menge S *injektiv* ist. Das heißt, je zwei verschiedene tatsächlich verwendete

Schlüssel $s, s' \in S$ haben verschiedene Hashwerte $h(s) \neq h(s')$.

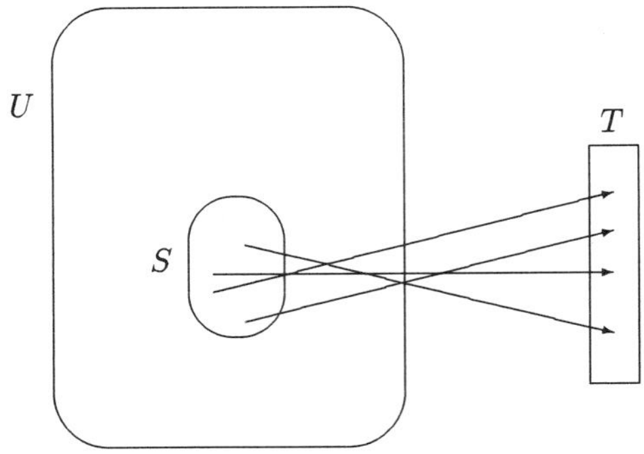

In diesem Fall sind die Dictionary Operations sehr einfach in der Zeit $O(1)$ implementierbar:

- Suchen nach einem Datensatz bei gegebenem Schlüssel:

  IF $T[h(s)] \neq$ NIL THEN ...

- Einen neuen Datensatz (samt Schlüssel) einfügen:

  $T[h(s)] :=$ (Zeiger auf) Daten zu Schlüssel s

- Einen Datensatz zu einem gegebenen Schlüssel löschen:

  DISPOSE($T[h(s)]$); $T[h(s)] :=$ NIL

Diskutieren wir als erstes die Möglichkeiten, eine geeignete Hashfunktion zu definieren. Diese Funktion sollte die Elemente von U möglichst gut in die Menge $\{0, 1, \ldots, m-1\}$ zerstreuen. (Im Deutschen heißt Hashing oft auch *Streuspeicherverfahren*).

Nehmen wir für das Folgende an, die Menge U ist eine Teilmenge der natürlichen Zahlen, $U \subseteq I\!N$.

- *Divisions-* oder *Kongruenzmethode*:

$$h(s) := s \text{ MOD } m$$

  Um eine gute Streuung der Werte zu erreichen, empfiehlt es sich m als Primzahl zu wählen.

- *Multiplikationsmethode*: Sei α eine reelle Zahl zwischen 0 und 1.

$$h(s) \ := \ \lfloor m \cdot ((s \cdot \alpha) \text{ MOD } 1) \rfloor$$

Hierbei bedeutet x MOD 1, dass die Stellen vor dem Komma in x abgeschnitten werden.

Knuth empfiehlt für α die Zahl $\alpha = (\sqrt{5} - 1)/2 = 0,618...$, den *goldenen Schnitt*.

Im allgemeinen können wir natürlich nicht damit rechnen, dass die Hashfunktion h auf den verwendeten Schlüsseln S injektiv ist. Tatsächlich ist es sogar bei einer sehr kleinen Schlüsselmenge (im Vergleich zu m, der Hashtabellengröße) schon recht wahrscheinlich, dass *Kollisionen* auftreten (also, dass es $s, s' \in S$, $s \neq s'$, gibt mit $h(s) = h(s')$). Dies ist eine Variante des *Geburtstagsparadoxons*: Bei wievielen (zufällig gewählten) Personen ist es „wahrscheinlich", dass hiervon zwei am selben Tag Geburtstag haben?

Die zweite Person hat nicht am gleichen Tag Geburtstag wie die erste mit Wahrscheinlichkeit 364/365. Die dritte Person hat nicht am gleichen Tag Geburtstag wie die ersten beiden – unter der Bedingung, dass die ersten beiden bereits verschiedene Geburtstage haben – mit Wahrscheinlichkeit 363/365; usw.

Es stellt sich heraus, dass

$$\frac{364}{365} \cdot \frac{363}{365} \cdots \frac{343}{365} < 0.5$$

Daher ist es ab 23 Personen *wahrscheinlicher*, dass zwei am selben Tag Geburtstag haben, als dass alle 23 Personen an verschiedenen Tagen Geburtstag haben.

Auf Hashing angewandt heißt dies: wenn man (nur!) 23 zufällige Schlüssel in eine Hashtabelle mit $m = 365$ Einträgen einträgt, so ist es „wahrscheinlich", dass mindestens eine Kollision auftritt.

Das folgende Diagramm zeigt die Wahrscheinlichkeit, dass es bei n Personen zwei gibt, die am selben Tag Geburtstag haben.

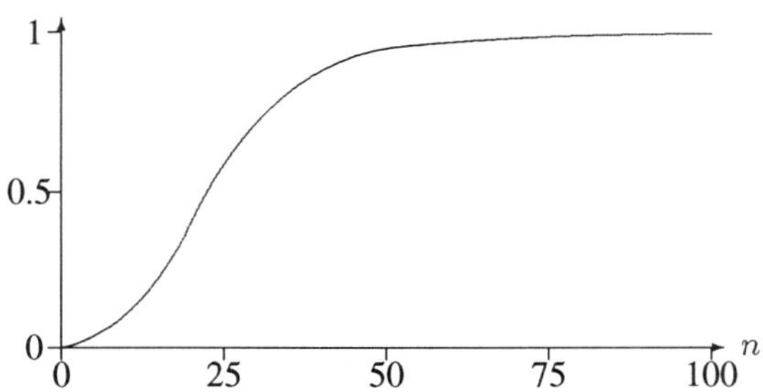

Berechnen wir mal den Erwartungswert für die Anzahl auftretender Kollisionen, wenn n Daten in eine Hashtabelle der Größe m eingetragen werden. Sei X_{ij} folgende Zufallsvariable.

$$X_{ij} = \begin{cases} 1, & \text{Kollision zwischen Schlüssel } i \text{ und } j\text{, also } h(i) = h(j), \\ 0, & \text{sonst.} \end{cases}$$

Für $i \neq j$ gilt $E(X_{ij}) = 1/m$. Sei X die Gesamtanzahl der Kollisionen. Dann gilt

$$E(X) = E\Big(\sum_{i<j} X_{ij}\Big) = \sum_{i<j} E(X_{ij}) = \sum_{i<j} \frac{1}{m} = \binom{n}{2} \cdot \frac{1}{m}$$

Zum Beispiel überschreitet ab 27 Personen die mittlere Anzahl der zu erwartenden gleichen Geburtstage den Wert 1. (Also $n = 27, m = 365 \Rightarrow E(X) \geq 1$).

Im Folgenden nennen wir den Quotienten $\beta := n/m$ (n = Anzahl der gespeicherten Elemente; m = Größe der Hashtabelle) den ***Belegungsfaktor*** der Hashtabelle. Es wird sich bei den Analysen aller zu besprechenden Hashverfahren das erstaunliche Phänomen zeigen, dass der Suchaufwand sich als Funktion von β abschätzen lässt. Das heißt, die Anzahl n der gespeicherten Elemente geht nicht (oder nur indirekt) in den Aufwand ein. Sofern man also einen konstant bleibenden Belegungsfaktor (z.B. $\beta = 0,8$) garantieren kann, ist der Suchaufwand $\Theta(1)$, also unabhängig von n.

3.1 Hashing mit Verkettung

Die vielleicht einfachste Art der Kollisionsbehandlung ist Hashing mit Verkettung. Hierbei wird jedes Element der Hashtabelle als Ausgangspunkt einer (Überlauf-)Liste angesehen. Alle Daten, deren Schlüssel auf denselben Hashwert führen, werden in die entsprechende Liste eingetragen.

Beispiel:

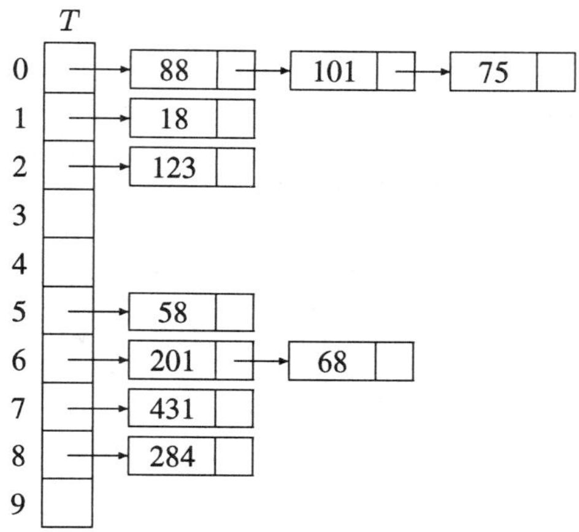

Die Dictionary Operations sind leicht implementierbar. Zur Suche nach einem Objekt mit Schlüssel s wird mittels $h(s)$ zunächst der Einstiegspunkt in die entsprechende Liste berechnet und dann diese Liste linear durchsucht. Analog lässt sich das Einfügen und Löschen implementieren.

Bei der Analyse von Hashverfahren sind generell die folgenden beiden Komplexitätsfunktionen interessant:

> $A = A(m, n)$ bezeichnet die mittlere Anzahl der Sondierschritte (=Vergleiche mit in der Hashtabelle gespeicherten Schlüsseln), bis der gesuchte Schlüssel gefunden wird. Hierbei wird vorausgesetzt, dass der Suchschlüssel in der Tabelle tatsächlich vorhanden ist.
>
> Mit $A' = A'(m, n)$ bezeichnen wir dagegen die mittlere Anzahl der Sondierschritte – unter der Bedingung, dass der gesuchte Schlüssel *nicht* vorhanden ist.

Das zugrundeliegende Wahrscheinlichkeitsmodell setzt voraus, dass alle Hashtabellenplätze $0, 1, \ldots, m-1$ mit derselben Wahrscheinlichkeit „gehasht“ werden. Insgesamt sind n Schlüssel in der Hashtabelle gespeichert.

Man beachte, dass bei Hashing mit Verkettung durchaus ein Belegungsfaktor $\beta = n/m$ von über 100 % möglich (aber nicht empfehlenswert) ist.

Aus der Analyse von BucketSort ist klar, dass bei Hashing mit Verkettung die mittlere Länge der Überlauflisten gerade β ist. Daher sind im Mittel (bei erfolgloser Suche) gerade $1 + \beta$ viele Sondierschritte nötig. Also ist $A' = 1 + \beta = 1 + n/m$.

Um A zu berechnen, führen wir folgende ganz allgemeine und auch bei anderen Hashverfahren anwendbare Überlegung durch. Die in der Hashtabelle gespeicherten n Schlüssel wurden einmal in irgendeiner Reihenfolge eingetragen. Wir nummerieren die Schlüssel anhand dieser Einfügereihenfolge durch: $s_1, s_2, \ldots, s_n$. Die entscheidende Beobachtung ist, dass die Sondierreihenfolge beim Einfügen von Schlüssel s_i (zum Zeitpunkt $i-1$, also als Schlüssel s_i noch nicht vorhanden war), dieselbe ist wie zum Zeitpunkt n, wenn nach Schlüssel s_i erfolgreich gesucht wird. Wir erhalten also die mittlere, erfolgreiche Suchzeit A, indem wir über die entsprechenden A'-Werte zu allen Zeitpunkten $i = 0, 1, 2, \ldots, n-1$ den Mittelwert bilden:

$$A(m,n) = \frac{1}{n} \cdot \sum_{i=0}^{n-1} A'(m,i)$$

Wir setzen die oben gewonnene Formel $A'(m,n) = 1 + n/m$ hier ein und erhalten:

$$\begin{aligned} A &= \frac{1}{n} \cdot \sum_{i=0}^{n-1} (1 + i/m) \\ &= 1 + \frac{1}{nm} \cdot \sum_{i=0}^{n-1} i \\ &= 1 + \frac{(n-1)n}{2nm} \\ &= 1 + \frac{\beta}{2} - \frac{1}{2m} \leq 1 + \frac{\beta}{2} \end{aligned}$$

3.2 Open Hashing

Bei Open Hashing wird im Kollisionsfall ein alternativer freier (bzw. „offener“, daher open) Platz *in* der Hashtabelle gesucht. Es ist klar, dass bei diesem Vorgehen die Zahl der speicherbaren Elemente n höchstens auf m anwachsen kann. Das heißt $\beta = 1$ ist das Maximum. Soll noch ein weiteres Element gespeichert werden, so muss das Verfahren „passen“ – oder man muss nach einer anderen Methode die Daten neu organisieren.

Die einfachste Open Hash-Methode geht mittels *Linearem Sondieren* (kurz: *Linear Hashing*). Sollte der Platz $k = h(s)$ mit einem anderen Schlüssel $s' \neq s$ belegt sein, so wird versucht, den Schlüssel s auf Position $(k+1)$ MOD m, $(k+2)$ MOD m, usw. zu speichern, bis eine freie Position gefunden wird.

Umgekehrt, bei der Suche nach einem Schlüssel s in der Hashtabelle wird zunächst die Position $k = h(s)$ sondiert, und falls diese mit einem anderen Schlüssel belegt ist, kommt Position $(k+1)$ MOD m, $(k+2)$ MOD m, usw. an die Reihe. Dies solange, bis entweder der Schlüssel s gefunden wird, oder bis ein freier Platz angetroffen wird; dann ist der Schlüssel in der Hashtabelle nicht vorhanden.

Ein Problem bei allen Open Hash-Verfahren ist das Löschen. Man kann einen Schlüssel s nicht ohne weiteres einfach aus der Hashtabelle löschen, da dadurch die Sondierreihenfolge für andere Schlüssel unterbrochen werden könnte, und diese dann nicht mehr aufgefunden werden.

Das einfachste Beispiel wären zwei Schlüssel s, s' mit $k := h(s) = h(s')$. Der Schlüssel s sei in Position k gespeichert; der Schlüssel s' sei in Position $k+1$ gespeichert. Wenn man nun s löscht, so wird eine nachfolgende Suche nach Schlüssel s' fälschlicherweise „nicht vorhanden" melden, da die Position $h(s') = k$ leer ist.

Man kann dieses Problem behelfsmäßig so lösen, dass man zwischen *gelöschten* und *freien* Plätzen unterscheidet. Bei der Suche nach einem Schlüssel müssen gelöschte Positionen als belegt behandelt werden, und es muss weiter sondiert werden. Erst wenn ein freier Platz gefunden wird, kann „nicht vorhanden" gemeldet werden.

Bei der Einfügeoperation können gelöschte Plätze dagegen als frei betrachtet werden und es kann dort also der neue Schlüssel eingefügt werden.

Dieses ist jedoch nur eine Notlösung und ist nur dann akzeptabel, wenn nicht sehr häufig Löschoperationen auftreten. Durch die gelöschten Plätze (die beim Suchen als belegt behandelt werden) vergrößert sich die mittlere Suchzeit.

Ein weiteres Problem beim Linear Hashing ist die *Clusterbildung*: Es besteht die Tendenz, dass immer längere zusammenhängende, belegte Abschnitte in der Hashtabelle entstehen, sog. *Cluster*. Diese Cluster verschlechtern deutlich die mittlere Suchzeit – im Vergleich zu einer Hashtabelle mit demselben Belegungsfaktor, wo aber die Elemente zufällig gestreut sind.

Wodurch entstehen diese Cluster? Nehmen wir mal an, dass an einer Stelle bereits ein Cluster der Länge 4 vorhanden sei; die nachfolgenden Positionen seien frei.

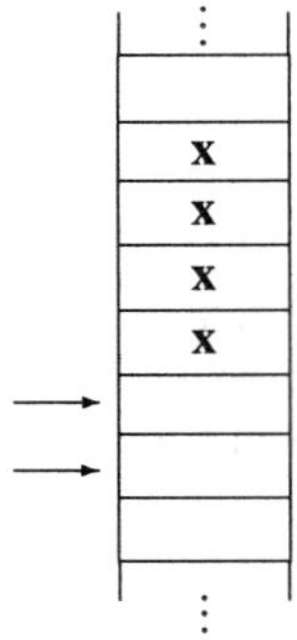

Die Wahrscheinlichkeit, dass der nächste einzutragende Schlüssel in die Position des oberen Pfeiles kommt, ist $5/m$; während die Wahrscheinlichkeit für die untere Pfeilposition nur $1/m$ ist. Schon bestehende Cluster haben damit – stochastisch gesehen – die Tendenz immer länger zu werden.

Wegen der notwendigen Modellierung dieser Clusterbildung ist eine Durchschnittsanalyse von Linear Hashing nicht ganz einfach. Wir geben ohne Beweis die Formeln für A und A' an (die für großes m und n gelten):

$$A \approx (1 + \frac{1}{1-\beta})/2$$

$$A' \approx (1 + \frac{1}{(1-\beta)^2})/2$$

Die folgende Tabelle listet einige Werte von A und A' auf:

β	A	A'
0,5	1,5	2,5
0,6	1,75	3,62
0,7	2,16	6,05
0,8	3	13
0,9	5,5	50,5
0,95	10,5	200,5

Die Methode *Double Hashing* umgeht das Problem der Clusterbildung durch Verwenden einer zweiten Hashfunktion h'. Diese bestimmt im Kollisionsfall für den jeweiligen Schlüssel s die Schrittweite, mittels der dann in der Hashtabelle weitersondiert werden soll.

Das heißt, die anzuwendende Sondierreihenfolge ist die Folgende:

$$\begin{aligned}
h_1(s) &= h(s) \\
h_2(s) &= (h(s) + h'(s)) \text{ MOD } m \\
h_3(s) &= (h(s) + 2h'(s)) \text{ MOD } m \\
h_4(s) &= (h(s) + 3h'(s)) \text{ MOD } m \\
&\vdots
\end{aligned}$$

Hierbei sollte die Hashfunktion h' möglichst „unabhängig" von der Funktion h definiert werden (etwa h mittels Multiplikationsmethode und h' mittels Divisionsmethode). Sollten also zwei Schlüssel s, s' im ersten Versuch kollidieren (das heißt $h(s) = h(s')$), so sollten die jeweiligen Schrittweiten möglichst unterschiedlich sein:

$$Pr[\,h'(s) = h'(s') \mid h(s) = h(s')\,] \;\approx\; \frac{1}{m}$$

Ferner ist bei diesem Verfahren wichtig, dass die Tabellengröße eine *Primzahl* ist. Denn, wenn m und $h'(s)$ nicht teilerfremd sind, so wird beim Sondieren nicht die gesamte Tabelle (in irgendeiner Reihenfolge) durchlaufen. (*Beispiel:* Bei $m = 100$ und $h'(s) = 10$ werden nur 10 verschiedene alternative Tabellenplätze durchlaufen). Für Primzahlen m gilt jedoch, dass $(\mathbb{Z}_m, +_{\text{mod } m})$ eine zyklische Gruppe ist.

Desweiteren darf der Wert von $h'(s)$ – im Unterschied zu $h(s)$ – nicht Null sein. Der Wertebereich für h' ist also $\{1, 2, \ldots, m-1\}$.

Für Double Hashing gilt:

$$\begin{aligned}
A &\approx \frac{1}{\beta} \cdot \ln\left(\frac{1}{1-\beta}\right) \\
A' &\approx \frac{1}{1-\beta}
\end{aligned}$$

Die folgende Tabelle listet ein paar Werte auf:

β	A	A'
0.5	1.39	2.0
0.6	1.53	2.5
0.7	1.72	3.3
0.8	2.01	5.0
0.9	2.56	10.0
0.95	3.15	20.0

Begründung für obige Formeln: $1-\beta$ ist die Wahrscheinlichkeit, auf eine leere Position zu treffen. Falls das gesuchte Objekt nicht vorhanden ist, so ist mit Wahrscheinlichkeit

$1-\beta$ nur ein Versuch nötig. Die Wahrscheinlichkeit für 2 Versuche ist für große n näherungsweise $\beta(1-\beta)$, und mit Wahrscheinlichkeit $\beta^2(1-\beta)$ sind 3 Versuche nötig, usw. (Wir nehmen hier an, dass jeder neue Sondierschritt einen zufälligen Tabellenplatz trifft; diese Annahme ist bei Double Hashing gerechtfertigt).
Somit:

$$\begin{aligned} A' &\approx \sum_{n\geq 1} n\beta^{n-1}(1-\beta) = \frac{1-\beta}{\beta}\sum_{n\geq 1} n\beta^n \\ &= \frac{1-\beta}{\beta}\cdot\frac{\beta}{(1-\beta)^2} = \frac{1}{1-\beta} \end{aligned}$$

Für die Analyse von A verwenden wir die weiter oben entwickelte Formel

$$A(m,n) = \frac{1}{n}\cdot\sum_{i=1}^{n} A'(m,i-1)$$

die auch in diesem Fall anwendbar ist. Damit erhalten wir:

$$\begin{aligned} A &\approx \frac{1}{n}\cdot\sum_{j=1}^{n}\frac{1}{1-(j-1)/m} = \frac{1}{n}\cdot\sum_{j=0}^{n-1}\frac{1}{1-j/m} \\ &= \frac{m}{n}\cdot\sum_{j=0}^{n-1}\frac{1}{m-j} = \frac{1}{\beta}\cdot(H_m - H_{m-n}) \\ &\approx \frac{1}{\beta}\cdot(\ln m - \ln(m-n)) = \frac{1}{\beta}\cdot\ln(\frac{m}{m-n}) \\ &= \frac{1}{\beta}\cdot\ln(\frac{1}{1-\beta}) \end{aligned}$$

Hierbei wurde näherungsweise H_n mit $\ln n$ gleichgesetzt.
Das grundsätzliche Verhalten von A (bzw. A') in Abhängigkeit von β zeigt das folgende Diagramm.

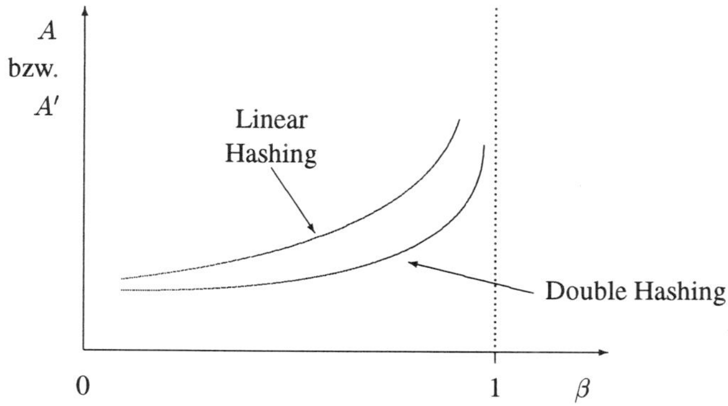

3.3 Universal Hashing

Trotz der hervorragenden average-case Komplexität von $\Theta(1)$ hat Hashing ein sehr schlechtes worst-case Verhalten: im schlechtesten Fall werden alle Schlüssel auf dieselbe Hashtabellen-Adresse abgebildet. Dann entartet Hashing zum Suchen in einer linearen Liste; hat also Komplexität $\Theta(n)$.

Bei einmal festgelegter Hashfunktion sind es bestimmte Schlüsselmengen, die dieses ungünstige Verhalten hervorrufen. Die Idee besteht nun darin, dass der Algorithmus zur Laufzeit *zufällig* eine Hashfunktion aus einer sorgfältig ausgewählten Klasse von Hashfunktionen auswählt. Auf diese Weise macht sich der Algorithmus unabhängig von der jeweils gewählten Schlüsselmenge. Für *jede* Schlüsselmenge $S \subseteq U$ zeigt Universal Hashing dann ein gutes Laufzeitverhalten – im Mittel, bezogen auf die Zufallsauswahl der Hashfunktion.

Universal Hashing ist also ein probabilistisches Verfahren, und es geht darum, die (sehr geringe) Wahrscheinlichkeit für ein schlechtes Laufzeitverhalten gleichmäßig über alle Eingaben (also Schlüsselmengen S) zu verteilen. Es liegt hier also wieder der *Robin-Hood-Effekt* vor wie bei probabilistischem QuickSort.

Sei $\mathcal{H}$ eine endliche Menge von Hashfunktionen, welche U nach $\{0, 1, \ldots, m - 1\}$ abbilden. Die Menge $\mathcal{H}$ heißt *universal*, falls für jedes Paar von verschiedenen Schlüsseln $x, y \in U$ die Zahl der Hashfunktionen $h \in \mathcal{H}$ mit $h(x) = h(y)$ genau $|\mathcal{H}|/m$ ist.

Mit anderen Worten, $\mathcal{H}$ ist universal, falls für alle $x, y \in U$, $x \neq y$, gilt

$$Pr[\, h(x) = h(y)\,] = \frac{1}{m}$$

wobei $h \in_R \mathcal{H}$.

Die geforderte Kollisionswahrscheinlichkeit $1/m$ entspricht also genau der Wahrscheinlichkeit für eine Kollision, wenn man $h(x)$ und $h(y)$ zufällig und unabhängig aus $\{0, 1, \ldots, m-1\}$ wählen würde.

Die folgende Behauptung zeigt, dass eine universale Hashfunktionenklasse tatsächlich ein gutes Durchschnittsverhalten – in Bezug auf *jede beliebige* Schlüsselmenge S – hat.

Behauptung: Sei $S \subseteq U$ eine beliebige Menge von Schlüsseln, $|S| = n$. Sei $\mathcal{H}$ eine universale Klasse von Hashfunktionen. Sei $h \in_R \mathcal{H}$. Dann ist pro Schlüssel $x \in S$ die mittlere Anzahl der Kollisionen (also die Anzahl der $y \in S - \{x\}$ mit $h(y) = h(x)$) höchstens $\beta = n/m$.

Beweis: Sei c_{xy} die folgende Zufallsvariable

$$c_{xy} = \begin{cases} 1, & h(x) = h(y) \\ 0, & h(x) \neq h(y) \end{cases}$$

Es gilt $E(c_{xy}) = Pr[h(x) = h(y)] = 1/m$.

Ferner sei C_x die Zufallsvariable, die die Zahl aller Kollisionen (auf S) mit dem Schlüssel x angibt. Dann gilt:

$$\begin{aligned} E(C_x) &= E\Big(\sum_{y \in S, y \neq x} c_{xy}\Big) \\ &= \sum_{y \in S, y \neq x} E(c_{xy}) \\ &= \sum_{y \in S, y \neq x} \frac{1}{m} \\ &\leq \frac{|S|}{m} = \frac{n}{m} = \beta \end{aligned}$$

□

Aus der Behauptung ergibt sich: falls $|S| \leq m$, so ist die mittlere Anzahl der insgesamt zu erwartenden Kollisionen höchstens 1.

Wie kann man nun universale Klassen von Hashfunktionen finden? Eine Klasse $\mathcal{H}$, die sicherlich universal ist, ist die Klasse *aller* Funktionen von U nach $\{0, 1, \ldots, m-1\}$. Dieses sind $m^{|U|}$ viele. Aber dies ist eigentlich nicht die gesuchte Lösung für unser Problem. Die Idee ist ja doch, dass sich die Funktionen in $\mathcal{H}$ leicht spezifizieren (und evaluieren) lassen. Wir suchen nach einer universalen Klasse $\mathcal{H}$, die mit weit weniger Funktionen (und möglichst einfachen) auskommt.

Wir definieren eine universale Klasse $\mathcal{H}_1$ wie folgt. Wir gehen davon aus, dass die Schlüssel in U durch Bitstrings derselben Länge gegeben sind. Diese Bitstrings zerlegen wir in soviele Blocks, dass jeder Zahlenwert eines Blocks (als natürliche Zahl betrachtet) kleiner als m ist. Also sei $x = \langle x_0, x_1, \ldots, x_r \rangle$ ein Schlüssel, wobei die x_i natürliche Zahlen sind mit $0 \leq x_i < m$. Die Klasse $\mathcal{H}_1$ besteht aus allen Hashfunktionen $h = h_a$, die durch ein Tupel $a = \langle a_0, a_1, \ldots, a_r \rangle$ spezifiziert werden. Die Funktion h_a ist dann wie folgt definiert:

$$h_a(x) \;=\; \sum_{i=0}^{r} a_i x_i \text{ MOD } m$$

Hierbei ist $a_i \in \{0, 1, \ldots, m-1\}$. Daher gibt es m^{r+1} viele Funktionen h_a; d.h. $|\mathcal{H}_1| = m^{r+1}$.
Ferner muss m eine Primzahl sein!

Satz: Die Klasse $\mathcal{H}_1$, wie oben definiert, ist universal.

Beweis: Seien x, y zwei verschiedene Schlüssel in U. Das heißt, die Bitstrings x und y unterscheiden sich in mindestens einem Bit. Wir nehmen ohne Beschränkung der Allgemeinheit an, $x_0 \neq y_0$. Dann gilt $h_a(x) = h_a(y)$ genau dann, wenn

$$\sum_{i=0}^{r} a_i x_i \;\equiv\; \sum_{i=0}^{r} a_i y_i \pmod{m}$$

Dies gilt genau dann, wenn

$$a_0(x_0 - y_0) \;\equiv\; \sum_{i=1}^{r} a_i(y_i - x_i) \pmod{m}$$

Da m eine Primzahl ist, ist die algebraische Struktur

$$\left(\{0, 1, \ldots, m-1\}\,,\ +_{\text{mod } m}\,,\ *_{\text{mod } m}\right)$$

ein Körper (vgl. auch Kapitel 7). Daher existieren für alle Körperelemente $\neq 0$ eindeutige multiplikative Inverse. Wir können daher nach a_0 eindeutig auflösen:

$$a_0 \;\equiv\; (x_0 - y_0)^{-1} \cdot \sum_{i=1}^{r} a_i(y_i - x_i) \pmod{m}$$

Damit haben wir gezeigt, dass es für jede Wahl von $(a_1, \ldots, a_r) \in \{0, 1, \ldots, m-1\}^r$ ein eindeutig bestimmtes a_0 gibt, so dass $h_a(x) = h_a(y)$ gilt. Von den m^{r+1} vielen $a's$ liefern also genau m^r viele $h_a(x) = h_a(y)$. Daher ist

$$Pr[h(x) = h(y)] = \frac{m^r}{m^{r+1}} = \frac{1}{m}$$

wobei $h \in_R \mathcal{H}$, was zu zeigen war. □

Eine weitere universale Hashklasse $\mathcal{H}_2$ erhält man wie folgt: Die Schlüssel seien Bitstrings der Länge p. Der Wertebereich der Hashfunktionen seien ebenfalls Bitstrings, und zwar der Länge q ($q < p$). Diese Bitstrings können als Zahlen interpretiert werden, also ist der Wertebereich die Menge $\{0, 1, \ldots, m-1\}$, $m = 2^q$. Eine Hashfunktion h aus der Klasse $\mathcal{H}_2$ wird durch Angabe einer Booleschen $p \times q$ Matrix $M = (M_{i,j})$ spezifiziert, also $h = h_M$. Somit ist $|\mathcal{H}_2| = 2^{pq}$. Sei $x = x_1 \ldots x_p$ ein Schlüssel. Der Wert $h_M(x)$ ist wie folgt definiert. Das j-te Bit ($j = 1, \ldots, q$) bezeichen wir mit $h_M(x)_j$; dieses ergibt sich mittels

$$h_M(x)_j = \bigoplus_{i=1}^{p} (x_i \wedge M_{i,j})$$

Hierbei bezeichnet $\oplus$ die Boolesche Exclusive-or Operation.

Satz: Die Klasse $\mathcal{H}_2$, wie oben definiert, ist universal.

Beweis: Seien x, y zwei verschiedene Schlüssel, also Bitstrings der Länge p. Seien $i_1, \ldots, i_k$ die Bitpositionen, an denen sich x und y unterscheiden. Dann gilt für $h_M \in_R \mathcal{H}_2$:

$$\begin{aligned}
Pr[\, h_M(x) = h_M(y)\,] &= \prod_{j=1}^{q} Pr[\, h_M(x)_j = h_M(y)_j \,] \\
&= \prod_{j=1}^{q} Pr[\, \bigoplus_{i=1}^{p} (x_i \wedge M_{i,j}) = \bigoplus_{i=1}^{p} (y_i \wedge M_{i,j})\,] \\
&= \prod_{j=1}^{q} Pr[\, \bigoplus_{i=1}^{p} ((x_i \oplus y_i) \wedge M_{i,j}) = 0\,] \\
&= \prod_{j=1}^{q} Pr[\, \bigoplus_{i \in \{i_1, \ldots, i_k\}} M_{i,j} = 0\,] \\
&= \prod_{i=1}^{q} \frac{1}{2} = 2^{-q} = \frac{1}{m}
\end{aligned}$$

□

Kapitel 4

Dynamisches Programmieren

Im Gegensatz zu divide-and-conquer, welches eine *top-down*-Methode ist, ist dynamisches Programmieren eine *bottom-up*-Methode. Das heißt, um für ein Problem der Größe n eine Lösung zu finden, werden alle für das Problem relevanten Teilprobleme der Größe $1, 2, \ldots, n-1$ gelöst und diese Lösungen in einer Tabelle untergebracht. Um jeweils eine nächstgrößere Teillösung berechnen zu können, muss auf die bisher berechneten Tabelleneinträge zugegriffen werden.

Dynamisches Programmieren wird typischerweise zur Lösung von Optimierungsproblemen angewandt. Die Bezeichnung „Programmierung" ist historisch bedingt und bezeichnet ein Verfahren, das mit einer Tabelle arbeitet.

Eine wichtige Voraussetzung zur Anwendung des Verfahrens ist, dass die optimale Lösung für ein Problem der Größe n im Inneren aus optimalen Teillösungen kleinerer Größe zusammengesetzt ist (*Bellmannsches Optimalitätsprinzip*).

Weiterhin ist dynamisches Programmieren vor allem dann effizient einsetzbar, wenn im Spektrum der verschiedenen Teillösungen viele davon „überlappend" sind. Das hat die Konsequenz, dass die optimale Lösung eines Teilproblems, die einmal berechnet und in der Tabelle fixiert ist, im Rahmen der Berechnung verschiedener größerer Teilprobleme immer wieder verwendet werden kann, und nicht wieder neu berechnet werden muss..

Die Entwicklung eines Algorithmus', der auf dem Prinzip der dynamischen Programmierung beruht, erfolgt in mehreren Schritten:

1. Charakterisiere den Lösungsraum und die Struktur einer erwünschten optimalen Lösung.

2. Definiere rekursiv, wie sich eine optimale Lösung – und der ihr zugeordnete

Wert – aus kleineren optimalen Lösungen – und deren Werten – zusammensetzt.

3. Konzipiere den Algorithmus in einer bottom-up Weise so, dass für $n = 1, 2, 3, \ldots$ tabellarisch optimale Teillösungen – und deren zugeordnete Werte – gefunden werden. Beim Finden einer bestimmten optimalen Teillösung der Größe $k > 1$ hilft hierbei, dass bereits alle optimalen Teillösungen der Größe $< k$ bereitstehen.

Ein bekanntes Beispiel für einen Algorithmus, der auf dynamischem Programmieren beruht, ist der *Cooke-Younger-Kasami-Algorithmus* zur Lösung des Wortproblems bei kontextfreien Grammatiken.

4.1 Matrizen-Kettenmultiplikation

Gegeben seien n Matrizen, die miteinander multipliziert werden sollen. Diese Matrizen haben unterschiedliche Seitenlängen: die erste ist eine $p_0 \times p_1$ Matrix, die zweite eine $p_1 \times p_2$ Matrix, usw. die letzte ist eine $p_{n-1} \times p_n$ Matrix. Da die Matrizenmultiplikation assoziativ ist, erhebt sich die Frage, in welcher Weise diese Folge von Matrizen am günstigsten zu klammern ist, und dementsprechend, welches die günstigste Auswertungsreihenfolge ist, die mit der geringsten Komplexität auskommt.

Wir beobachten zunächst, dass die Multiplikation von zwei Matrizen, wobei die eine eine $p \times q$, die andere $q \times r$ Matrix ist, $p \cdot q \cdot r$ Einzel-Multiplikationen erfordert, und damit einen Gesamtaufwand von $\Theta(p \cdot q \cdot r)$ hat.

Sollen zum Beispiel 3 Matrizen M_1, M_2, M_3 multipliziert werden, und diese haben die Seitenlängen (50×10), (10×20), (20×5), so gibt es zwei mögliche Klammerungen und damit zwei mögliche Auswertungsstrategien mit demselben Ergebnis:

$$(M_1 \cdot M_2) \cdot M_3 \text{ und } M_1 \cdot (M_2 \cdot M_3)$$

Die erste erfordert

$$50 \cdot 10 \cdot 20 + 50 \cdot 20 \cdot 5 = 15000$$

Multiplikationen zur Auswertung. Die zweite Strategie erfordert dagegen

$$10 \cdot 20 \cdot 5 + 50 \cdot 10 \cdot 5 = 3500$$

Multiplikationen.

Bei der Multiplikation von n Matrizen können durch günstige bzw. ungünstige Klammerung weit extremere Unterschiede in der Komplexität herauskommen.

Der naive Algorithmus würde alle möglichen Klammerungen ausprobieren. Wieviele sind dies? Sei $K(n)$ die Anzahl der verschiedenen Möglichkeiten, n Matrizen zu klammern. Zunächst gibt es $n-1$ Wahlmöglichkeiten für die äußeren Klammern. Danach verbleiben noch $M_1 \cdots M_j$ und $M_{j+1} \cdots M_n$ zu klammern, welche $K(j)$ bzw. $K(n-j)$ Klammerungen ermöglichen, welche jeweils beliebig miteinander kombiniert werden können. Wir erhalten also die Rekursion

$$K(n) \;=\; \sum_{j=1}^{n-1} K(j) \cdot K(n-j), \qquad K(1) = 1$$

Die Lösung dieser Rekursionsgleichung sind die *Catalanschen Zahlen* $K(n) = C(n-1)$, wobei

$$C(n) \;=\; \binom{2n}{n} \cdot \frac{1}{n+1} \;=\; \Omega\Big(\frac{4^n}{n^{3/2}}\Big)$$

Dieser naive Algorithmus hätte also exponentielle Komplexität.

Wir wollen das Problem nun genauer unter die Lupe nehmen. Die Problem-Eingabe seien die Matrizen-Seitenlängen $(p_0, p_1, \ldots, p_n)$. Die eigentlichen Matrizen M_i sind für die anvisierte Lösung nicht von Interesse, nur die Dimensionen der Matrizen.

Sei $m(i,j)$ die minimale Anzahl von Einzel-Multiplikationen, so dass man (bei optimaler Klammerung) den Abschnitt $M_i \cdots M_j$ (gegeben durch die Seitenlängen $(p_{i-1}, p_i, \ldots, p_j)$) berechnen kann.

Es ist klar, dass $m(i,j)$ mit $i = j$ den Wert Null hat.

Nehmen wir an, die optimale (äußere) Klammerung von $M_i \cdots M_j$ sei $(M_i \cdots M_k) \cdot (M_{k+1} \cdots M_j)$ für ein $k \in \{i, \ldots, j-1\}$. Für dieses k gilt dann aufgrund des Optimalitätsprinzips:

$$m(i,j) \;=\; m(i,k) + m(k+1,j) + p_{i-1} \cdot p_k \cdot p_j$$

Der Anteil von $p_{i-1} \cdot p_k \cdot p_j$ kommt durch die Multiplikation der $p_{i-1} \times p_k$ Matrix $(M_i \cdots M_k)$ mit der $p_k \times p_j$ Matrix $(M_{k+1} \cdots M_j)$ zustande.

Damit haben wir auch schon eine Rekursionsformel gefunden, die wir zum Ausfüllen der Tabelle verwenden können:

$$m(i,j) \;=\; \begin{cases} 0, & i = j \\ \min\limits_{i \le k < j} (m(i,k) + m(k+1,j) + p_{i-1} \cdot p_k \cdot p_j), & i < j \end{cases}$$

Der gesuchte Algorithmus verwendet also ein Array $m[1..n, 1..n]$, welches allerdings nur in der Form einer Dreiecksmatrix, also für Indizes (i,j) mit $1 \le i \le j \le n$

verwendet wird. Der Algorithmus trägt alle entsprechenden Tabelleneinträge (i, j) in der Reihenfolge $j - i = 0, 1, 2, \ldots, n - 1$ ein, indem er dabei gemäß obiger Formel bereits eingetragene Tabellenwerte verwendet.

```
FOR i := 1 TO n DO m[i,i] := 0
FOR l := 1 TO n - 1 DO
 FOR (i,j) mit j - i = l DO
  m[i,j] := ∞
  FOR k := i TO j - 1 DO
   q := m[i,k] + m[k+1,j] + p_{i-1} * p_k * p_j
   IF q < m[i,j] THEN m[i,j] := q
```

Am Ende erfährt man im Array-Element $m[1, n]$ mit wievielen Einzel-Operationen man bei optimaler Klammerung auskommt. Die optimale Klammerung selbst wird durch den Algorithmus zunächst nicht bestimmt. Diese Information kann man aber leicht dadurch bekommen, dass man sich im Algorithmus merkt (z.B. in einem separaten Array), durch welches k jeweils das Minimum zustandekam.

Beispiel: Gegeben seien die Matrizen $M_1, \ldots, M_6$ mit den Dimensionen $(30, 35, 15, 5, 10, 20, 25)$. Das heißt im einzelnen:

Matrix	Dimension
M_1	6×12
M_2	12×20
M_3	20×3
M_5	3×10
M_5	10×5
M_6	5×18

Der Algorithmus baut das folgende Array m auf.

i \ j	1	2	3	4	5	6
1	0	1440	936	1116	1176	1680
2		0	720	1080	1050	1788
3			0	600	450	1500
4				0	150	420
5					0	900
6						0

Die optimale Klammerung ergibt bei diesem Beispiel eine Gesamtanzahl von Einzel-Multiplikationen von $m[1,6] = 1680$. Die zugehörige optimale Klammerung ergibt sich daraus, wie jeweils die Minima zustandegekommen sind. Diese ist

$$(M_1 \cdot (M_2 \cdot M_3)) \cdot ((M_4 \cdot M_5) \cdot M_6)$$

Was die Komplexität von dynamischem Programmieren betrifft, so lässt sich diese abschätzen durch

$$O\Big(\text{(Größe der Tabelle)} \cdot \text{(Aufwand pro Tabelleneintrag)}\Big)$$

Im Beispiel Matrizen-Kettenmultiplikation ergibt sich somit die Komplexität $O(n^2) \cdot O(n) = O(n^3)$. (In Abschnitt 4.5 besprechen wir allerdings noch eine Verbesserung auf $O(n^2)$).

Im Prinzip lässt sich die Aufgabenstellung der Matrizen-Kettenmultiplikation genauso auch durch einen divide-and-conquer Ansatz lösen. Schauen wir uns mal die direkte Umsetzung in einen divide-and-conquer Algorithmus an. Dieser Algorithmus benötigt zwar keinen Speicherplatz für eine Tabelle, dafür ist er aber hoffnungslos ineffizient.

```
PROCEDURE matrix(i, j)
IF i = j THEN RETURN 0
 ELSE
  r := ∞
  FOR k := i TO j − 1 DO
    q := matrix(i, k) + matrix(k + 1, j) + p_{i−1} * p_k * p_j
    IF q < r THEN r := q
  RETURN r
```

Aufgerufen wird diese Prozedur dann durch *matrix*$(1, n)$.

Da ein Aufruf von *matrix*(i, j) mindestens 2 weitere rekursive Aufrufe hervorruft (sofern $j - i \geq 2$), hat dieser Algorithmus exponentielle Komplexität.

Das Problem ist, dass in den verschiedenen Verästelungen der Rekursion immer wieder dieselben Werte berechnet werden müssen; *matrix* wird also immer wieder mit denselben Parametern aufgerufen.

Man kann das Problem allerdings mittels *Memorieren* von schon einmal gelösten Teilproblemen beseitigen. Jetzt benötigen wir wie beim dynamischen Programmieren doch wieder eine Tabelle. Wir nehmen an, dass alle Tabelleneinträge mit dem Wert -1 initialisiert sind. Ein (-1)-Wert bedeutet, dass der entsprechende Tabelleneintrag noch unbekannt ist, also noch nicht berechnet wurde.

```
PROCEDURE matrix(i, j)
IF m[i, j] ≥ 0 THEN RETURN m[i, j]
 ELSIF i = j THEN m[i, j] := 0; RETURN 0
 ELSE
  r := ∞
  FOR k := i TO j − 1 DO
    q := matrix(i, k) + matrix(k + 1, j) + p_{i−1} * p_k * p_j
    IF q < r THEN r := q
  m[i, j] := r;
  RETURN r
```

Dieser Algorithmus füllt genauso wie dynamisches Programmieren die entsprechende Tabelle m aus. Der Unterschied ist nur der, dass die Ablaufsteuerung nicht durch FOR-Schleifen, sondern durch Rekursion vorgenommen wird. Die Komplexität dieses Verfahrens ist daher ebenfalls $\Theta(n^3)$.

4.2 Optimale binäre Suchbäume

Ein *Suchbaum* ist bekanntermaßen ein Binärbaum, wobei den Knoten Schlüsselwerte zugeordnet sind. Die Werte im Baum sind in der Weise verteilt, dass die kleineren Werte (als der jeweilige Wurzel-Wert) im linken Teilbaum und die größeren Werte im rechten Teilbaum zu finden sind.

Wir wollen hier annehmen, dass die zu speichernden Schlüsselwerte, zusammen mit den Zugriffswahrscheinlichkeiten, von vornherein bekannt sind (und sich nicht mehr ändern). Es soll ein Suchbaum B mit n Knoten konstruiert werden für diese Schlüsselwerte, welcher die mittlere Zugriffszeit minimiert.

Formaler: Seien $a_1 < a_2 < \ldots < a_n$ die zu speichernden Schlüsselwerte und seien $p_1, p_2, \ldots, p_n$ die zugehörigen Wahrscheinlichkeiten. Durch die Ordnung auf den a_i's ist festgelegt, wie ein potentieller Suchbaum mit n Knoten (von links nach rechts) mit $a_1, \ldots, a_n$ zu beschriften ist. Seien $t_1, \ldots, t_n$ die Tiefen der mit $a_1, \ldots, a_n$ beschrifteten Knoten in einem Binärbaum B. Dann ist $\sum_{i=1}^{n} p_i t_i$ die mittlere Suchzeit (die mittlere, gewichtete Tiefe), die man dem Baum B zuordnen kann. Gesucht ist ein Baum B, der diesen Wert minimiert. Ungünstig für uns ist, dass die Baumwurzel per Definition die Tiefe 0 hat, und daher der Wert für die Wurzel in obiger Summe verschwindet. Für den dynamischen Programmieransatz, den wir nun vorstellen, ist es günstiger, die Summe $\sum_{i=1}^{n} p_i(t_i + 1)$ zu betrachten (was an der Problemstellung nicht ändert).

Es gilt offensichtlich wieder das Bellmannsche Optimalitätskriterium: In einem optimalen Baum B wird sowohl der rechte als auch der linke Teilbaum (bezogen auf die in den Teilbäumen gepeicherten Schlüsselwerte und entsprechenden Zugriffswahrscheinlichkeiten) optimal sein. Daher bietet sich wieder eine Lösung mittels dynamischen Programmierens an. Wir berechnen in einer Tabelle die optimalen Suchbäume (und deren mittlere, gewichtete Knoten-Tiefe+1) für alle Teilprobleme $a_i, \ldots, a_j$ mit zugehörigen Wahrscheinlichkeiten $p_i, \ldots, p_j$.

Die für das Ausfüllen der Tabelle entscheidende Rekursionsgleichung ist die Folgende. (Hierbei ist $t(i, j)$ wie folgt definiert. Sei T der für das Teilproblem $(a_i, \ldots, a_n)$ optimale Baum. In T treten die Tiefen $t_i, \ldots, t_j$ auf. Dann ist $t(i, j) = \sum_{\mu=i}^{j} p_\mu(t_\mu + 1)$.)

$$t(i,j) = \begin{cases} 0, & i > j \\ w(i,j) + \min_{i \le k \le j}(t(i, k-1) + t(k+1, j)), & i \le j \end{cases}$$

Hierbei bedeutet $w(i, j) = \sum_{\mu=i}^{j} p_\mu$. (Hieraus ergibt sich $t(i, i) = p_i$).

Zur Begründung der obigen Formel: Es wird bei der Minimumsbildung die optimale Wahl für die Wurzel gesucht. Sofern a_k an die Wurzel platziert wird, so verursacht diese einen Anteil von p_k bei der mittleren Suchzeit, während die beiden Teilbäume zur linken und zur rechten den Anteil $w(i, k-1) + t(i, k-1)$ bzw. $w(k+1, j) + t(k+1, j)$ verursachen. Unter Berücksichtigung von $p_k + w(i, k-1) + w(k+1, j) = w(i, j)$ ergibt dies die obige Formel.

Zum Ausfüllen der Tabelle benötigt man die Zeit $O(n^3)$ (man beachte jedoch die in Abschnitt 4.5 vorgeschlagene Effizienzverbesserung auf $O(n^2)$).

Beispiel: Gegeben seien die zu speichernden Schlüssel 1,2,3,4,5,6 mit den Zugriffswahrscheinlichkeiten $p_1 = 0,1$, $p_2 = 0,2$, $p_3 = 0,12$, $p_4 = 0,05$, $p_5 = 0,28$,

$p_6 = 0,25$. Der Algorithmus erzeugt die folgende Tabelle:

i \ j	1	2	3	4	5	6
1	0,1	0,4	0,64	0,79	1,52	2,04
2		0,2	0,44	0,59	1,23	1,74
3			0,12	0,22	0,67	1,17
4				0,05	0,38	0,88
5					0,28	0,78
6						0,25

Hieraus ergibt sich, dass der optimale Suchbaum eine mittlere Zugriffszeit von 2,04 garantiert. Wenn wir auflisten, über welche k-Werte jeweils die Minima zustandekommen, so ergibt sich folgende Tabelle:

i \ j	1	2	3	4	5	6
1	1	2	2	2	2	5
2		2	2	2	3	5
3			3	3	5	5
4				4	5	5
5					5	5
6						6

Beispielsweise entnehmen wir dem Wert 5 an der Stelle (1,6), dass die optimale Baumwurzel durch den Schlüssel 5 gegeben ist. Insgesamt ergibt sich der folgende Suchbaum (wobei in jedem Knoten der Schlüssel zusammen mit der zugehörigen Zugriffswahrscheinlichkeit aufgeführt ist).

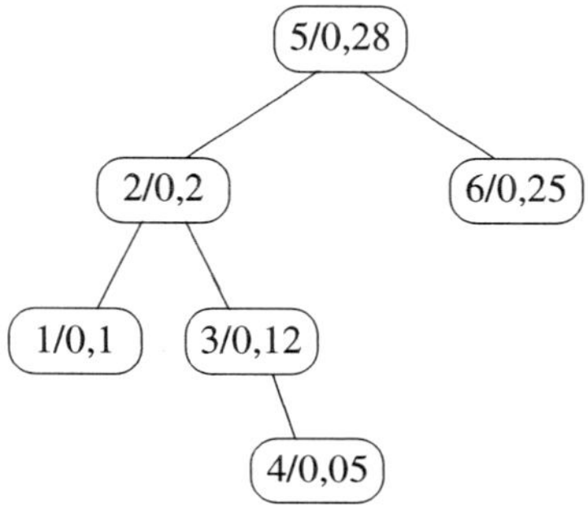

Wir wollen uns nun mit Abschätzungen zur mittleren Tiefe (bzw. der mittleren Suchzeit) in solch einem optimalen Suchbaum befassen. In Abschnitt 1.10 wurde gezeigt, dass die Entropie der Wahrscheinlichkeitsverteilung, hier $H := H(p_1, \ldots, p_n)$, eine untere Schranke für die mittlere Tiefe eines jeden binären Suchbaums darstellt, falls sich allerdings die Informationen $a_1, \ldots, a_n$ nur in den *Blättern* befinden. Da hier die Informationen in allen Knoten verteilt sind, wird die Bilanz etwas besser aussehen als H.

Wir können aber wie folgt argumentieren. Jeden binären Suchbaum kann man in einen *ternär*-verzweigten Baum transformieren, in dem nur die Blätter Informationen tragen, gemäß folgender rekursiver Regel:

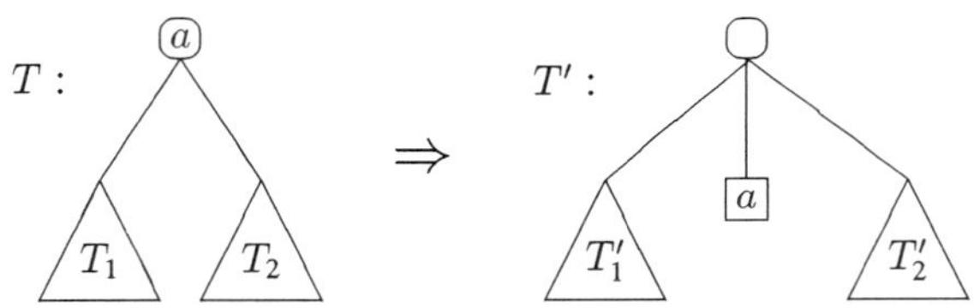

Die neuen Blätter rutschen nun allerdings eine Tiefenstufe nach unten. Nun gilt: (mittlere Tiefe des binären Suchbaums) $\geq$ (mittlere Blatt-Tiefe des ternären Baums) – 1 $\geq$ $H_3(p_1, \ldots, p_n) - 1 = H(p_1, \ldots, p_n)/\log_2 3 - 1$. Hierbei ist H_3 wie die Entropiefunktion definiert, wobei die Logarithmen zur Basis 3 genommen werden. (Die Betrachtung in Abschnitt 1.10 gilt natürlich für ternäre Bäume entsprechend).

Als Nächstes wollen wir die mittlere Tiefe eines optimalen Suchbaums nach *oben* abschätzen. Hierzu dient uns folgendes simple (und einfach zu analysierende) Verfahren zur Konstruktion eines „fast optimalen“ Suchbaums: Um für eine Teilfolge mit den Wahrscheinlichkeiten $p_l, \ldots, p_r$ einen möglichst guten Suchbaum zu bestimmen, berechnen wir zunächst $q := \sum_{i=l}^{r} p_i$, und wählen dann als (Teilbaum-) Wurzel den Knoten k, für den gilt:

$$\sum_{i=l}^{k-1} p_i \leq q/2 \leq \sum_{i=l}^{k} p_i$$

Skizze:

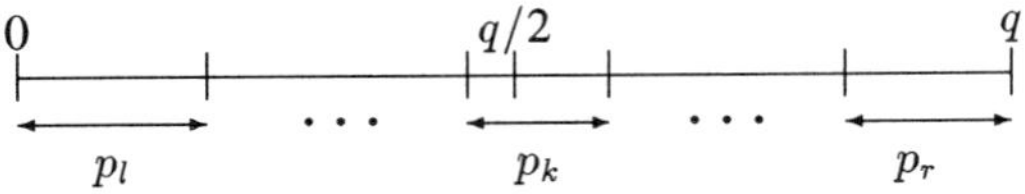

Für die Teilfolgen $(p_l, \ldots, p_{k-1})$ und $(p_{k+1}, \ldots, p_r)$ verfahren wir dann entsprechend (rekursiv). Gestartet wird das Verfahren mit der gesamten Folge $(p_1, \ldots, p_n)$.

Es gilt nun für die Tiefe t_k (im gesamten Suchbaum) einer jeden solcherart bestimmten Teilbaumwurzel k (für die Teilfolge $(p_l, \ldots, p_r)$, $l \leq k \leq r$), dass $\sum_{i=l}^{r} p_i \leq 2^{-t_k}$. Dies zeigt man durch eine einfache Induktion über die Tiefe der betreffenden Wurzel. Insbesondere folgt: $p_k \leq 2^{-t_k}$. Dies ergibt:

$$\text{(mittlere Suchbaumtiefe)} = \sum_{i=1}^{n} p_i t_i \leq -\sum_{i=1}^{n} p_i \log p_i = H(p_1, \ldots, p_n)$$

Wir fassen zusammen: Die mittlere Knoten-Tiefe eines optimalen binären Suchbaums (und damit zusammenhängend, die mittlere Suchzeit) liegt in dem Intervall $[H/\log_2 3 - 1\,,\, H]$, wobei $1/\log_2 3 \approx 0{,}631$.

4.3 Traveling Salesman Problem

Das Traveling Salesman Problem (TSP) oder auch Problem des Handlungsreisenden fragt nach einer Rundreise über n gegebene Städte, so dass jede Stadt genau einmal besucht wird, und so dass die zurückgelegte Strecke minimal ist.

Formaler: gegeben ist eine $n \times n$ „Entfernungs"-Matrix $M = (m_{ij})$. Hierbei bedeutet m_{ij} die Länge der Strecke von Stadt i zur Stadt j.

Wir lassen in der allgemeinen Formulierung des Problems auch zu, dass die Matrix nicht unbedingt symmetrisch zu sein braucht (es muss nicht $m_{ij} = m_{ji}$ gelten); es braucht auch nicht unbedingt die Dreiecksungleichung ($m_{ik} \leq m_{ij} + m_{jk}$) zu gelten. Außerdem dürfen die m_{ij} Einträge auch ∞ sein. Dies heißt dann, dass keine direkte Straße von Stadt i nach Stadt j existiert.

Gesucht ist nun nach einer Permutation $\pi : \{1, \ldots, n\} \longrightarrow \{1, \ldots, n\}$, die den Wert

$$c(\pi) = \sum_{i=1}^{n-1} m_{\pi(i),\pi(i+1)} + m_{\pi(n),\pi(1)}$$

minimiert.

Wegen der möglichen ∞-Einträge in der Matrix kann es durchaus vorkommen, dass keine Lösung existiert; mit anderen Worten, dass jede Permutation π auf einen unendlich großen $c(\pi)$-Wert führt. Es gibt nur dann eine Lösung, also eine Rundreise, wenn der zugrundeliegende gerichtete Graph (mit $(i,j) \in E \Leftrightarrow m_{i,j} < \infty$) einen Hamilton-Kreis besitzt.

Der naive Algorithmus würde alle $n!$ Permutationen π durchspielen und jedesmal $c(\pi)$ berechnen. (Es genügt, nur solche Permutationen mit $\pi(1) = 1$ zu betrachten; dieses sind $(n-1)!$ viele). Dieser Algorithmus hätte die Komplexität $\Omega(n!)$, was eine extrem schnell anwachsende Exponentialfunktion ist.

Dieser naive Ansatz kann mittels dynamischen Programmierens verbessert werden. Jedoch wird auch der entsprechende Algorithmus immer noch (gemäßigt) exponentielle Komplexität haben, denn wir wissen ja, dass das TSP ein NP-vollständiges Problem ist, und daher kein Algorithmus mit polynomialer Komplexität (also $O(n^k)$ für eine Konstante k) zu erwarten ist.

Wenn eine optimale Rundreise (ohne Beschränkung der Allgemeinheit) bei Stadt 1 beginnt und dann die Stadt k besucht, so muss der Weg von k aus durch die Städte $\{2, \ldots, n\} - \{k\}$ zurück nach 1 ebenfalls optimal sein (unter allen solchen Wegen). Daher deutet sich hier wieder das Optimalitätsprinzip an, das man wie folgt umsetzen kann.

Sei $g(i, S)$ die Länge des kürzesten Wegs, der bei Stadt i beginnt, dann durch jede Stadt der Menge S genau einmal geht, um dann bei Stadt 1 zu enden.

Man beachte, dass die Lösung des TSP darin besteht, $g(1, \{2, \ldots, n\})$ zu berechnen. Die Funktion $g(i, S)$ kann wie folgt rekursiv beschrieben werden:

$$g(i,S) = \begin{cases} m_{i1}, & S = \emptyset \\ \min\limits_{j \in S}\Big(m_{ij} + g(j, S - \{j\})\Big), & S \neq \emptyset \end{cases}$$

Unser dynamischer Programmieralgorithmus benötigt eine Tabelle für die $g(i, S)$-Werte, wobei man allerdings die Kombinationen mit $1 \in S$, als auch die mit $i \in S$

nicht benötigt. Der Algorithmus arbeitet wie folgt:

```
FOR i := 2 TO n DO g[i, ∅] := m_i1
FOR k := 1 TO n − 2 DO
 FOR S, |S| = k, 1 ∉ S DO
  FOR i ∈ {2, ..., n} − S DO
   Berechne g[i, S] gemäß Formel
Berechne g[1, {2, ..., n}] gemäß Formel
```

Die Komplexität des Verfahrens ergibt sich wieder wie üblich

(Größe der Tabelle)·(Aufwand pro Tabelleneintrag)

In diesem Fall ist die Größe der Tabelle (Anzahl der i's)·(Anzahl der S's)$\leq n2^n$. Um einen Tabelleneintrag zu berechnen, muss eine Schleife programmiert werden, die das Minimum unter allen $j \in S$ sucht. Dies ist ein Aufwand von $O(n)$. Also ergibt dies insgesamt eine Komplexität von $O(n^2 2^n)$.
Die Funktion $n^2 2^n$ ist zwar exponentiell, jedoch ist $n^2 2^n$ wesentlich kleiner als $n!$.

Beispiel: Gegeben sei folgende Entfernungsmatrix:

$$M = \begin{bmatrix} 0 & 10 & 15 & 20 \\ 5 & 0 & 9 & 10 \\ 6 & 13 & 0 & 12 \\ 8 & 8 & 9 & 0 \end{bmatrix}$$

Der Algorithmus berechnet die folgenden Werte:

$$g(2, \emptyset) = m_{21} = 5, \quad g(3, \emptyset) = m_{31} = 6, \quad g(4, \emptyset) = m_{41} = 8$$

$$\begin{aligned} g(2, \{3\}) &= m_{23} + g(3, \emptyset) &= 15 \\ g(2, \{4\}) &= m_{24} + g(4, \emptyset) &= 18 \\ g(3, \{2\}) &= m_{32} + g(2, \emptyset) &= 18 \\ g(3, \{4\}) &= m_{34} + g(4, \emptyset) &= 20 \\ g(4, \{2\}) &= m_{42} + g(2, \emptyset) &= 13 \\ g(4, \{3\}) &= m_{43} + g(3, \emptyset) &= 15 \end{aligned}$$

$$\begin{aligned} g(2, \{3,4\}) &= \min\Big(m_{23} + g(3, \{4\}), m_{24} + g(4, \{3\} \Big) &= 25 \\ g(3, \{2,4\}) &= \min\Big(m_{32} + g(2, \{4\}), m_{34} + g(4, \{2\} \Big) &= 25 \\ g(4, \{2,3\}) &= \min\Big(m_{42} + g(2, \{3\}), m_{43} + g(3, \{2\} \Big) &= 23 \end{aligned}$$

$$\begin{aligned} & g(1, \{2,3,4\}) \\ = \ & \min\big(m_{12} + g(2, \{3,4\}),\ m_{13} + g(3, \{2,4\}),\ m_{14} + g(4, \{2,3\}) \big) \\ = \ & \min(35, 40, 43) \\ = \ & 35 \end{aligned}$$

Indem man nachvollzieht, über welche Minimumsbildungen der gesuchte Wert zustandekommt, erhält man auch die zugehörige Lösung. Die optimale Rundreise ist 1–2–4–3–1. (Auf dieses Beispiel wird in Abschnitt 9.3 noch ein anderer Algorithmus angewandt; und weitere algorithmische Lösungen für das TSP finden sich in den Abschnitten 5, 9.4 und 9.6).

4.4 Das 0/1-Rucksackproblem

Die Eingabe für das 0/1-Rucksackproblem besteht aus $2n+1$ vielen natürlichen Zahlen $v_1, \ldots, v_n$, $g_1, \ldots, g_n$ und G. Die Vorstellung dahinter ist, dass es darum geht, einen Teil der „Objekte" $1, \ldots, n$ in einen Rucksack der Größe G zu packen; hierbei haben die Objekte die Größen $g_1, \ldots, g_n$. Die einzuhaltende Randbedingung ist, dass die Gesamtgröße der eingepackten Objekte die Rucksackgröße nicht übersteigt. Jedes der Objekte hat einen „Wert" $v_1, \ldots, v_n$. Es soll eine Auswahl mitzunehmender Objekte solcherart getroffen werden, so dass der Gesamtwert der im Rucksack eingepackten Objekte maximiert wird.

Formal: Gesucht ist ein 0/1-Vektor $a_1, \ldots, a_n \in \{0, 1\}$ mit

$$\sum_{i=1}^{n} a_i g_i \leq G \quad \text{und} \quad \sum_{i=1}^{n} a_i v_i \to \max$$

Es ist bekannt, dass das 0/1-Rucksackproblem NP-vollständig ist. Einen effizienten Algorithmus werden wir also nicht erwarten können.

Wir nennen das hier betrachtete Problem das 0/1-Rucksackproblem, um es vom Bruchteil-Rucksackproblem zu unterscheiden (das effizient lösbar ist), das später behandelt wird; dort dürfen die Zahlen a_i beliebig aus dem Intervall $[0, 1]$ gewählt werden.

Wir beobachten, dass beim 0/1-Rucksackproblem das Optimalitätsprinzip gilt: Wenn der Rucksack der Größe G optimal mit einer Auswahl $I \subseteq \{1, \ldots, n\}$ der Objekte $\{1, \ldots, n\}$ gepackt ist, so gilt für jedes $i \in I$, dass ein $(G - g_i)$-großer Rucksack optimal mit einem Teil der Objekte $\{1, \ldots, n\} - \{i\}$ gepackt ist, indem man die Auswahl $I - \{i\}$ hernimmt.

Sei $w(i, h)$ der optimale Wert bei Packen eines Rucksacks der Größe $h \leq G$ mit einer Auswahl der Objekte $1, \ldots, i$, wobei $i \leq n$. Wegen des Optimalitätsprinzips erhalten wir die Rekursionsgleichung

$$w(i,h) = \begin{cases} 0, & i = 0 \\ w(i-1,h), & i > 0, h < g_i \\ \max(\, w(i-1,h), w(i-1,h-g_i) + v_i\,), & \text{sonst} \end{cases}$$

Die Gleichung erklärt sich wie folgt: Man kann das Objekt i in den Rucksack einpacken oder auch nicht. Wenn man es nicht einpackt, so steht für die Objekte $1, \ldots, i-1$ noch die Größe h zur Verfügung. Wenn man es einpackt, so gewinnt man einen Wert von v_i, allerdings steht für die restlichen Objekte nur noch die Größe $h - g_i$ zur Verfügung (sofern $h - g_i \geq 0$).

Der dynamische Programmieralgorithmus für das 0/1-Rucksackproblem verwendet das Array $w[0..n, 0..G]$ und berechnet die Arraywerte wie folgt:

FOR $i := 0$ TO n DO
 FOR $h := 0$ TO G DO
  Berechne $w[i, h]$ gemäß obiger Formel

Die optimale Auswahl $a_1, \ldots, a_n$ ergibt sich daraus, welcher Fall bei der Berechnung von $w[n, G]$ jeweils aufgetreten ist.

Die Komplexität des Verfahrens ergibt sich wieder, wie gewohnt, mittels

(Tabellengröße)·(Aufwand pro Tabelleneintrag)

und berechnet sich hier zu $O(nG) \cdot O(1) = O(nG)$. Wenn man als Eingabegröße $m = 2n + 1$ ansieht, da die Eingabe aus $2n + 1$ vielen natürlichen Zahlen besteht, und vom uniformen Komplexitätsmaß ausgeht, dass also jede arithmetische Operation mit $O(1)$ Kosten verbunden ist, so ist die Komplexität $O(nG) = O(m)$, also linear. Wie kann dies angesichts der NP-Vollständigkeit des 0/1-Rucksackproblems sein?

Die Antwort ist, dass hier das uniforme Komplexitätsmaß (siehe Abschnitt 1.2) nicht adäquat ist (und der NP-Vollständigkeitsbegriff über die Bit-Komplexität definiert wird). Wir sprechen hier von einem *pseudo-polynomialen* Algorithmus. Wenn wir nämlich die Bit-Komplexität betrachten, so müssen wir bei den Eingabezahlen, insbesondere was G betrifft, deren Bitlänge, also die Länge der Binärdarstellung als Eingabelänge veranschlagen (vgl. Abschnitt 1.2). Es gilt:

$$\log(G) \approx (\text{Länge der Binärdarstellung von } G) =: k$$

bzw.

$$G \approx 2^k$$

Daher ist die Bit-Komplexität von unserem Algorithmus $O(n2^k)$, also exponentiell.

Beispiel: Gegeben sei

$$\begin{aligned} g_1 = 1, \quad g_2 = 2, \quad g_3 = 3, \quad G = 5 \\ v_1 = 6, \quad v_2 = 10, \quad v_3 = 12. \end{aligned}$$

Der Algorithmus erzeugt die folgende Tabelle:

	$h =$					
	0	1	3	3	4	5
$i =$ 0	0	0	0	0	0	0
1	0	6	6	6	6	6
2	0	6	10	16	16	16
3						22

Das Ergebnis ist, dass bei Wahl von Objekt 2 und 3 der Maximalwert von $v_2 + v_3 = 22$ zu erzielen ist.

4.5 Effizienzverbesserung

Dynamische Programmier-Algorithmen können unter Umständen in ihrer Effizienz verbessert werden. In der verbesserten Version wird zwar genau diesselbe Tabelle wie zuvor berechnet, nur kann dies in manchen Fällen mit weniger Aufwand geschehen. Typischerweise muss beim Aufbau der Tabelle ein Wert für k bestimmt werden, der einen bestimmten (rekursiv aufgebauten) Ausdruck minimiert (auf Seite 89 bei der Matrizen-Kettenmultiplikation findet sich ein gutes Beispiel):

$$m(i,j) = \begin{cases} 0, & i = j \\ \min\limits_{i \le k < j} (m(i,k) + m(k+1,j) + \ldots), & i < j \end{cases}$$

Derjenige k-Wert, bei dem das Minimum angenommen wird, zeigt die optimale Position der Klammerung an. In einer konkreten Implementierung sollte man zusätzlich diese k-Werte in einer eigenen Tabelle, etwa $K(i,j)$, abspeichern, um am Ende des Verfahrens die optimale Lösung (die optimale Klammerung bei der Matrizen-Kettenmultiplikationsaufgabe) rekonstruieren und ausgeben zu können. (Ein Beispiel für eine solche Tabelle findet sich auf Seite 94). Der folgende Ausdruck skizziert die optimale Klammerung, die im Laufe des Verfahrens für das Teilproblem (i, j) an der Stelle k gefunden wurde:

$$(M_i \cdots M_k) \quad \cdot \quad (M_{k+1} \quad \cdots \quad M_j)$$

Im weiteren Verlauf des Algorithmus' soll nun das um ein Objekt nach rechts erweiterte Teilproblem $(i, j + 1)$ gelöst werden, hierbei ergibt sich der optimale Klammerungspunkt k':

$$(M_i \cdots M_{k'}) \quad \cdot \quad (M_{k'+1} \quad \cdots \quad M_{j+1})$$

Es erscheint zumindest plausibel, dass $k' \geq k$ gelten muss. Tatsächlich muss dies bei jedem einzelnen Problem (gegeben durch die entsprechende Rekursionsgleichung) neu nachgewiesen werden; das hängt vom Aufbau der betreffenden Rekursionsformel ab.

Aus Symmetriegründen gilt eine analoge Überlegung, wenn *links* (statt rechts) ein weiteres Element an das Teilproblem (i, j) angehängt wird.

Sofern diese Überlegungen für die vorliegende Rekursionsformel zutreffen (bei der Matrizen-Kettenmultiplikation und bei den optimalen Suchbäumen ist dies der Fall), so kann man bei der Berechnung von $m(i, j)$ das Suchintervall für das optimale k von $(i, \ldots, j - 1)$ auf $(K(i, j - 1), \ldots, K(i + 1, j))$ eingrenzen. Diese K-Werte wurden schon zuvor berechnet und auf diese kann zugegriffen werden. Die modifizierte Rekursionsformel lautet nun

$$m(i,j) \;=\; \begin{cases} 0, & i = j \\ \min\limits_{K(i,j-1) \leq k \leq K(i+1,j)} (m(i,k) + m(k+1,j) + \ldots), & i < j \end{cases}$$

Wie sieht es mit dem Komplexitätsgewinn aus? Wir müssen eine Betrachtung im Sinne der amortisierten Komplexität anstellen, anstatt den Aufwand für jeden einzelnen Tabelleneintrag im worst-case anzusetzen. Betrachten wir einen Durchlauf zur Bestimmung aller $m(i, j)$ und $K(i, j)$-Werte, wobei $j - i = l$. Zur Bestimmung des optimalen k-Werts verwendet das Teilproblem (i, j) das „Suchfenster" $(K(i, j - 1), \ldots, K(i + 1, j))$. Das impliziert, dass bei den Minimumsbildungen insgesamt jeder k-Wert ($k \in \{1, \ldots, n - l\}$) einmal vorkommen kann, und zusätzlich, jeder k-Wert, der Eckpunkt eines Suchfensters ist. Das heißt, die Minimumsbildungen laufen über höchstens $2(n - l)$ viele Werte von k. Daher benötigt man zur Bestimmung der obigen Werte nur $O(n - l)$ viel Aufwand. Insgesamt, zum Ausfüllen der gesamten

Tabelle, haben wir anstatt $O(n^3)$ nur einen Aufwand von

$$\sum_{l=1}^{n-1} O(n - l) \;=\; O(n^2).$$

Wie gesagt, es ist vor Verwendung dieser effizienzverbessernden Methode zu prüfen, ob das Suchfenster bei der jeweiligen Aufgabenstellung tatsächlich so wie beschrieben eingeschränkt werden kann, ohne die Korrektheit des Algorithmus' zu gefährden.

Kapitel 5

Greedy-Algorithmen und Matroide

Greedy-Algorithmen sind mit dem dynamischen Programmieren verwandt, jedoch einfacher. Die Grundsituation ist dieselbe: Es geht um ein Optimierungsproblem; es soll sukzessiv eine optimale Lösung – in Bezug auf eine gegebene Bewertungsfunktion konstruiert werden.

Während man beim dynamischen Programmieren solche optimalen Lösungen für alle kleineren Teilprobleme konstruiert und mit Hilfe dieser in einer Tabelle eingetragenen Daten die nächstgrößere optimale Lösung konstruiert, verzichtet man bei Greedy auf die Buchführung mittels einer Tabelle. Stattdessen wird der nächste Erweiterungsschritt zu einer (hoffentlich) optimalen Lösung lediglich aufgrund der lokal verfügbaren Informationen getätigt.

Nehmen wir an, es gibt eine Gewichtsfunktion w, die die „Güte" einer Lösung (auch einer Teillösung) misst. Es soll eine Lösung mit maximalem w-Wert konstruiert werden. Wir starten mit der leeren Lösung. Schrittweise wird die bisher konstruierte Teillösung erweitert. Wenn zur Erweiterung dieser Teillösung k Erweiterungsmöglichkeiten zur Verfügung stehen, die auf die vergrößerten Teillösungen $l_1, \ldots, l_k$ führen, so wird diejenige Teillösung l_i mit $w(l_i)$ maximal ausgewählt.

Der Name Greedy=gefräßig erklärt sich dadurch, dass ein Greedy-Algorithmus nach der Methode „Nimm immer das größte Stück" vorgeht.

Dieses Greedy-Prinzip kann in vielen Fällen funktionieren und tatsächlich auf eine optimale Lösung führen – ohne den Aufwand, der bei dynamischem Programmieren betrieben werden muss.

5.1 Bruchteil-Rucksackproblem

Der Unterschied zwischen Greedy und dynamischem Programmieren wird deutlich bei zwei Varianten des Rucksackproblems. Zum einen haben wir das 0/1-Rucksackproblem, das in Abschnitt 4.4 besprochen wurde. Dort wurde eine Lösung mittels dynamischen Programmierens vorgestellt. Zum anderen kann man das *Bruchteil-Rucksackproblem* betrachten. Gegeben sind wieder $2n+1$ Zahlen $v_1, \ldots, v_n$, $g_1, \ldots, g_n$ und G. Die Objekte $1, \ldots, n$, die in den Rucksack der Größe G zu packen sind, dürfen bei dieser Variante in Bruchteilen mitgenommen werden. Eine Lösung besteht nun aus Zahlen $a_1, \ldots, a_n$ mit $0 \leq a_i \leq 1$, so dass $\sum_{i=1}^n a_i g_i \leq G$. Gesucht ist eine Lösung, die den Wert $\sum_{i=1}^n a_i v_i$ maximiert.

Hier funktioniert ein Greedy-Ansatz in der folgenden Art und Weise: Sortiere alle Objekte gemäß ihrem relativen Wert pro Gewichtseinheit, also nach v_i/g_i. Seien die Objekte so durchnummeriert, dass gilt:

$$\frac{v_1}{g_1} \geq \frac{v_2}{g_2} \geq \cdots \geq \frac{v_n}{g_n}$$

$k := 0$
WHILE $(\sum_{i=1}^{k+1} g_i \leq G)$ DO $k := k+1$
$b := (G - \sum_{i=1}^k g_i)/g_{k+1}$
Optimale Lösung ist $(a_1, \ldots, a_n) = (\underbrace{1, 1, \ldots, 1}_{k}, b, \underbrace{0, 0, \ldots, 0}_{n-k-1})$

Diese Lösung erreicht den Wert $\sum_{i=1}^k v_i + bv_{k+1}$.

Wir begründen, dass die Lösung $(1, \ldots, 1, b, 0, \ldots, 0)$ optimal ist. Wenn wir einen der ersten k Einsen reduzieren auf einen Wert $\alpha < 1$ und stattdessen entsprechend mit einem der Objekte $j > k$ auffüllen, also den Wert a_j erhöhen, so sieht die Bilanz wie folgt aus. Wir reduzieren den Wert der neuen Lösung um $(1-\alpha)v_i$, und erhöhen ihn gleichzeitig um den Wert βv_j. Hierbei ergibt sich β durch die Betrachtung der Größen. Es muss gelten: $\beta g_j = (1-\alpha)g_i$, also $\beta = (1-\alpha)g_i/g_j$. Der Wert der neuen Lösung unterscheidet sich also vom Wert der Lösung $(1, \ldots, 1, b, 0, \ldots, 0)$ um den Betrag $(1-\alpha)g_i v_j/g_j - (1-\alpha)v_i$. Wegen $v_i/g_i \geq v_j/g_j$ ist dieser Betrag ≤ 0. Die neue Lösung ergibt also keine Verbesserung.

Analog lässt sich argumentieren, dass es keine Verbesserung bringt, wenn man den Wert $a_{k+1} = b$ reduziert und stattdessen einen der Werte a_j $(j > k+1)$ erhöht.

Jede andere Lösung müsste durch eine oder mehrere Transaktionen wie die eben analysierte aus der Lösung $(1, \ldots, 1, b, 0, \ldots, 0)$ hervorgehen. Keine andere Lösung $(a_1, \ldots, a_n)$ kann also einen besseren Wert $\sum_{i=1}^n a_i v_i$ erreichen. □

Wir beobachten, dass der Greedy-Ansatz beim 0/1-Rucksackproblem dagegen nicht funktioniert. Bei dem Beispiel auf Seite 101 etwa würde Greedy die nicht-optimale Lösung (Objekt 1 und Objekt 2) mit dem Wert $v_1 + v_2 = 16$ liefern.

5.2 Optimaler Präfixcode nach Huffman

Gegeben sei eine Wahrscheinlichkeitsverteilung auf einem Alphabet $\Sigma = \{a_1, a_2, \ldots, a_n\}$. Es sei p_i die Wahrscheinlichkeit für das Zeichen a_i. (Es ist für das Folgende unwichtig, ob die p_i's Wahrscheinlichkeiten oder absolute Häufigkeiten sind; die p_i's brauchen also in der Summe nicht 1 zu ergeben).

Gesucht ist ein optimaler *Präfixcode* für diese Wahrscheinlichkeits- (oder Häufigkeits-) Verteilung auf Σ. Ein Präfixcode ist eine Abbildung $c : \Sigma \to \{0,1\}^*$, so dass kein Codewort $c(a_i)$ Anfangsstück (Präfix) eines anderen Codeworts $c(a_j)$ ist. Man beachte, dass solche Codes *variable Länge* haben, nicht jedes Zeichen wird mit derselben Anzahl von Bits (etwa gar als ein Byte mit 8 Bits) dargestellt.

Ein Präfixcode heißt *optimal* (in Bezug auf die gegebene Wahrscheinlichkeitsverteilung), wenn er die mittlere Codewortlänge $\sum_{i=1}^{n} p_i \cdot |c(a_i)|$ minimiert.

Beispiel: Sei $\Sigma = \{a, b, c, d, e, f\}$, wobei

$$\begin{aligned} p(a) &= 0,45 \\ p(b) &= 0,13 \\ p(c) &= 0,12 \\ p(d) &= 0,16 \\ p(e) &= 0,09 \\ p(f) &= 0,05 \end{aligned}$$

Ein möglicher Präfixcode c wäre

$$\begin{aligned} a &\mapsto 0 \\ b &\mapsto 101 \\ c &\mapsto 100 \\ d &\mapsto 111 \\ e &\mapsto 1101 \\ f &\mapsto 1100 \end{aligned}$$

Dieser Code hat eine mittlere Codewortlänge – bezogen auf die gegebene Wahrscheinlichkeitsverteilung – von:

$$0,45 \cdot 1 + 0,13 \cdot 3 + 0,12 \cdot 3 + 0,16 \cdot 3 + 0,09 \cdot 4 + 0,05 \cdot 4 \;=\; 2,24$$

Tatsächlich ist dieser Präfixcode optimal.

Jeder Code lässt sich in Form eines *Codebaumes* darstellen: Man steigt bei der Wurzel ein; nach links gehen bedeutet 0; nach rechts gehen bedeutet 1. Ein Präfixcode zeichnet sich dadurch aus, dass Codewörter nur an den Blättern anzufinden sind.

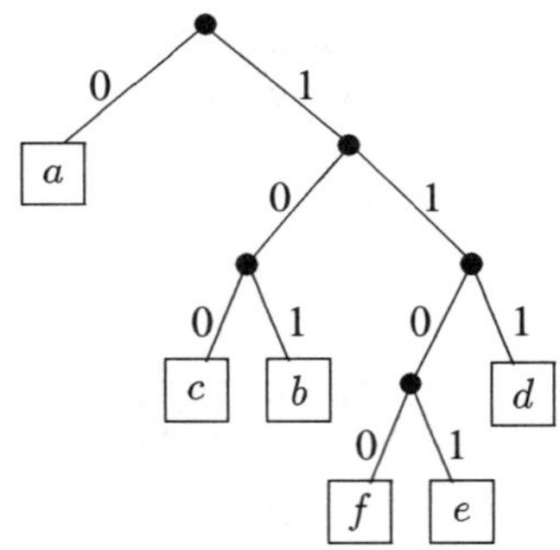

Ein Präfixcode hat die Eigenschaft, dass er *eindeutig entzifferbar* ist; das heißt, in einer fortlaufenden Folge von Nullen und Einsen können die Codewörter (deren Beginn und Ende) eindeutig identifiziert werden. Wenn beispielsweise die Folge

001101111001100111000

gegeben ist, so ist die Decodierung eindeutig möglich, indem man den Codebaum wie einen endlichen Automaten verwendet; man startet in der Wurzel und jedesmal wenn man auf ein eckiges Kästchen stößt, hat man ein Codewort erkannt:

$$\underbrace{0}_{a}\underbrace{0}_{a}\underbrace{1101}_{e}\underbrace{111}_{d}\underbrace{0}_{a}\underbrace{0}_{a}\underbrace{1100}_{f}\underbrace{111}_{d}\underbrace{0}_{a}\underbrace{0}_{a}\underbrace{0}_{a}$$

Präfixcodes sind allerdings nicht die einzigen eindeutig entzifferbaren Codes.

Der Algorithmus nach Huffman konstruiert einen solchen optimalen Präfixcode, bzw. den zugeordneten Codebaum, nach der Greedy-Methode. Zunächst werden alle Symbole $a_1, \ldots, a_n$ als Bäume, die aus jeweils einem Knoten bestehen, aufgefasst. Der jedem solchen Baum zugeordnete *Wert* ist $p(a_i)$. In jedem Schritt werden jeweils *zwei* solche Bäume zusammengefasst zu *einem* Baum, indem man diejenigen mit den *kleinsten* Werten auswählt und eine gemeinsame Wurzel über die beiden Bäume stülpt. Der dem solcherart geschaffenen Baum zugeordnete Wert ist die *Summe* der beiden Werte der Teilbäume.

Bei dem obigen Beispiel würde man im ersten Schritt die beiden Bäume, die den Blättern e und f entsprechen, zusammenfassen. Der Wert des neuen Baumes ist dann $0,09 + 0,05 = 0,14$. Im nächsten Schritt würde man die Knoten b und c (mit den Werten 0,13 und 0,12) zu einem Baum mit dem Wert 0,25 zusammenfassen, usw. Das Endergebnis des Huffman-Algorithmus ist genau der oben angegebene Codebaum.

Die folgenden Bilder zeigen einige Schritte im Algorithmenablauf.

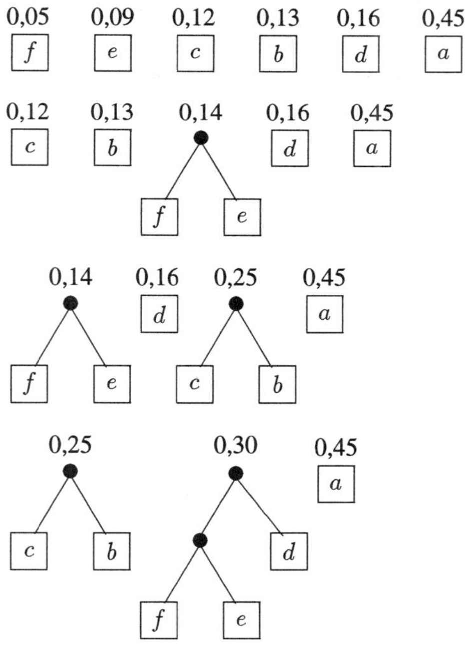

Diese Bilder suggerieren, dass man die jeweiligen Häufigkeitswerte vollständig sortieren muss, um dann nach Zusammenfassen der zwei am wenigsten häufigen Teilbäume, diese wieder in die sortierte Liste einzufügen. Unter Verwenden von Priority Queues (vgl. Abschnitt 5.8) kann dies aber effizienter implementiert werden.

Man kann den Huffman-Algorithmus verwenden, um Dateien zu komprimieren (es gibt allerdings noch bessere Algorithmen hierfür, vgl. Abschnitt 1.10). Und zwar durchläuft man die Datei in einem ersten Durchlauf, um eine Häufigkeitstabelle für die vorkommenden Zeichen (Bytes) aufzustellen. In einem englischen oder deutschen Text wird das Zeichen e etwa viel häufiger auftreten als das Zeichen q. Anhand der Häufigkeitstabelle erstellt man den Huffman-Codebaum. Schließlich speichert man die Datei, indem man zunächst den Codebaum geeignet als Bitstring codiert, gefolgt von den Zeichen in der Datei in der neuen Präfixcode-Darstellung. Für einen typischen deutschen oder englischen Text kann man so ca. 40 % an Platz einsparen. Ein Möglichkeit der Verbesserung besteht darin, nicht nur für Einzelzeichen einen neuen Code vorzusehen, sondern für je zwei (oder drei,. . .) aufeinander folgende Zeichen. Das Aufwand für die zugehörige Häufigkeitstabelle steigt dann jedoch immens an.

Der Nachteil ist, dass der Huffman-Algorithmus nicht *online* ist, er benötigt zwei Durchläufe über die Datei. Man könnte stattdessen für die typischen Häufigkeiten in einem deutschen (oder englischen) Text vorweg ein für alle Mal einen Huffman-Code erstellen und jeden Text dann online in einem Durchgang über die Datei verschlüsseln. Dann erspart man sich das explizite Abspeichern des Codebaums.

In einem durchschnittlichen englischen Text treten die folgenden Zeichen mit entsprechenden Wahrscheinlichkeiten – in Tausendsteln – auf (nur Großbuchstaben und das Leerzeichen):

A	64	B	14	C	27	D	35	E	100	F	20
G	14	H	42	I	63	J	3	K	6	L	35
M	20	N	56	O	56	P	17	Q	4	R	49
S	56	T	71	U	31	V	10	W	18	X	3
Y	18	Z	2	␣	166						

Wir wollen beweisen, dass der durch den Huffman-Algorithmus konstruierte Codebaum optimal ist. Hierzu zeigen wir die folgende

Behauptung: Seien $a_1, \ldots, a_n$ so durchnummeriert, dass $p(a_1) \leq p(a_2) \leq \ldots \leq p(a_n)$. Dann gibt es einen optimalen Codebaum B, so dass die beiden Blätter a_1 und a_2 einen gemeinsamen Vaterknoten haben.

Beweis: Sei B ein beliebiger optimaler Codebaum. Seien a_i und a_j, $i < j$, zwei Blätter mit gemeinsamen Vater, die sich auf der tiefsten Ebene des Baumes befinden, sagen wir t. (Wenn es solche Blätter nicht gibt, ist B nicht optimal). Wir wollen den Codebaum B zu einem Baum B' modifizieren, indem wir sowohl a_1 und a_i, als auch a_2 und a_j die Plätze wechseln lassen. Der Baum B' hat dann die geforderte Bauart und wir werden zeigen, dass die mittlere Codewortlänge in B' nicht größer ist als in B; daher ist B' auch ein optimaler Codebaum.

Lassen wir zunächst einmal a_1 und a_i die Plätze wechseln. Hierbei befinde sich a_1 in B auf Tiefe $t' \leq t$. Die neue mittlere Codewortlänge unterscheidet sich von der alten (in B) um den Betrag

$$p(a_1)t + p(a_i)t' - p(a_i)t - p(a_1)t' = \underbrace{(t'-t)}_{\leq 0} \cdot \underbrace{(p(a_i) - p(a_1))}_{\geq 0} \leq 0$$

Daher ist auch der neue Codebaum optimal.

Analog zeigt man, dass auch das Vertauschen von a_2 und a_j die mittlere Codewortlänge nicht verschlechtert.

Wir zeigen nun durch Induktion nach n, dass der Huffman-Codebaum optimal ist. Für $n = 1$ ist dies klar. Sei nun $n > 1$. Es gelte $p(a_1) \leq p(a_2) \leq \ldots \leq p(a_n)$.

Nach Induktionsvoraussetzung löst der Huffman-Algorithmus die Aufgabenstellung $((a_1, a_2), a_3, \ldots, a_n)$ mit $p((a_1, a_2)) = p(a_1) + p(a_2)$ optimal, da sie nur die Größe $n - 1$ hat. Das Ergebnis sei der Baum B. Indem wir das Blatt (a_1, a_2) expandieren und die zwei neuen Blätter a_1 und a_2 anfügen, erhalten wir als Ergebnis genau denjenigen Baum B', den der Huffman-Algorithmus angesetzt auf $(a_1, a_2, \ldots, a_n)$ liefern würde, da der Algorithmus im ersten Schritt a_1 und a_2 zusammenfasst und dann weiterarbeitet, als ob er das Problem $((a_1, a_2), a_3, \ldots, a_n)$ mit $p((a_1, a_2)) = p(a_1) + p(a_2)$ zu lösen hätte.

Bezeichnen wir mit $m(T)$ die mittlere Codewortlänge eines Codebaums T, so gilt nun $m(B') = m(B) + (p(a_1) + p(a_2))$. Sei B'' ein optimaler Codebaum für $(a_1, a_2, \ldots, a_n)$. Wegen obiger Behauptung können wir annehmen, dass in B'' die Blätter a_1, a_2 einen gemeinsamen Vater a haben. Indem wir die Blätter a_1 und a_2 aus B'' entfernen, erhalten wir einen Codebaum $\hat{B}$ für $(a, a_3, \ldots, a_n)$ mit $p(a) = p(a_1) + p(a_2)$. Da B für diese Verteilung optimal ist, gilt $m(B) \leq m(\hat{B})$. Ferner gilt $m(B'') = m(\hat{B}) + (p(a_1) + p(a_2))$. Daher folgern wir $m(B') \leq m(B'')$. Daher ist auch der Baum B' optimal, was zu zeigen war. □

Der Huffman-Algorithmus steht in enger Beziehung zu den Betrachtungen zur Entropiefunktion (vgl. Abschnitt 1.10). Die mittlere Codewortlänge eines Präfixcodes ist nichts anderes als die mittlere Blatt-Tiefe im Code-Baum, wobei die (gewichtete) Mittelwertbildung in Bezug auf die vorgegebene Wahrscheinlichkeitsverteilung zu verstehen ist. Die Diskussion in Abschnitt 1.10 zeigt, dass die Entropie $H = H(p(a_1), \ldots, p(a_n))$ eine untere Schranke für die mittlere Codewortlänge darstellt.

Umgekehrt kann man immer einen Präfixcode mit mittlerer Codewortlänge $\leq H + 1$ angeben, indem man dem Zeichen a_i ein Codewort der Länge $\lceil \log(1/p(a_i)) \rceil$ zuordnet.

Da der Huffman-Code optimal ist, ist dessen mittlere Codewortlänge auch $\leq H + 1$. (Diese Aussagen sind Inhalt des berühmten *noiseless coding theorems* von Shannon).

5.3 Matroide

Wir wollen nun versuchen herauszuarbeiten, was allen Problemstellungen, bei denen der Greedy-Algorithmus funktioniert, also zu einer optimalen Lösung führt, gemeinsam ist. Es stellt sich heraus, dass die Greedy-Methode dann optimal arbeitet, wenn die zugrundeliegende algebraische Struktur ein sog. *Matroid* ist.

Sei E eine endliche Menge und sei $\mathcal{U}$ eine Menge von Teilmengen von E. Die algebraische Struktur $(E, \mathcal{U})$ heißt ein *Teilmengensystem*, falls gilt:

1. $\emptyset \in \mathcal{U}$,
2. $A \subseteq B,\ B \in \mathcal{U} \Rightarrow A \in \mathcal{U}$.

Das zu $(E, \mathcal{U})$ gehörige Optimierungsproblem besteht darin, für eine beliebige Gewichtsfunktion $w : E \to I\!R$ eine in $\mathcal{U}$ maximale Menge T (bzgl. $\subseteq$) zu finden, deren Gesamtgewicht

$$w(T) = \sum_{e \in T} w(e)$$

maximal ist.

(Genausogut könnte man als alternatives Opimalitätskriterium ansetzen, dass eine maximale Menge T mit *minimalem* Gesamtgewicht gesucht ist.)

Wenn wir fordern, dass der Wertebereich von w die *positiven* reellen Zahlen sein sollen, dann können wir uns die Forderung nach einer (bzgl. $\subseteq$) *maximalen* Menge A ersparen, denn in diesem Fall ist jede Menge $A \in \mathcal{U}$, die $w(A)$ maximiert, automatisch maximal (bzgl. $\subseteq$).

Der einem Teilmengensystem $(E, \mathcal{U})$ und Gewichtsfunktion $w : E \to I\!R$ zugeordnete *kanonische Greedy-Algorithmus* für diese Aufgabe arbeitet wie folgt:

Ordne die Elemente in E nach absteigendem Gewicht:
  $w(e_1) \geq \ldots \geq w(e_n)$
$T := \emptyset$;
FOR $k := 1$ TO n DO
  IF $T \cup \{e_k\} \in \mathcal{U}$ THEN $T := T \cup \{e_k\}$
Gib die Lösung T aus.

(Soll alternativ eine maximale Menge in $\mathcal{U}$ mit *minimalem* Gewicht gefunden werden, so ordne man zu Beginn die Elemente von E nach *aufsteigendem* Gewicht).

Dieser Algorithmus liefert allerdings nicht immer die optimale Lösung.

Beispiel: Sei $E = \{e_1, e_2, e_3\}$, $\mathcal{U} = \{\emptyset, \{e_1\}, \{e_2\}, \{e_3\}, \{e_2, e_3\}\}$ mit $w(e_1) = 3$, $w(e_2) = w(e_3) = 2$. Dann liefert der kanonische Greedy-Algorithmus die Lösung $T = \{e_1\}$ mit $w(T) = 3$, während die optimale Lösung dagegen $T' = \{e_2, e_3\}$ mit $w(T') = 4$ ist.

Der kanonische Greedy-Algorithmus funktioniert (in Bezug auf jede mögliche Gewichtsfunktion) genau dann, wenn das Teilmengensystem $(E, \mathcal{U})$ ein *Matroid* ist. Diese algebraische Struktur verlangt ein zusätzliches Axiom, nämlich die *Austauscheigenschaft*:

$$A, B \in \mathcal{U},\ |A| < |B| \ \Rightarrow\ \exists x \in B - A : A \cup \{x\} \in \mathcal{U}$$

Das obige Beispiel stellt kein Matroid dar, denn die Austauscheigenschaft ist bei $A = \{e_1\}$ und $B = \{e_2, e_3\}$ verletzt.

Wir beobachten, dass in einem Matroid alle (bzgl. $\subseteq$) maximalen Mengen dieselbe Mächtigkeit haben. Denn, wenn sowohl A als auch B maximale Mengen in $\mathcal{U}$ wären mit $|A| < |B|$, dann kann A wegen der Austauscheigenschaft zu einer größeren Menge in $\mathcal{U}$ erweitert werden; also kann A nicht maximal gewesen sein.

Satz. Sei $(E, \mathcal{U})$ ein Teilmengensystem. Der kanonische Greedy-Algorithmus liefert für das zugehörige Optimierungsproblem (in Bezug auf *jede beliebige* Gewichtsfunktion $w : E \to \mathbb{R}$) die optimale Lösung **genau dann wenn** $(E, \mathcal{U})$ ein Matroid ist.

Beweis: ($\Leftarrow$) Angenommen, $(E, \mathcal{U})$ ist ein Matroid. Sei $w : E \to \mathbb{R}$ eine beliebige Gewichtsfunktion. Die Elemente von $E = \{e_1, \ldots, e_n\}$ sind nach absteigenden w-Werten angeordnet:

$$w(e_1) \geq \cdots \geq w(e_n)$$

Sei $T = \{e_{i_1}, \ldots, e_{i_k}\}$ die vom Greedy-Algorithmus gefundene Lösung.

Angenommen, es gibt eine Lösung $T' = \{e_{j_1}, \ldots e_{j_k}\}$ mit $w(T') > w(T)$. Dann muss es einen Index μ geben mit $w(e_{j_\mu}) > w(e_{i_\mu})$. Sei μ der *kleinste* solche Index. Da die e_i's nach w-Wert absteigend sortiert sind, gilt also $j_\mu < i_\mu$.

Wir wenden nun die Austauscheigenschaft an auf

$$A = \{e_{i_1}, \ldots, e_{i_{\mu-1}}\} \text{ und } B = \{e_{j_1}, \ldots, e_{j_\mu}\}$$

Wegen $|A| < |B|$ gibt es ein Element $e_{j_\sigma} \in B - A$, so dass $A \cup \{e_{j_\sigma}\} \in \mathcal{U}$. Wegen $w(e_{j_\sigma}) \geq w(e_{j_\mu}) > w(e_{i_\mu})$, hätte der Greedy-Algorithmus dann aber das Element e_{j_σ} bereits vor e_{i_μ} auswählen müssen. Widerspruch.

$(\Rightarrow)$ Nehmen wir an, die Austauscheigenschaft gelte nicht. Dann gibt es A und B in $\mathcal{U}$ mit $|A| < |B|$, so dass für alle $b \in B - A$ gilt $A \cup \{b\} \notin \mathcal{U}$. Sei $r = |B|$.

Die Gewichtsfunktion $w : E \to \mathbb{R}$ sei definiert durch

$$w(x) = \begin{cases} r+1, & x \in A, \\ r, & x \in B - A, \\ 0, & \text{sonst} \end{cases}$$

Der Greedy-Algorithmus wählt dann eine Menge T mit $A \subseteq T$ und $T \cap (B - A) = \emptyset$. Also ist $w(T) = (r+1) \cdot |A| \leq (r+1)(r-1) = r^2 - 1$. Wählt man stattdessen eine Lösung $T' \supseteq B$, so hat diese den Wert $w(T') \geq r \cdot |B| = r^2$.

Der Greedy-Algorithmus liefert in diesem Fall also nicht die optimale Lösung. □

Wenn wir also bei einem Problem, bei dem sich der Greedy-Ansatz anbietet, feststellen, dass die zugrundeliegende algebraische Struktur ein Matroid ist, dann haben wir mit Hilfe dieses Satzes „automatisch“ gezeigt, dass Greedy die optimale Lösung liefert.

Hierzu werden wir im Folgenden ein paar Beispiele liefern.

5.4 Auftragsplanung mit Schlussterminen

Ein weiteres Beispiel, wo der Greedy-Ansatz funktioniert und zu einer optimalen Lösung führt: Gegeben seien eine Menge von n „Aufträgen“. Zu jedem Auftrag gehört ein (ganzzahliger) Schlusstermin $d_i \in \mathbb{N}$ und ein Gewinn $p_i \in \mathbb{R}$.

Diese Aufträge – bzw. ein Teil davon – sollen auf einer Maschine ausgeführt werden, bzw. einer Maschine, die diese Jobs ausführen kann, zugeordnet werden. Die Maschine kann jeden der Aufträge in *einer* Zeiteinheit erledigen. Eine zulässige Lösung ist eine Auswahl $A \subseteq \{1, \ldots, n\}$ der Aufträge, so dass die Aufträge in A so angeordnet werden können, dass jeder Auftrag vor seinem Schlusstermin erledigt ist. Die Aufgabe besteht darin, eine zulässige Lösung mit maximalem Gewinn zu bestimmen.

Beispiel: $n = 4$:

$$\begin{aligned} p_1 &= 100, & d_1 &= 2, \\ p_2 &= 10, & d_2 &= 1, \\ p_3 &= 15, & d_3 &= 2, \\ p_4 &= 27, & d_4 &= 1. \end{aligned}$$

Hier gibt es folgende zulässige Lösungen:

Lösung	Reihenfolge	Gewinn
$1,2$	$2,1$	110
$1,3$	$1,3$ oder $3,1$	115
$1,4$	$4,1$	$\boxed{127}$
$2,3$	$2,3$	25
$3,4$	$4,3$	42
1	1	100
2	2	10
3	3	15
4	4	27
$\emptyset$	–	0

Die optimale Lösung besteht in der Auswahl der Aufträge 1 und 4. Diese Auswahl ist zulässig, da man zuerst Auftrag 4 ausführen kann (dessen Schlusstermin 1 ist), und dann Auftrag 1 (dessen Schlusstermin 2 ist).

Eine mögliche Reihenfolge zur Bearbeitung einer Auftragsmenge A ergibt sich dadurch, dass man A anhand der Schlusstermine sortiert: $A = \{(d_1, p_1), (d_2, p_2), \ldots (d_k, p_k)\}$, $(k \leq n)$, $d_1 \leq d_2 \leq \ldots \leq d_k$. Dann ist A genau dann eine zulässige Lösung, falls $d_1 \geq 1, d_2 \geq 2, \ldots, d_k \geq k$ gilt.

Der folgende Greedy-Algorithmus löst das Auftragsplanungsproblem:

```
Ordne die Aufträge nach absteigenden p-Werten:
  p1 ≥ p2 ≥ ... ≥ pn
A := ∅
FOR i := 1 TO n DO
  IF A ∪ {i} ist zulässige Lösung THEN
    A := A ∪ {i}
Gib A aus
```

Wir zeigen nun, dass dieser Greedy-Algorithmus das Problem optimal löst dadurch, dass wir zeigen, dass die zugrundeliegende algebraische Struktur ein Matroid ist. Daher ergibt sich, dass obiger Greedy-Algorithmus mit dem kanonischen Greedy-Algorithmus für dieses Matroid übereinstimmt. Der Optimalitätsnachweis wird somit auf die Optimalität des kanonischen Greedy-Algorithmus' bei Matroiden zurückgeführt.

Als Grundmenge wählen wir

$$E = \{(d_1, p_1), (d_2, p_2), \ldots, (d_n, p_n)\}$$

Das Mengensystem $\mathcal{U}$ über E wird wie folgt definiert: Es ist $A \in \mathcal{U}$ genau dann, wenn A eine zulässige Lösung darstellt.

Es ist klar, dass $\emptyset \in \mathcal{U}$ gilt, und dass $A \subseteq B,\ B \in \mathcal{U} \Rightarrow A \in \mathcal{U}$ gilt. Daher ist $(E, \mathcal{U})$ ein Teilmengensystem.

Für die Matroideigenschaft müssen wir noch das Austauschaxiom nachweisen. Seien A und B zulässige Lösungen mit $|A| < |B|$. Seien die Aufträge in B nach aufsteigenden Schlussterminen geordnet:

$$B = \{(d_{i_1}, p_{i_1}), \ldots, (d_{i_k}, p_{i_k})\}, \quad d_{i_1} \leq \ldots \leq d_{i_k}$$

Da B eine zulässige Lösung ist, gilt $d_{i_1} \geq 1, \ldots, d_{i_k} \geq k$. Es ist $|A| = l$ mit $l < k$. Sei $s \in \{1, \ldots, k\}$ maximal mit $(d_{i_s}, p_{i_s}) \in B - A$. Wir wollen zeigen, dass $A' := A \cup \{(d_{i_s}, p_{i_s})\}$ zulässig ist. Da die Elemente (d_{i_μ}, p_{i_μ}) mit $s < \mu \leq k$ (sofern vorhanden) in A liegen, und da $d_{i_\mu} \geq \mu$ gilt, können diese in A' an die letzten Positionen bis Position $l + 1$ platziert werden, um die Zulässigkeit von A' nachzuweisen. Das Element (d_{i_s}, p_{i_s}) kann dann an die Position direkt vor diesen Elementen gesetzt werden. (Die anderen Elemente in A' können alle vorher platziert werden). Damit sieht man, dass A' zulässig ist. Also ist $(E, \mathcal{U})$ ein Matroid.

Wenn wir als Gewichtsfunktion $w : E \to I\!R$ definieren $w((d_i, p_i)) = p_i$, so stimmen der kanonische Greedy-Algorithmus und obiger tatsächlich überein.

5.5 Aufspannende Bäume: Kruskal-Algorithmus

Ein weiteres Beispiel, wo Matroide in natürlicher Weise verwendet werden können, stammt aus dem Bereich der Graphentheorie. Sei $G = (V, E)$ ein gegebener ungerichteter, zusammenhängender Graph. Einem solchen Graphen kann man ein Matroid zuordnen, das wir *Graphen-Matroid* nennen, wie folgt: Die Grundmenge ist die Menge aller Kanten E; und als Teilmengensystem $\mathcal{U}$ über E nehmen wir alle solche Kantenmengen, die keinen Kreis enthalten.

Dieses Teilmengensystem ist tatsächlich ein Matroid, denn seien A und B zwei zyklenfreie Teilmengen von E mit $|A| < |B|$. Sowohl A als auch B zerlegen die zugrundeliegende Knotenmenge V in disjunkte Knotenbereiche: zwei Knoten gehören zum selben Bereich, wenn sie durch einen Weg in A (bzw. in B) miteinander verbunden sind. Sei $V = V_1 \cup V_2 \cup \ldots \cup V_k$ die durch A induzierte Zerlegung. Jede Kante in

B verbindet entweder zwei Knoten im selben Bereich V_i oder in zwei verschiedenen Bereichen V_i und V_j. In B können höchstens $\sum_i(|V_i| - 1) = |A|$ viele Kanten vom ersten Typ vorkommen, da B zyklenfrei ist. Da $|B| > |A|$, muss es also mindestens eine Kante in $B - A$ geben, die zwei verschiedene Bereiche verbindet. Eine solche Kante kann zu A hinzugefügt werden, ohne dass ein Zyklus entsteht. Also haben wir es mit einem Matroid zu tun.

Als Nächstes nehmen wir an, es sei eine Gewichtsfunktion $w : E \to I\!R$ gegeben, also eine Gewichtung der Kanten des zugrundeliegenden Graphen. Der kanonische Greedy-Algorithmus berechnet eine maximale Menge von Kanten mit maximalem Gewicht (oder minimalem Gewicht – je nachdem, ob wir die Kanten absteigend oder aufsteigend anordnen). Da die Kantenmenge maximal ist, besteht diese nur noch aus *einer* Zusammenhangskomponente, das heißt, das Ergebnis ist ein sog. *aufspannender Baum* des Graphen G. Also ein zusammenhängender Teilgraph, auf dem alle Knoten vorkommen, und der keinen Zyklus enthält. Dieser Algorithmus (normalerweise in der Variante, dass ein aufspannender Baum mit *minimalem* Gewicht gefunden wird) heißt auch *Kruskal-Algorithmus*.

Beispiel: Gegeben sei folgender kanten-bewertete Graph:

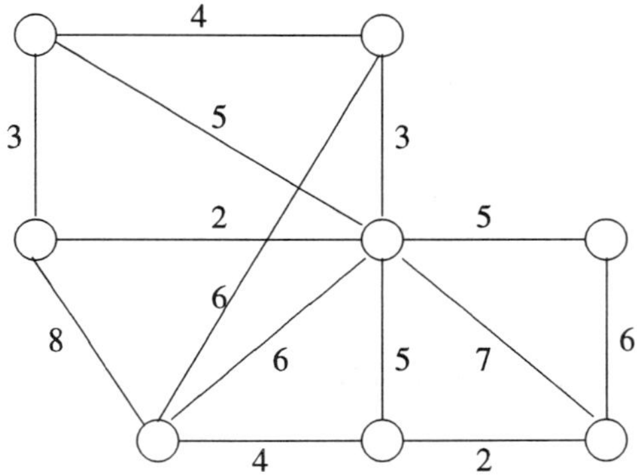

Der Kruskal-Algorithmus wählt nun – nach aufsteigendem Kantengewicht – Kante für Kante aus – solange diese Kante keinen Kreis schließt. Das Ergebnis ist folgender aufspannender Baum mit *minimalem* Kantengewicht, nämlich $2+2+3+3+4+5+5 = 24$ (gestrichelt dargestellt):

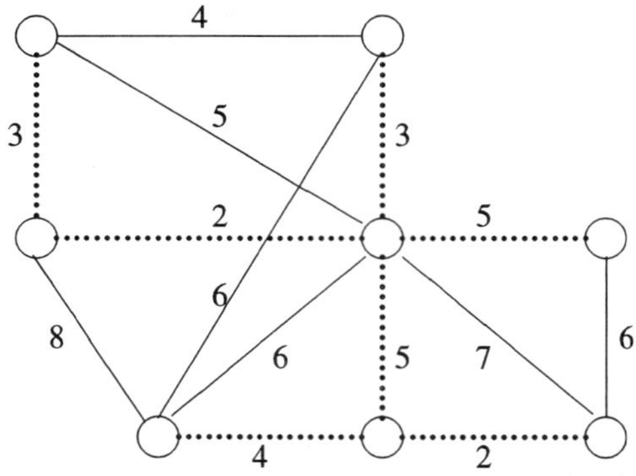

Sofern man nach absteigendem Kantengewicht die Kanten auswählt, erhält man einen aufspannenden Baum mit *maximalem* Kantengewicht, nämlich $8+7+6+6+6+5+5 = 43$ (im folgenden Bild wieder gestrichelt gezeichnet):

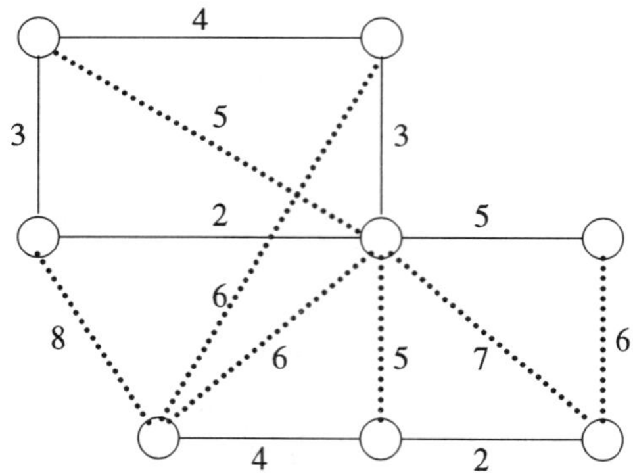

5.6 Kürzeste Wege: Dijkstra-Algorithmus

Gegeben sei wieder ein kanten-bewerteter Graph, also $G = (V, E)$ und $w : E \to I\!R_+$, wobei ein Knoten $u \in V$ besonders ausgezeichnet ist. Gesucht sind alle kürzesten Wege von u aus zu jedem beliebigen anderen Knoten $v \in V$. Der *Algorithmus von Dijkstra* löst dieses Problem wie folgt. Hierbei ist W eine Liste der noch zu sondierenden Knoten (am Anfang ist $W = V$, am Ende ist $W = \emptyset$); F ist eine Auswahl an Kanten, welche die kürzesten Wege von u aus zu allen anderen Knoten ausmachen; $l(v)$ ist die kürzestmögliche Weglänge von u nach v und $k(v)$ ist die optimale zu v führende Kante.

FOR $v \in V$ DO $l(v) := \begin{cases} w(\{u,v\}), & \{u,v\} \in E, \\ \infty, & \text{sonst} \end{cases}$

$W := V$; $F := \emptyset$; $l(u) := 0$;
FOR $i := 1$ TO $n-1$ DO
  Finde einen Knoten $v \in W$ mit $l(v)$ minimal
  $W := W - \{v\}$;
  IF $v \neq u$ THEN $F := F \cup \{k(v)\}$;
  FOR alle Nachbarn v' von v, $v' \in W$ DO
   IF $l(v) + w(\{v,v'\}) < l(v')$ THEN
    $l(v') := l(v) + w(\{v,v'\})$
    $k(v') := \{v,v'\}$

Beispiel: Wir nehmen wieder den obigen Beispielgraphen:

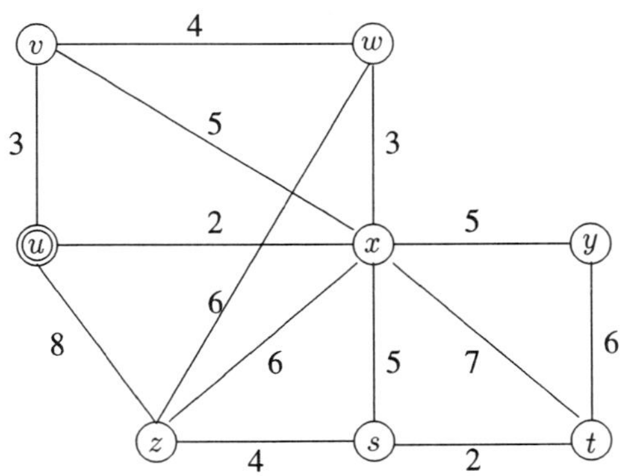

Vom Startknoten u aus entwickelt der Dijkstra-Algorithmus die folgenden (gestrichelten) Pfade (dies sind die Kanten in F). Hierbei werden die Knoten in folgender Reihenfolge aus W entfernt: u, x, v, w, y, s, z, t.

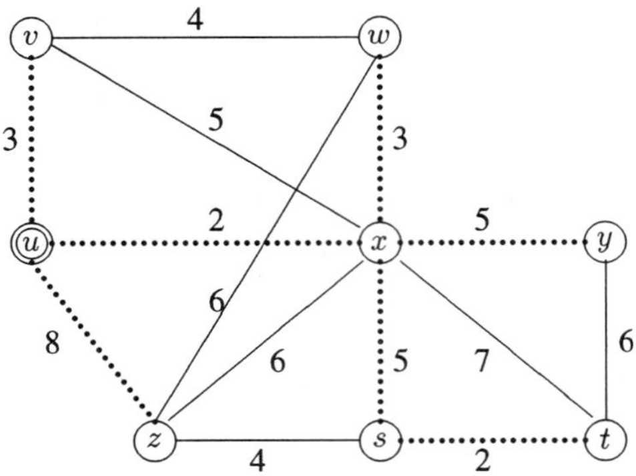

Diese Pfade bilden wieder einen aufspannenden Baum, der allerdings nicht minimales Gewicht hat; was stattdessen minimiert wird, sind die Wegstrecken von u aus gesehen.

Was die Komplexität des Dijkstra-Algorithmus' betrifft, so sieht man, dass eine äußere Schleife durchlaufen werden muss; diese liefert den Faktor $O(|V|)$. Im Inneren dieser Schleife ist aber eine weitere, die für das Auffinden des Minimums zuständig ist (Komplexität $O(|V|)$). Das Aufsuchen aller Nachbarn von v kann mit $O(|V|)$ abgeschätzt werden. Daher ist die Komplexität des Dijkstra-Algorithmus' beschränkt durch $O(|V|^2)$. Wir werden allerdings noch Komplexitätsverbesserungen in Abschnitt 5.8 besprechen.

Die Korrektheit des Dijkstra-Algorithmus' kann man sich durch Aufzeigen der entsprechenden Matroid-Struktur klarmachen, und somit auf die Korrektheit des kanonischen Greedy-Algorithmus' für Matroide zurückführen. Wir wählen dieses Mal als Grundmenge die Menge aller zyklenfreien Pfade vom Startknoten u aus. Das Teilmengensystem $\mathcal{U}$ über dieser Grundmenge besteht aus allen solchen Pfadmengen, die auf *verschiedene* Endknoten führen. Man sieht leicht ein, dass diese Struktur ein Matroid ist, denn wenn A und B Pfadmengen aus $\mathcal{U}$ sind mit $|A| < |B|$, dann gibt es in A genau $|A|$ verschiedene Endknoten und in B befindet sich mindestens ein Pfad mit einem weiteren Endknoten, der in A nicht vorkommt. Daher kann A um diesen Pfad erweitert werden.

Als Nächstes benötigen wir noch eine geeignete Gewichtsfunktion w' auf der Grundmenge, also auf den von u ausgehenden Pfaden. Sei p ein solcher Pfad. Dann setzen wir

$$w'(p) = \sum_{k \text{ liegt auf } p} w(k)$$

Man überzeugt sich leicht davon, dass der kanonische Greedy-Algorithmus für dieses

Matroid und diese Gewichtsfunktion w' im Ablauf und im erzeugten Ergebnis exakt mit dem Dijkstra-Algorithmus übereinstimmt. (Der Dijkstra-Algorithmus ist nur effizienter formuliert; man muss nicht alle zyklenfreien Pfade, die von u ausgehen, erzeugen und nach aufsteigenden w'-Werten sortieren, wie dies beim kanonischen Greedy-Algorithmus vorgesehen ist). Im Beispiel oben wählt der kanonische Greedy-Algorithmus der Reihe nach folgende Pfade:

Pfad p	$w'(p)$
u	0
$u - x$	2
$u - v$	3
$u - x - w$	5
$u - x - y$	7
$u - x - s$	7
$u - z$	8
$u - x - s - t$	9

Als Letztes wollen wir noch bemerken, dass man den Dijkstra-Algorithmus durchaus auch als einen einfachen dynamischen-Programmier-Algorithmus ansehen kann, denn es wird die zunächst leere (eindimensionale) Tabelle der l-Werte aufgebaut, die die kürzesten Weglängen angibt. In jedem Erweiterungsschritt wird auf die bereits berechneten l-Werte zurückgegriffen. Es gilt auch das Bellmannsche Optimalitätsprinzip: Die kürzeste Wegstrecke von u nach v erhält man, indem man denjenigen Vorgänger v' von v auswählt, der den Wert $l(v') + w(\{v', v\})$ minimiert. Dieses Vorgehen entspricht also dem dynamischen Programmier-Paradigma.

5.7 Längste gemeinsame Teilfolge

Gegeben seien zwei (Zeichen-) Folgen $a_1 \ldots a_m$ und $b_1 \ldots b_n$. Eine *Teilfolge* kann durch Streichen beliebiger Zeichen innerhalb der Folge erzeugt werden. Die Aufgabe besteht darin, die *längste gemeinsame Teilfolge* der beiden Folgen zu bestimmen. Wir können die Aufgabe durch Anwendung des Dijkstra-Algorithmus' lösen. Dazu betrachten wir einen Graphen, der aus einem rechteckigen Gitter auf $(m+1) \times (n+1)$ Knoten besteht. Mit (i, j) bezeichnen wir denjenigen Knoten in diesem Gitter mit der entsprechenden Koordinate (i, j) ($0 \leq i \leq m$, $0 \leq j \leq n$). Außer den waagerechten und senkrechten Kanten in diesem Gitter, denen die Kantenlänge 1 zugeordnet ist, führen wir weitere „diagonale“ Kanten ein, denen die Kantenlänge 0 zugeordnet ist. Und zwar ist $\{(i-1, j-1), (i, j)\}$ eine Kante, falls $a_i = b_j$ gilt.

Beispiel: Gegeben seien die beiden Strings $ananas$ und $bananenmus$. Diesen ist der folgende Gitter-Graph zugeordnet:

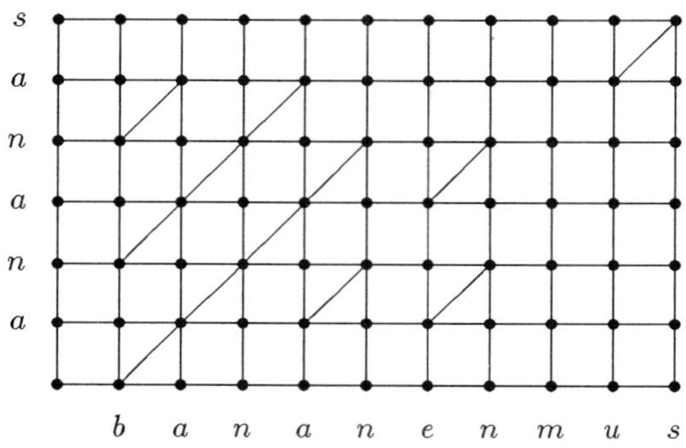

Die Aufgabe kann offensichtlich so umformuliert werden, dass es darum geht, in diesem Graphen einen kürzesten Weg vom Knoten $(0, 0)$ zum Knoten (m, n) zu finden.

Bei obigem Beispiel ergibt sich der folgende kürzeste Weg:

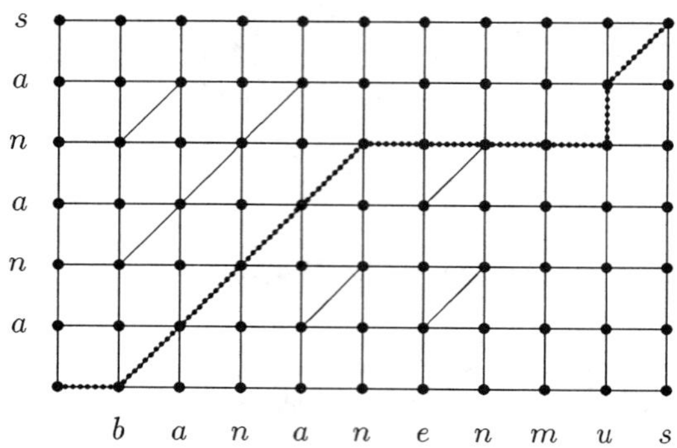

Die auf diesem kürzesten Weg vorkommenden Diagonalkanten ergeben die längste gemeinsame Teilfolge (hier: $anans$).

In gewisser Weise ist die Länge der längsten gemeinsamen Teilfolge ein Maß für die Ähnlichkeit der beiden Strings $a_1 a_2 \ldots a_m$ und $b_1 b_2 \ldots b_n$. Basierend auf diesem Verfahren lassen sich daher auch *approximative String-Matching Algorithmen* entwerfen (vgl. Kapitel 8).

5.8 Priority Queues und Union-Find

Bei der Implementierung von allen Greedy-Algorithmen steht immer wieder die Basisaufgabe an, aus einer Menge von möglichen Objekten e_i ($i = 1, \ldots, n$) dasjenige mit maximalem (oder minimalem) $w(e_i)$-Wert herauszufinden. In unserer bisherigen Algorithmenformulierung haben wir das immer so gemacht, dass alle Elemente e_i nach absteigenden (oder aufsteigenden) w-Werten vorzusortieren sind (was Komplexität $O(n \log n)$ hat).

Tatsächlich lässt sich dies effizienter implementieren, wenn eine Datenstruktur zur Verfügung steht, die die folgenden Grundoperationen unterstützt:

- *Initialisiere die Datenstruktur:* das heißt, aus der zu verwaltenden Datenmenge wird die fragliche Datenstruktur hergestellt.
- *Extrahiere das Maximum:* aus der zu verwaltenden Datenmenge soll dasjenige mit maximalem Wert zurückgeliefert und aus der Datenstruktur entfernt werden.
- *Füge ein Element ein:* ein beliebiges neues Datenelement, dem wiederum ein Wert zugeordnet ist, soll in die bestehende Datenstruktur eingefügt werden.

Eine sog. *abstrakte Datenstruktur*, die genau diese Operationen (möglichst effizient) unterstützt, nennt man *priority queue*. Man nennt eine solcherart über die gewünschten Operationen gegebene Datenstruktur *abstrakt*, um diese von der *konkreten* Implementierung zu unterscheiden. (Genauso wie der mathematische Begriff der *Gruppe* eine *abstrakte* Struktur darstellt, die lediglich durch die Gruppenaxiome spezifiziert wird. Etwas anderes ist dann eine *konkrete* Gruppe, wie zum Beispiel $(\{0, 1\}, \oplus)$).

Man kann die Eigenschaften einer abstrakten Datenstruktur auch axiomatisch beschreiben, worauf wir hier aber verzichten wollen; jeder weiß wohl, was mit „Maximum einer endlichen Menge“ und „Einfügen eines Elements in eine Menge“ gemeint ist. Andere in der Informatik bekannte abstrakte Datenstrukturen sind zum Beispiel der Keller (stack) und die Schlange (queue).

Eine mögliche konkrete Implementierung einer priority queue besteht darin, balancierte Suchbäume (zum Beispiel AVL-Bäume) zu verwenden: Um das Maximum einer in einem AVL-Baum gehaltenen Datenmenge zu bestimmen, starte man bei der

Wurzel und gehe bis auf Blattebene herunter, indem man immer den rechten Sohnknoten auswählt. Die Anzahl der Schritte ist durch die Tiefe des AVL-Baums beschränkt; diese ist bei n gespeicherten Daten gerade $\Theta(\log n)$.

Das Herausnehmen eines Elements erfordert evtl. einige Rebalancierungsschritte (Rotationen oder Doppelrotationen), die sich entlang des Pfades bis zur Wurzel vollziehen; auch das Löschen hat somit die Komplexität $\Theta(\log n)$.

Analoges gilt für das Einfügen eines neuen Elements, man muss die Einfügestelle aufsuchen und dann Rebalancieren; dies hat die Komplexität $\Theta(\log n)$. Um den Initialisierungsprozeß durchzuführen, kann man n-mal die Einfügeoperation ausführen; dies hat Komplexität $O(n \log n)$.

Eine andere, noch interessantere Möglichkeit, die priority queue konkret zu implementieren, ist mittels *Heaps*. Das Maximum der im Heap gespeicherten Datenmenge ist immer an der Wurzel zu finden. Das Entfernen das Maximums geht so wie bei HeapSort beschrieben: man entfernt die Wurzel und setzt stattdessen das „letzte" Blatt (das in der rechtesten Position auf tiefster Ebene sitzende Blatt) an die Wurzelposition. Da die Heap-Eigenschaft an der Wurzel dann im allgemeinen verletzt ist, lässt man das Element dann mittels Heapify in den Heap hineinsinken, bis die Heap-Eigenschaft wieder erfüllt ist. Diese Operation ist auf Seite 57ff beschrieben. Die Komplexität dieser Operation ist bei n gespeicherten Elementen wieder $\Theta(\log n)$.

Bei manchen Greedy-Algorithmen (zum Beispiel beim Huffman-Codebaum) muss nicht das Maximum sondern das Minimum aufgesucht werden. Der Heap lässt sich analog natürlich auch so organisieren, dass sich das Minimum an der Wurzel befindet.

Soll ein neues Element in den Heap eingefügt werden, so wird dieses zunächst auf die freie „letzte Blatt"-Position gesetzt. Danach wandert das Element weiter nach oben in den Heap hinein, um schließlich die Heap-Eigenschaft wieder herzustellen, indem das Element ggfs. mit seinem Vater die Plätze tauscht. Auch diese Operation hat die Komplexität $\Theta(\log n)$.

Skizze:

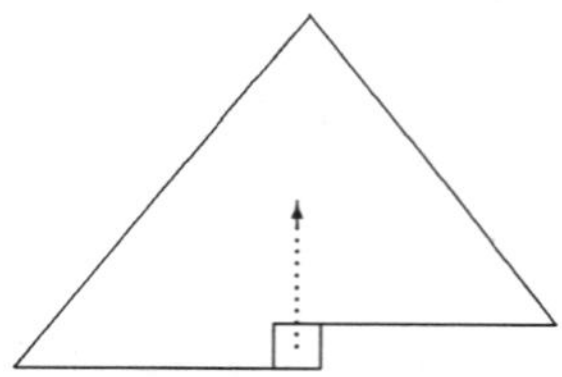

Soll im Rahmen eines Greedy-Algorithmus zunächst ein Heap mit n Elementen hergestellt werden (zum Beispiel beim Huffman-Algorithmus), so ist es günstiger, anstatt n-mal die Einfügeoperation durchzuführen, was die Komplexität $\log 1 + \log 2 + \ldots + \log n = \Omega(n \log n)$ hätte, die bei HeapSort beschriebene Operation zum Aufbau des Heaps durchzuführen (Phase 1 von HeapSort), welche nur die Komplexität $O(n)$ hat.

Wir diskutieren nun die verschiedenen Greedy-Algorithmen hinsichtlich ihrer Komplexität, wenn ein solche effiziente priority queue-Implementierung verwendet wird.

Beim Bruchteil-Rucksackproblem wird zunächst ein Heap mit den v_i/g_i Werten aufgebaut (Komplexität $O(n)$). In jedem Schleifendurchlauf wird das Maximum bestimmt und ausgelesen. Dies ergibt insgesamt die Komplexität $O(n \log n)$ (was in diesem Fall auch nicht besser ist, als wenn man alle Elemente zunächst vollständig sortiert).

Analoge Komplexitätsabschätzungen gelten beim Auftragsplanungsproblem und bei der Konstruktion des Huffman-Codebaumes, also Komplexität $O(n \log n)$. Beim Huffman-Algorithmus wird in jedem Schleifendurchlauf übrigens auch eine Einfügeoperation durchgeführt.

Der Dijkstra-Algorithmus wurde schon ohne Verwenden von priority queues in der Komplexität mit $O(|V|^2)$ abgeschätzt. Mittels Heap könnte man den Algorithmus wie folgt implementieren. Der Heap verwaltet die Menge W. Dieser wird zunächst mit den (vorläufigen) l-Werten der Knoten in V initialisiert (Komplexität $O(|V|)$). Im Verlauf der $O(|V|)$ vielen Schleifendurchläufe muss jedesmal der Knoten mit minimalem l-Wert in W bestimmt und aus W entfernt werden (Komplexität $O(\log|W|) = O(\log|V|)$). (Der Heap ist dabei natürlich so organisiert, dass sich das *Minimum* an der Wurzel befindet). Über alle Schleifendurchläufe hinweg müssen insgesamt $O(|E|)$ viele l-Werte in W aktualisiert werden; dieses sind jeweils die Nachbarknoten v' von v. Um diese Knoten effizient aufzufinden, verwenden wir als Datenstruktur zur Repräsentation des Graphen G eine Adjazenzliste (vgl. Seite 129). Nachdem der l-Wert eines Knotens v' erniedrigt wurde, muss der Knoten dann im Heap evtl. weiter nach oben wandern – wie oben beschrieben (Komplexität $O(\log|V|)$). Daher ergeben diese Heap-Modifikationen insgesamt einen Komplexitätsanteil von $O(|E|\log|V|)$. Solcherart implementiert, hat der Dijkstra-Algorithmus daher die Komplexität $O(|V|\log|V|) + O(|E|\log|V|) = O((|E| + |V|)\log|V|)$. Dies zahlt sich gegenüber $O(|V|^2)$ dann aus, wenn der Graph relativ dünnbesetzt ist, was seine Kantenzahl betrifft (also falls $|E| = o(|V|^2/\log|V|)$).

Beim Kruskal-Algorithmus kann man ebenfalls vorteilhaft einen Heap verwenden, der zu Beginn mit den Kantenwerten gefüllt wird. In jedem Schritt wird dann diejenige Kante mit minimalem (bzw. maximalem) Wert bestimmt und aus dem Heap entfernt (Gesamtkomplexität für diese Heap-Operationen: $O(|E|\log|E|)$). Nun tritt aber das Problem auf, dass getestet werden muss, ob diese Kante, zusammen mit den bereits ausgewählten Kanten einen Zyklus bildet. Um diesen Test effizient zu gestalten, benötigen wir eine geeignete Datenstruktur, die die sog. *Union-Find-Operationen* unterstützt. Hierbei soll eine Menge von Daten $v_1, \ldots, v_n$ verwaltet werden (in unserem Fall ist dies die Menge aller Knoten des Graphen). Jedes Objekt v_i wird zunächst im Initialzustand als eine einelementige Menge $\{v_i\}$ verstanden. Zu einem späteren Zeitpunkt können diese Mengen z.T. vereinigt worden sein, so dass im allgemeinen also ein System von (disjunkten) Teilmengen von $\{v_1, \ldots, v_n\}$ verwaltet werden muss. Die Operationen *Union* und *Find* sind dann wie folgt definiert:

- *Find*(v_i): Es wird eine eindeutige Bezeichnung zurückgeliefert für die Menge, in der sich v_i befindet; dies kann zum Beispiel ein kanonisches Element dieser Menge sein.

- *Union*(v_i, v_j): Die beiden durch v_i und v_j identifizierten Mengen werden vereinigt und fortan als eine einzige Menge verwaltet.

Wenn man zum Beispiel testen will, ob sich die Elemente v_i und v_j in derselben Menge befinden, so kann man testen, ob *Find*(v_i) = *Find*(v_j) gilt. Im Falle des Kruskal-Algorithmus' muss genau mit diesem Test festgestellt werden, ob eine Kante $\{v_i, v_j\}$ einen Zyklus mit bereits vorhandenen Kanten schließt (denn die disjunkten Teilmengen entsprechen genau den Zusammenhangskomponenten). Wenn dies nicht der Fall ist, und somit die Kante hinzugefügt werden kann, so muss diese Tatsache mittels der Operation *Union*(v_i, v_j) installiert werden.

Sei $f(n)$ die Komplexität von *Find* und sei $u(n)$ die Komplexität von *Union*, jeweils bezogen auf eine n-elementige Grundmenge. Dann lässt sich die Komplexität des Kruskal-Algorithmus durch $O(|E|(\log|E| + f(|V|) + u(|V|)))$ abschätzen. Es gibt effiziente Union-Find-Datenstrukturen und dazugehörige Algorithmen (eine einfache Implementierung ist unten angegeben), so dass man von einer Komplexität von $O(|E| \log |E|)$ für den Kruskal-Algorithmus ausgehen kann.

Sehr einfach lassen sich die Operationen *Union* und *Find* auf einer n-elementigen Grundmenge mittels eines Arrays $A[1..n]$ implementieren. Dieses Array wird so initialisiert, dass $A[i] = i$ für alle i gilt. Dies bedeutet, dass von jedem Element i ein „Zeiger" auf sich selbst ausgeht; das heißt, i ist gleichfalls das kanonische Element der Menge $\{i\}$. Im allgemeinen findet man das kanonische Element der Menge, in der sich Element i befindet, dadurch dass man $A[i]$, $A[A[i]]$, usw. solange sondiert, bis man ein k mit $k = A[k]$ vorfindet. Dann ist k das kanonische Element der betreffenden Menge. Das kanonische Element ist also immer die Baum-Wurzel (wenn man die im

Array eingetragenen Werte als Zeiger betrachtet). Somit können wir *Union* und *Find* (einschließlich der Initialisierung) einfach implementieren:

```
PROCEDURE Init
FOR i := 1 TO n DO A[i] := i

PROCEDURE Union(i, j)
RANDOM z IN [0, 1]
IF z = 0 THEN A[i] := j
  ELSE A[j] := i

PROCEDURE Find(i)
IF i = A[i] THEN RETURN i
  ELSE
    j :=Find(A[i])
    A[i] := j
    RETURN j
```

Hier gibt es mehreres zu kommentieren: Bei der Union-Operation wird für die Korrektheit vorausgesetzt, dass sowohl i als auch j jeweils kanonische Elemente sind (das heißt, es muß $A[i] = i$ und $A[j] = j$ gelten). Ferner wird der Zufall verwendet, um festzulegen, ob die Menge i an die Menge j angekoppelt wird oder umgekehrt. Hierdurch soll verhindert werden, dass die Vereinigungsmengen in systematischer Weise unbalanciert werden. Bei einer Abfolge von mehrern Union-Operationen entstehen solcherart also „Zufallsbäume".

Die Find-Operation ist im Prinzip so implementiert wie oben beschrieben: man sucht nach einem k mit $k = A[k]$. Als „Seiteneffekt" wird hierbei die „Verzeigerungsstruktur" umgebaut, so dass die Wege bis zur Wurzel sich verkürzen. In alle vorgefundenen $A[i]$-Werte wird ein direkter Zeiger auf die Baumwurzel eingetragen („Pfadkomprimierung"). Dies ist also ein Beispiel für eine *selbstorganisierende Datenstruktur*: je häufiger eine Find-Operation stattfindet, desto mehr sinkt dabei der Suchaufwand.

Skizze:

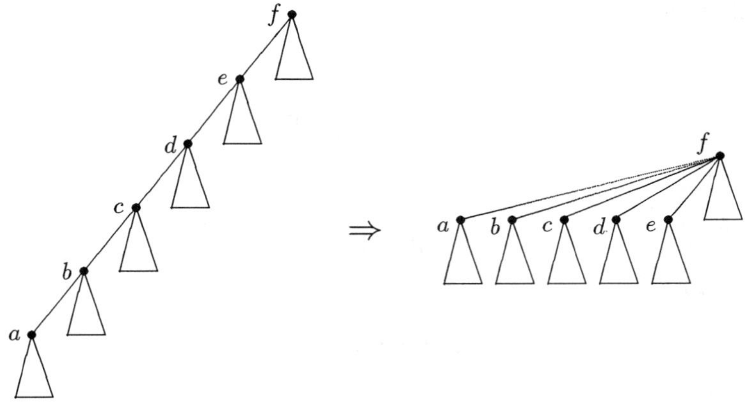

Anstelle bei der Union-Operation, wie vorgeschlagen, den Zufall zu Hilfe zu nehmen, kann man in einem Extra-Array speichern, wieviele Elemente sich hinter einem kanonischen Mengen-Element verbergen (also welche Mächtigkeit die betreffende Menge hat). Diese Information kann man dann bei der Union-Operation ausnützen, um die *kleinere* der beiden Mengen an die größere anzukoppeln, und nicht umgekehrt. Bei der Union-Operation muss diese Information beim kanonischen Element dann neu eingetragen werden (als Summe der vorherigen Werte).

Für diese zuletzt vorgeschlagene Implementierung gilt, daß der nach $n-1$ Union-Operationen entstehende Baum nicht tiefer sein kann als $\log n$. Daher können wir die worst-case Komplexität einer einzelnen Find-Operationen mit $O(\log n)$ abschätzen, wobei der sich im amortisierten Sinne positiv auswirkende Effekt der Pfadkomprimierung noch nicht berücksichtigt wurde.

Tatsächlich zeigt eine amortisierte Analyse, dass eine beliebige Folge von $O(n)$ Union- und Find-Operationen sich in der Komplexität mit $O(n \log^* n)$ abschätzen lässt. Hierbei ist die Funktion $\log^* n$ wie folgt definiert:

$$\log^* n \;=\; \min\{k \mid \underbrace{\log \ldots \log}_{k\text{-mal}} n \leq 1\}$$

Die Funktion $\log^* n$ ist eine ungeheuer *langsam* anwachsende Funktion: für $n \leq 10^{19728}$ ist $\log^* n \leq 5$. Die amortisierte Komplexität einer einzelnen *Find*-Operation ist also (nahezu) konstant.

Kapitel 6

Algorithmen auf Graphen

Es wurden im Zusammenhang mit Greedy-Algorithmen bereits einige Algorithmen auf Graphen besprochen. In diesem Kapitel sollen weitere Algorithmen betrachtet werden, die einige typische Aufgabenstellungen bei Graphen lösen, wie zum Beispiel das Durchsuchen eines Graphen, entweder auf die depth-first oder auf die breadth-first Weise, sowie das Bestimmen aller kürzesten Wege und das Bestimmen eines maximalen Flusses. Es wird in diesem Kapitel elementare Kenntnis der Graphentheorie vorausgesetzt.

6.1 Repräsentation von Graphen

Für die verschiedenen Algorithmen auf Graphen spielt es eine Rolle, in welcher Form der zu bearbeitende Graph repräsentiert wird. Die gewählte Form der Repräsentation kann sich auf die Komplexität des jeweiligen Algorithmus' auswirken. Wir diskutieren hier zwei gängige Darstellungsformen, die *Adjazenzliste* und die *Adjazenzmatrix*. Die Adjazenzliste für einen Graphen $G = (V, E)$ besteht aus einem Array $A[1..|V|]$ von Zeigern. Diese Zeiger sind jeweils Ausgangspunkt für eine verkettete Liste. Die bei $A[i]$ startende Liste beschreibt die direkten Nachfolgerknoten von Knoten i.

Beispiel: Der folgende gerichtete Graph wird durch die Adjazenzliste rechts repräsentiert.

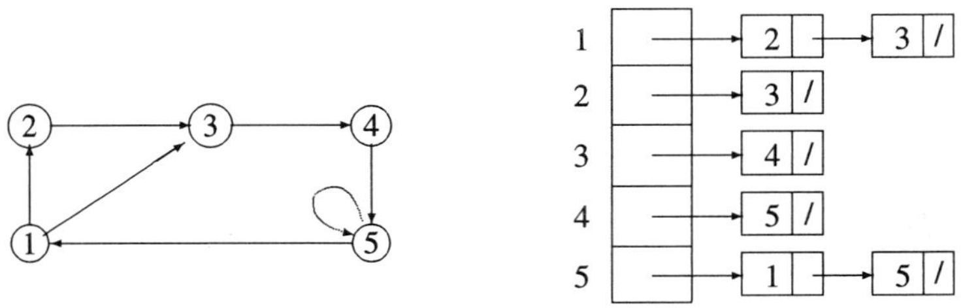

Wir repräsentieren denselben Graphen als Nächstes durch seine Adjazenzmatrix. Dies ist eine Boolesche $|V| \times |V|$ Matrix und das Matrixelement an Position (i, j) enthält eine 1 genau dann, wenn eine Kante von i nach j vorhanden ist, also falls $(i, j) \in E$.

$$\begin{bmatrix} 0 & 1 & 1 & 0 & 0 \\ 0 & 0 & 1 & 0 & 0 \\ 0 & 0 & 0 & 1 & 0 \\ 0 & 0 & 0 & 0 & 1 \\ 1 & 0 & 0 & 0 & 1 \end{bmatrix}$$

Der Speicheraufwand für die Adjazenzliste ist $O(|V| + |E|)$, für die Adjazenzmatrix dagegen $O(|V|^2)$. Die Adjazenzliste ist also in Bezug auf den Speicherplatz vorteilhaft, wenn der Graph *dünnbesetzt* ist, also falls $|E| = o(|V|^2)$.

Ansonsten hängt die Wahl der Repräsentation von dem verwendeten Algorithmus ab, bzw. davon, welche Arten des Zugriffs auf den Graphen besonders effizient zu unterstützen sind. In den meisten Fällen ist die Adjazenzliste geeignet. Sollen allerdings für einen Knoten i seine *Vorgänger* aufgesucht werden, so ist diese Operation bei der Adjazenzliste nur ineffizient ausführbar.

Die Adjazenzliste ist vorteilhaft, wenn die Knoten bzw. Kanten in der natürlichen Reihenfolge, gegeben durch die Nachbarschaftsbeziehung auf dem Graphen, durchsucht werden sollen. Hier ist man bei der Matrizendarstellung und vor allem bei einem dünnbesetzten Graph (wenige Kanten) im Nachteil, da man dann z.B. eine Zeile der Matrix solange durchsuchen muss, bis man eine 1 vorfindet (Aufwand $O(n)$).

Die Adjazenzliste ist weiterhin von Vorteil, wenn man während des Algorithmenablaufs den Graph dynamisch verändern will, und Knoten oder Kanten, die schon „erfolgreich bearbeitet" wurden, „ausklinken" möchte, so dass für diese im weiteren Ablauf keine Komplexität mehr anfällt.

Steht dagegen die Abfrage „ist die Kante (x, y) vorhanden" im Vordergrund, so ist diese Frage mittels der Adjazenzmatrix schneller zu beantworten als durch Adjazenzlisten, da die bei x startende Liste erst durchsucht werden muss.

Oft ist es vorteilhaft, den gegebenen Graphen in beiden Darstellungsformen zur Verfügung zu haben, oder eine der Darstellungsformen durch weitere Datenstrukturen (Suchbäume, Hashtabellen, Priority Queues, Union-Find-Strukturen) anzureichern. Beispiele hierfür haben wir beim Dijkstra-Algorithmus und Kruskal-Algorithmus schon kennengelernt.

In vielen Anwendungen sind den Kanten des Graphen gewisse Werte zugeordnet (zu interpretieren als Kosten, Längen, Kapazitäten, etc.) Diese Zusatzinformation lässt sich ohne weiteres in obige Datenstrukturen einbetten: Bei den Adjazenzlisten müssen zusätzlich zu den Knotennummern der Nachbarn die Kantenwerte untergebracht werden.

Bei den Adjazenzmatrizen gibt es zwei Möglichkeiten: Wenn die Kantenbewertung 0 nicht vorgesehen ist, also wenn zum Beispiel alle Kanten positive Werte haben, so kann man mit dem Matrixeintrag 0 ausdrücken, dass die Kante nicht vorhanden ist. Und durch den Matrixeintrag $w > 0$ wird ausgedrückt, dass die betreffende Kante vorhanden ist, und dass ihr zugeordneter Wert = w ist.

Ansonsten könnte man die Adjazenzmatrix als ein Array $[1..|V|, 1..|V|]$ von Zeigern organisieren. Falls der Matrixeintrag = NIL ist, so ist die betreffende Kante nicht vorhanden. Wenn der Eintrag ein Zeiger $\neq$ NIL ist, so zeigt dieser auf den betreffenden Kantenwert.

Den Fall von *ungerichteten* Graphen kann man im Prinzip genauso (mittels Adjazenzlisten oder mittels Adjazenzmatrizen) behandeln, denn ein ungerichteter Graph kann als ein gerichteter Graph verstanden werden, in dem die Kante (u, v) genau dann vorhanden ist, wenn die Kante (v, u) vorhanden ist. Im Falle der Adjazenzmatrix wird die Matrix dann symmetrisch sein. (Man braucht in diesem Fall also evtl. nur die obere Dreiecksmatrix zu speichern).

Im Folgenden werden wir die Komplexitätsangaben bei Graphenalgorithmen immer in Abhängigkeit von der Knotenzahl $|V|$ und/oder der Kantenzahl $|E|$ machen.

6.2 Breiten- und Tiefensuche

Eine häufige Aufgabe ist, dass ein Graph systematisch durchsucht werden muss. Hierzu bieten sich zwei mögliche Strategien an, die *Breitensuche* (breadth-first search) und die *Tiefensuche* (depth-first search). Viele andere Graphalgorithmen benötigen einen solchen Suchalgorithmus als Unterprogramm; oder es ist so, dass in das Grundschema der Breiten- oder Tiefensuche weitere algorithmische Aktionen „eingeklinkt" sind. Mit anderen Worten, viele andere Algorithmen auf Graphen können als Erweiterung der Breiten- oder Tiefensuche aufgefasst werden.

Die Breitensuche ist letztlich nichts anderes als der bereits besprochene Dijkstra-Algorithmus, wobei die Kantengewichte jetzt wegfallen, bzw. alle Kantenwerte auf 1 gesetzt sind. Wir formulieren den Algorithmus nochmals, wobei wir eine *(Warte-) Schlange* Q (first-in, first-out list) als Datenstruktur verwenden. Einer der Knoten $v_0 \in V$ ist der Startknoten, von dem aus die Suche beginnt. Mit $Adj(u)$ bezeichnen wir die direkten Nachbarn von Knoten u. Die Tabelle d enthält die kürzesten Abstände von v_0 aus.

```
FOR v ∈ V DO d[v] := ∞
d[v0] := 0
Q := {v0}
WHILE Q ≠ ∅ DO
  u := erstes Element in Q
  Entferne u aus Q
  FOR v ∈ Adj(u) DO
   IF d[v] = ∞ THEN
    d[v] := d[u] + 1
    Q := Q ∪ {v}
```

Ausgehend vom Knoten v_0 werden zunächst alle seine Nachbarn der Reihe nach betrachtet (dann die Nachbarn der Nachbarn, usw.) und es wird ihr minimaler Abstand zu v_0 in der Tabelle d eingetragen. Implizit wird dabei ein Baum mit Wurzel v_0 konstruiert; dieser enthält immer dann die Kante (u, v), wenn der THEN-Zweig betreten wird.

Beispiel: Gegeben sei folgender Graph, in dem der Startknoten v_0 besonders gekennzeichnet ist.

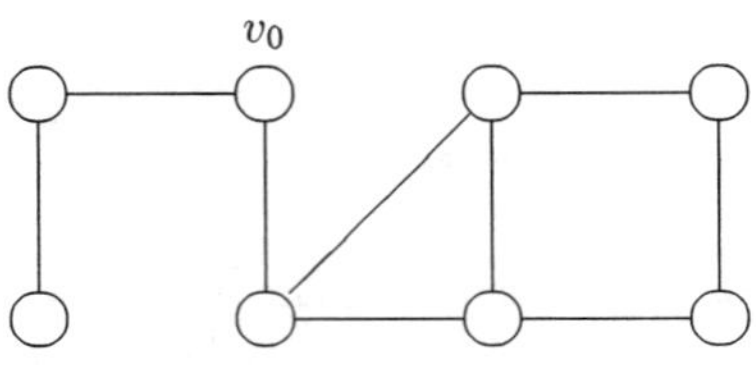

Nach Ablauf der Breitensuche ergeben sich folgende (in den Knoten eingetragene) d-Werte. Ferner ist der Baum, der die Wege minimaler Länge von v_0 aus charakterisiert, gestrichelt gezeichnet.

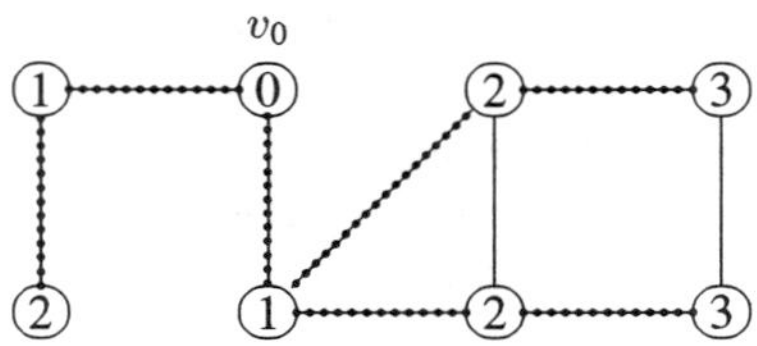

Da jeder Knoten und jede Kante einmal besucht wird, ist die Komplexität der Breitensuche $O(|V| + |E|)$. Falls der Graph zusammenhängend ist, so gilt $|E| \geq |V| - 1$. In diesem Fall können wir die Komplexität somit durch $O(|E|)$ abschätzen.

Bei der Tiefensuche wird „in die Tiefe" zuerst gegangen. Am einfachsten ist dies durch eine rekursive Prozedur zu formulieren, die vom Hauptprogramm aus mit dem Startknoten v_0 aufzurufen ist. Jeder Knoten erhält eine „Farbe", wobei *weiß* bedeutet, dass der Knoten noch nicht besucht wurde; *grau* bedeutet, dass der Knoten besucht wurde, aber noch nicht endgültig abgeschlossen ist; wenn die Farbe eines Knotens *schwarz* ist, so wurde dieser endgültig bearbeitet. Zu Beginn seien alle Knoten weiß.

```
PROCEDURE Tiefensuche(u : Knoten)
farbe[u] := grau
FOR v ∈ Adj(u) DO
  IF farbe[v] = weiß THEN Tiefensuche(v)
farbe[u] := schwarz
```

Die Komplexität der Tiefensuche kann wie bei der Breitensuche mit $O(|E|)$ abgeschätzt werden.

6.3 Topologisches Sortieren

Eine *topologische Sortierung* eines *gerichteten* Graphen $G = (V, E)$ ist eine Anordnung seiner Knoten $V = \{v_1, v_2, \ldots, v_n\}$, so dass für alle Kanten (v_i, v_j) gilt: $i < j$.

Graphen, die Zyklen enthalten, können offensichtlich nicht topologisch sortiert werden. Kann man wenigstens alle azyklischen Graphen topologisch sortieren?

Satz Ein Graph G ist azyklisch genau dann, wenn er sich topologisch sortieren lässt.

Beweis: ($\Leftarrow$) Klar.
($\Rightarrow$) Sei G ein azyklischer Graph. Dann muss G einen Startknoten v, also einen Knoten ohne Vorgänger besitzen. (Wenn nicht: konstruiere einen Kreis, indem man von Vorgänger zu Vorgänger läuft). Wir geben dem Knoten v die Nummer 1, also $v = v_1$. Nun entfernen wir v (samt seiner hinausgehenden Kanten) aus G und sortieren den Restgraphen topologisch, beginnend mit v_2. □

In dem Beweis ist auch ein Algorithmus enthalten zur Konstruktion einer topologischen Sortierung: Bestimme einen Startknoten, entferne diesen, bestimme wieder einen Startknoten, usw.
Es geht aber noch eleganter mit Hilfe der Tiefensuche. Wir betten den Tiefensuch-Algorithmus in folgendes Programm *Search* ein:

```
FOR v ∈ V DO farbe[v] := weiß
FOR v ∈ V DO
  IF farbe[v] = weiß THEN Tiefensuche(v)
```

Seien nun die Knoten anhand der umgekehrten Reihenfolge des Schwarz-werdens (was vor Verlassen der Prozedur Tiefensuche passiert) durchnummeriert:

$$V = \{v_1, v_2, \ldots, v_n\}$$

(Das heißt, v_n wird als erster schwarz und v_1 als letzter). Die Behauptung ist: dies liefert (bei einem azyklischen Graph als Eingabe) eine topologische Sortierung des Graphen.
Dies kann man wie folgt einsehen. Betrachte eine beliebige Kante (u, v) des Graphen. Die Numerierung der Knoten u und v sollte am Ende solcherart sein, dass die Nummer von u kleiner als die von v ist. In anderen Worten, der Knoten v sollte bei einem Aufruf von *Search vor* dem Knoten u schwarz werden. Im Verlauf von *Search* wird irgendwann *Tiefensuche*(u) aufgerufen. Hierbei wechselt u die Farbe von weiß nach grau. Wir betrachten nun den Zeitpunkt, bei dem im Rahmen der FOR-Schleife der Knoten $v \in Adj(u)$ in Betracht gezogen wird. Welche Farbe hat v zu diesem Zeitpunkt?

Fall 1: v ist schwarz. Dann ist v offensichtlich bereits *vor* u schwarz geworden, denn u wird erst am Ende von *Tiefensuche*(u) schwarz.

Fall 2: v ist grau. Das bedeutet, dass bereits zuvor ein Aufruf von *Tiefensuche*(v) stattgefunden hat, und dieser Aufruf noch nicht abgeschlossen ist, da v noch nicht schwarz ist. Das heißt, diese Inkarnation von Tiefensuche liegt sozusagen „tiefer" im Stack der rekursiven Aufrufe als der aktuelle Aufruf *Tiefensuche*(u).

Skizze:

...	v	...	u	← Stacktop

Das bedeutet, dass es einen Pfad von v nach u geben muss. Zusammen mit der Kante (u, v) ergibt dies einen Kreis. Ein solcher kann in einem azyklischen Graphen nicht auftreten. Daher kann dieser Fall gar nicht eintreten.

An dieser Stelle wollen wir die Bemerkung einschieben, dass man das Vorfinden eines grauen Knoten in der FOR-Schleife von Tiefensuche als Indikator für einen vorhandenen Zyklus verwenden kann. Daher lässt sich aus dieser Beobachtung auch leicht ein Algorithmus zum Testen, ob ein Graph azyklisch ist oder nicht, ableiten.

Fall 3: v ist weiß. Dann erfolgt ein rekursiver Aufruf von *Tiefensuche*(v). Erst wenn dieser ausgeführt ist, was den Effekt hat, dass v schwarz geworden ist, kehrt die Kontrolle in die betrachtete Inkarnation von *Tiefensuche*(u) zurück. Daher wird auch in diesem Fall der Knoten v *vor* dem Knoten u schwarz.

Die Komplexität von *Search* ist $O(|V| + |E|)$, da im Hauptprogramm jeder Knoten und im Innern von Tiefensuche jede Kante genau einmal „angefasst" wird.

6.4 Transitive Hülle: Warshall-Algorithmus

Die *transitive Hülle* eines Graphen $G = (V, E)$ ist definiert als der Graph $G^* = (V, E^*)$ mit

$$(u, v) \in E^* \;\Leftrightarrow\; \text{es gibt einen Pfad in } G \text{ von } u \text{ nach } v$$

Wir können den Graph G^* im Prinzip mit den bekannten Algorithmen berechnen, indem man z.B. von jedem Startknoten $u \in V$ aus eine Breitensuche durchführt. Es gibt aber einen wesentlich einfacheren und eleganteren Algorithmus für diese Aufgabe, der von Warshall stammt.

Sei der Graph $G = (V, E)$ mit $V = \{1, 2, \ldots, n\}$ gegeben. Betrachten wir die

Booleschen Variablen $m_{i,j}^k$, die wie folgt definiert sind:

$$m_{i,j}^k = \begin{cases} 1, & \text{es gibt einen Pfad von } i \text{ nach } j\text{, wobei} \\ & \text{alle zwischen } i \text{ und } j \text{ liegenden Knoten} \\ & \text{aus der Menge } \{1, \ldots, k\} \text{ stammen} \\ 0, & \text{sonst} \end{cases}$$

Es ist $m_{i,j}^0 = 1$ genau dann, wenn $(i, j) \in E$ (oder wenn $i = j$). Ferner gilt folgende rekursive Beziehung

$$m_{i,j}^k = m_{i,j}^{k-1} \vee (m_{i,k}^{k-1} \wedge m_{k,j}^{k-1})$$

die man sich anhand der Definition von $m_{i,j}^k$ leicht klarmacht.

Es gilt $(i, j) \in E^*$ genau dann, wenn $m_{i,j}^n = 1$. Daher kann man die transitive Hülle berechnen, indem man die Matrizen $(m_{i,j}^k)$ für $k = 0, 1, \ldots, n$ berechnet. Hierbei entspricht $(m_{i,j}^0)$ gerade der Ausgangskantenmenge E.

Der folgende Algorithmus von Warshall führt diese Idee durch. Sei $A[1..n, 1..n]$ die Adjazenzmatrix des Graphen G. Nach Ausführung des Algorithmus stellt A die Adjazenzmatrix von G^+ dar.

```
FOR k := 1 TO n DO
 FOR i := 1 TO n DO
  IF A[i, k] THEN
   FOR j := 1 TO n DO
    IF A[k, j] THEN A[i, j] := TRUE
```

Offensichtlich ist die Komplexität dieses Algorithmus' $\Theta(n^3)$.

Der Warshall-Algorithmus kann geringfügig modifiziert werden, um in einem kantenbewerteten Graphen (wobei ein Kantenwert die „Länge" der Kante repräsentieren soll), die kürzesten Wege (und deren Längen) zwischen *allen* Knotenpaaren (i, j) zu berechnen.

Die Aufgabe unterscheidet sich insofern vom Dijkstra-Algorithmus, da dieser von *einem* Startknoten aus alle kürzesten Wege zu den anderen Knoten berechnet.

Es bedeute $m_{i,j}^k$ jetzt die kürzeste Weglänge von i nach j, wobei als mögliche „Zwischenknoten" nur die Knoten in $\{1, , \ldots, k\}$ zugelassen sind. Ähnlich wie oben gilt die rekursive Beziehung

$$m_{i,j}^k = \min\left(m_{i,j}^{k-1}, m_{i,k}^{k-1} + m_{k,j}^{k-1}\right)$$

Diese Rekursion kann völlig analog zum obigen Warshall-Algorithmus in einen Algorithmus umgesetzt werden (dieser stammt von Floyd). Sei nun $E[1..n, 1..n]$ eine Matrix, die die Kanten-Längen angibt; und wenn zwischen i und j keine Kante besteht, so sei $E[i, j] = \infty$. Ferner sei $E[i, i] = 0$. Nach Ausführung des Algorithmus enthält $E[i, j]$ die kürzeste Weglänge von i nach j.

```
FOR k := 1 TO n DO
  FOR i := 1 TO n DO
    FOR j := 1 TO n DO
      IF E[i,k] + E[k,j] < E[i,j] THEN E[i,j] := E[i,k] + E[k,j]
```

Die kürzesten Wege selbst erhält man, indem man darüber Buch führt, wie die E-Werte zustande kamen.

Wir spielen ein Beispiel durch. Gegeben sei folgender Graph:

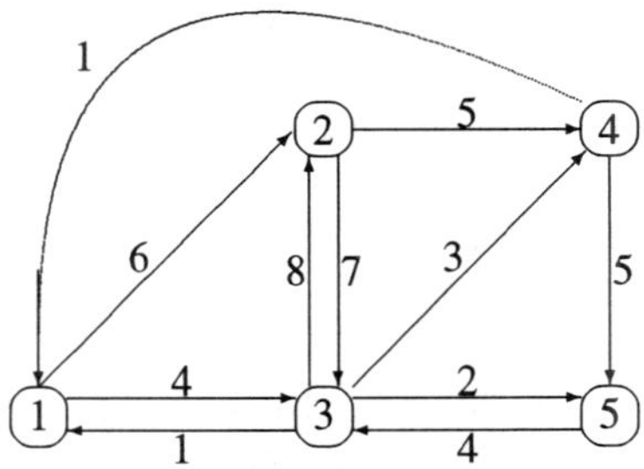

Die folgenden Matrizen stellen „Momentaufnahmen" im Verlauf des Algorithmus dar. Vor jedem Erhöhen des k-Werts wird eine solche Momentaufnahme gemacht:

$$k = 0: \begin{bmatrix} 0 & 6 & 4 & \infty & \infty \\ \infty & 0 & 7 & 5 & \infty \\ 1 & 8 & 0 & 3 & 2 \\ 1 & \infty & \infty & 0 & 5 \\ \infty & \infty & 4 & \infty & 0 \end{bmatrix} \quad k = 1: \begin{bmatrix} 0 & 6 & 4 & \infty & \infty \\ \infty & 0 & 7 & 5 & \infty \\ 1 & 7 & 0 & 3 & 2 \\ 1 & 7 & 5 & 0 & 5 \\ \infty & \infty & 4 & \infty & 0 \end{bmatrix}$$

$$k=2: \begin{bmatrix} 0 & 6 & 4 & 11 & \infty \\ \infty & 0 & 7 & 5 & \infty \\ 1 & 7 & 0 & 3 & 2 \\ 1 & 7 & 5 & 0 & 5 \\ \infty & \infty & 4 & \infty & 0 \end{bmatrix} \quad k=3: \begin{bmatrix} 0 & 6 & 4 & 7 & 6 \\ 8 & 0 & 7 & 5 & 9 \\ 1 & 7 & 0 & 3 & 2 \\ 1 & 7 & 5 & 0 & 5 \\ 5 & 11 & 4 & 7 & 0 \end{bmatrix}$$

$$k=4: \begin{bmatrix} 0 & 6 & 4 & 7 & 6 \\ 6 & 0 & 7 & 5 & 9 \\ 1 & 7 & 0 & 3 & 2 \\ 1 & 7 & 5 & 0 & 5 \\ 5 & 11 & 4 & 7 & 0 \end{bmatrix} \quad k=5: \begin{bmatrix} 0 & 6 & 4 & 7 & 6 \\ 6 & 0 & 7 & 5 & 9 \\ 1 & 7 & 0 & 3 & 2 \\ 1 & 7 & 5 & 0 & 5 \\ 5 & 11 & 4 & 7 & 0 \end{bmatrix}$$

6.5 Flüsse in Netzwerken: Ford-Fulkerson

Wir wollen folgende Aufgabe lösen: Gegeben sei ein gerichteter Graph, in dem zwei Knoten besonders ausgezeichnet sind. Der eine Knoten s heißt die *Quelle* und ein anderer Knoten t heißt die *Senke*. Ferner sind den Kanten des Graphen positive, ganze Zahlen zugeordnet. Diese heißen *Kapazitäten*. Wir können den Graphen interpretieren als ein Netzwerk von Röhren, Straßen oder Leitungen, durch die elektrischer Strom, Fahrzeuge oder eine Flüssigkeit fließen kann. Die Kapazitäten entsprechen dann einer maximalen Durchlaufkapazität (z.B. in Liter pro Sekunde) oder einem maximalen Strom (z.B. in Ampère), den die betreffende Leitung verkraftet. Aus der Quelle strömt nun Flüssigkeit in die Röhren (bzw. Strom in die Leitungen, usw.) Diese durchläuft die Kanten und endet schließlich in der Senke.

Beispiel:

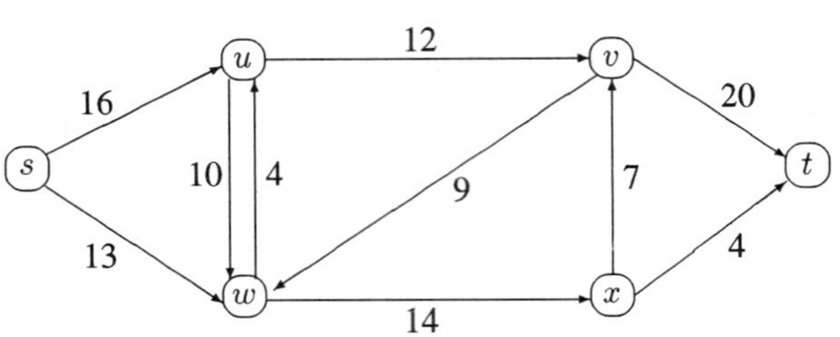

Die Aufgabe besteht nun darin, den Kanten konkrete Flusswerte (Ströme in Ampère, etc.) zuzuordnen, die die jeweiligen Kantenkapazitäten nicht überschreiten, so dass der Gesamtfluss von der Quelle zur Senke maximiert wird. Hierbei ist natürlich die Nebenbedingung einzuhalten, dass aus einem Knoten nicht mehr (oder weniger) herausfließen kann als hineinfließt.

Die folgende Definition führt diese intuitiven Vorstellungen präzise aus.

Definition. Ein *(Fluss-) Netzwerk* ist ein gerichteter Graph $G = (V, E)$ mit zwei ausgezeichneten Knoten $s, t \in V$, der *Quelle* und der *Senke*, sowie einer Funktion $c : V \times V \rightarrow \mathbb{N}$, wobei für $(u, v) \notin E$ gilt $c(u, v) = 0$. Der Wert $c(u, v)$ repräsentiert die *Kapazität* der Kante (u, v).

Ein *(zulässiger) Fluss* für ein solches Netzwerk ist eine Funktion $f : V \times V \rightarrow \mathbb{Z}$, die folgende Bedingungen erfüllt:

Kapazitätsbedingung $f(u, v) \leq c(u, v)$

Symmetriebedingung $f(u, v) = -f(v, u)$

Kirchhoffsches Gesetz $\forall u \in V - \{s, t\} : \sum_{v \in V} f(u, v) = 0$

Der *Betrag* eines Flusses f ist $|f| := \sum_{v \in V} f(s, v)$.

Die einem Netzwerk mit Kapazitätsfunktion zugeordnete Optimierungsaufgabe besteht darin, einen zulässigen Fluss f zu finden, so dass dessen Betrag $|f|$ maximal ist.

Aus der Definition ergibt sich, wenn zwischen zwei Knoten u und v weder die Kante (u, v) noch (v, u) vorhanden ist, so gilt $c(u, v) = c(v, u) = f(u, v) = f(v, u) = 0$.

Beispiel: In dem folgenden Diagramm ist ein zulässiger Fluss für obiges Beispiel eingetragen. Bei den Zahlenangaben ist die erste Zahl der Fluss und die zweite Zahl die Kapazität. Ist kein Fluss-Wert angegeben, so ist dieser gleich 0. Außerdem nicht eingetragen sind die negativen Flüsse, die sich aufgrund der Symmetriebedingung ergeben.

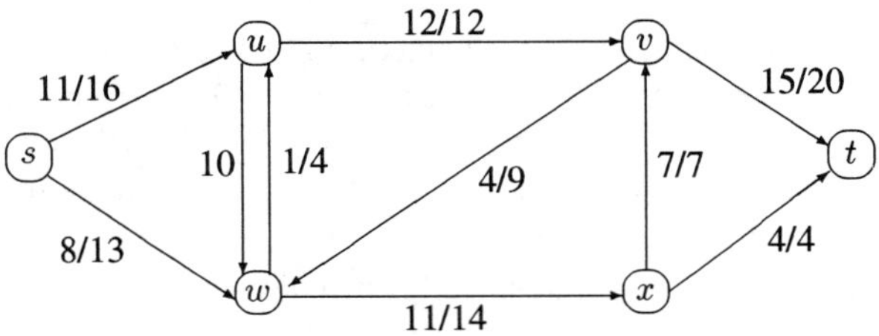

Dieser Fluss hat den Betrag $11 + 8 = 19$. Dies ist allerdings nicht der maximal-mögliche Fluss, wie wir gleich sehen werden.

Prüfen wir nach, dass das Kirchhoffsche Gesetz erfüllt ist. Nehmen wir als Beispiel den Knoten v:

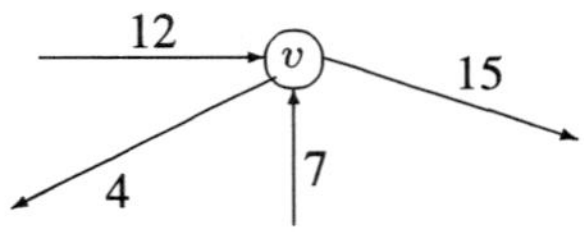

In den Knoten v geht insgesamt ein Fluss von $12 + 7 = 19$ hinein und es fließen entsprechend $4 + 15 = 19$ wieder heraus. Das Kirchhoffsche Gesetz ist also erfüllt. Im formalen Sinne der Kirchhoffbedingung müssten alle aus v *hinausgehenden* Flüsse aufsummiert werden:

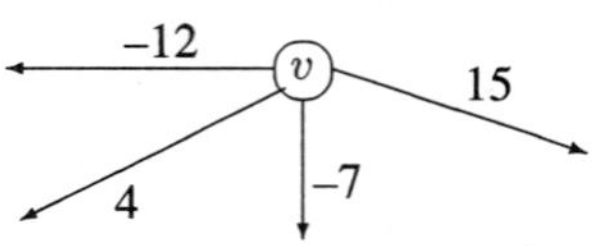

Die Summe dieser Flüsse ist tatsächlich gleich Null.

Der beim obigen Beispielgraphen eingetragene Fluss ist noch nicht optimal, denn betrachten wir mal den folgenden Pfad von s nach t:

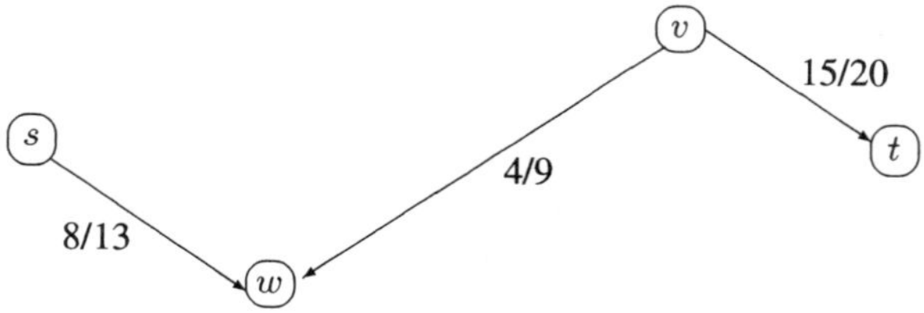

Entlang dieses Pfades kann der Fluss vergrößert werden; und zwar auf der ersten Kante um $13 - 8 = 5$ und ebenso auf der letzten Kante um $20 - 15 = 5$. Die mittlere Kante zeigt in die „falsche" Richtung. Auch hier kann der Fluss in die „Vorwärtsrichtung" vergrößert werden, indem man den (vorwärts gerichteten) negativen Fluss mit dem Wert –4 wieder bis auf 0 reduziert. Also ist auf der mittleren Kante (in diesem Sinne) eine Flussverbesserung um 4 möglich. Indem wir den Fluss nun um $\min(5, 4, 5) = 4$ auf allen Kanten dieses Pfades erhöhen – auf der mittleren Kante, da sie entgegengerichtet ist, um 4 Werte erniedrigen – erhalten wir den folgenden Graphen, der den Fluss-Betrag $11 + 12 = 23$ hat.

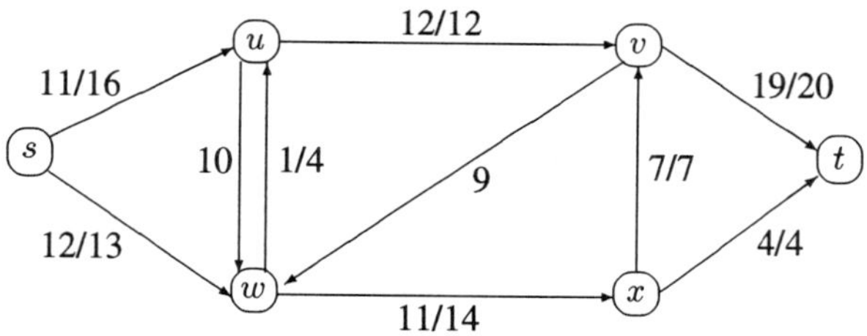

Tatsächlich ist der jetzt eingetragene Fluss maximal.

Was wir gerade eben durchgeführt haben, lässt sich systematischer mit dem Konzept des *Restnetzwerks* formulieren.

Definition Gegeben sei ein Netzwerk G mit Kapazität c und ein zulässiger Fluss f. Das zugeordnete *Restnetzwerk* G_f mit einer zugeordneten *Restkapazität* $c_f(u, v) = c(u, v) - f(u, v)$ ist gegeben durch $G_f = (V, E_f)$, wobei $E_f = \{(u, v) \mid c_f(u, v) > 0\}$.

Beispiel: Das dem obigen Beispielgraphen auf Seite 140 zugeordnete Restnetzwerk ist das folgende:

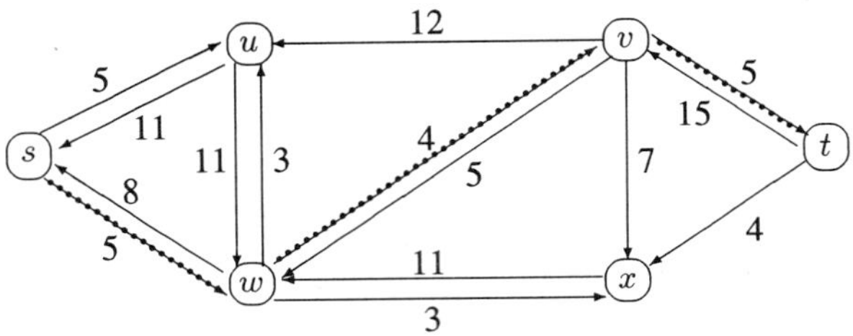

Man erkennt, dass im Restnetzwerk auch Kanten (u, v) entstehen können, die zuvor im eigentlichen Netzwerk nicht vorhanden waren. (Dies ist nur dann der Fall, wenn $(v, u) \in E$).

Im obigen Diagramm ist gestrichelt derjenige Pfad eingezeichnet, entlang dessen wir zuvor den Fluss erhöht hatten. Hierzu die folgende Definition.

Definition Ein *Erweiterungspfad* ist ein einfacher (also zyklenfreier) Pfad p in G_f von s nach t. Nach Definition von G_f muss für alle Kanten (u, v) auf p gelten $c_f(u, v) > 0$. Die *Restkapazität* von p ist $c_f(p) = \min\{c_f(u, v) \mid (u, v) \text{ liegt auf } p\}$.

Wir bemerken, dass

$$g(u, v) = \begin{cases} c_f(p), & (u, v) \text{ liegt auf } p \\ 0, & \text{sonst} \end{cases}$$

ein zulässiger Fluss in G_f ist.

Lemma Sei G ein Netzwerk, c eine Kapazität, und f ein zulässiger Fluss. Sei G_f das zugehörige Restnetzwerk und c_f die zugehörige Restkapazität. Sei ferner g ein zulässiger Fluss auf G_f.

Dann gilt: $(f + g)$ ist ein zulässiger Fluss auf G mit $|(f + g)| = |f| + |g|$.

Beweis: Wir überprüfen, dass $(f + g)$ ein zulässiger Fluss auf G ist.

Kapazitätsbedingung: Da g zulässiger Fluss in G_f ist, gilt $g(u, v) \leq c_f(u, v) = c(u, v) - f(u, v)$. Daraus folgt $(f + g)(u, v) = f(u, v) + g(u, v) \leq c(u, v)$.

Symmetriebedingung: $(f + g)(u, v) = f(u, v) + g(u, v) = -f(v, u) - g(v, u) = -(f(v, u) + g(v, u)) = -(f + g)(v, u)$.

Kirchhoffsches Gesetz: Sei $u \in V - \{s, t\}$. Dann gilt $\sum_{v \in V}(f + g)(u, v) = \sum_{v \in V}(f(u, v) + g(u, v)) = \sum_{v \in V} f(u, v) + \sum_{v \in V} g(u, v) = 0 + 0 = 0$.

Ferner gilt: $|(f+g)| = \sum_{v\in V}(f+g)(s,v) = \sum_{v\in V} f(s,v)+\sum_{v\in V} g(s,v) = |f|+|g|$.
Damit ist das Lemma bewiesen. □

Aufgrund des Lemmas können wir also einen bestehenden Fluss f in dem Netzwerk G mit Kapazität c dadurch verbessern, dass wir zunächst das Restnetzwerk G_f bestimmen; danach suchen wir nach einem Erweiterungspfad (also einem einfachen Pfad p in G_f von s nach t), bestimmen $c_f(p)$ und verbessern dann den Fluss f, indem wir den Fluss

$$g(u,v) = \begin{cases} c_f(p), & (u,v) \text{ liegt auf } p \\ 0, & \text{sonst} \end{cases}$$

hinzuaddieren.
Genau dieses ist die Strategie des *Algorithmus von Ford-Fulkerson:*

Setze $f(u,v) = 0$ für alle $(u,v) \in V \times V$
REPEAT
  Berechne G_f
  Bestimme einen Erweiterungspfad p in G_f
  $f := f + g$ {Definition von g siehe oben}
UNTIL es gibt keinen Pfad in G_f von s nach t
Gib f als maximalen Fluss aus

Durch das Lemma wird gerade gezeigt: Wenn ein Erweiterungspfad gefunden werden kann, so bringt der neue Fluss $(f + g)$ eine echte Verbesserung. Die zu klärende Frage ist allerdings noch: Wenn der bisherige Fluss f nicht maximal ist, kann dann immer ein Erweiterungspfad gefunden werden? Die (positive) Antwort wird durch das Min-Cut-Max-Flow-Theorem weiter unten gegeben.

Beispiel: Nach Anwendung der Fluss-Erweiterung auf das Netzwerk auf Seite 140 erhalten wir das Netzwerk auf Seite 141. Nun bilden wir wieder das zugehörige Netzwerk G_f. Man erkennt, dass nun kein Pfad mehr von s nach t führt.

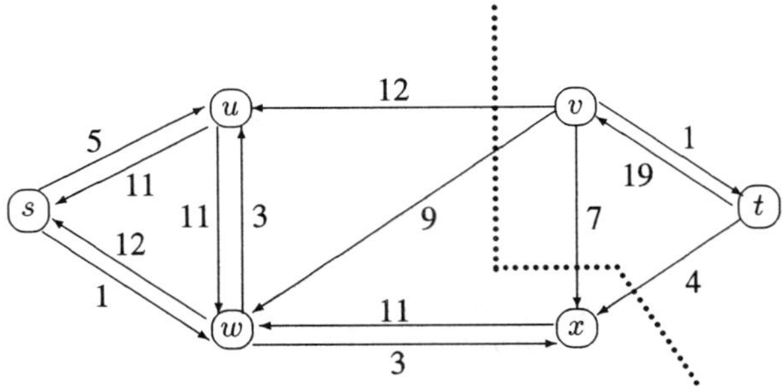

Die gestrichelte Linie stellt einen *Schnitt* durch das Netzwerk dar. Nur die Knoten links dieses Schnitts sind von der Quelle s aus erreichbar.

Der Begriff des Schnitts erweist sich auch weiterhin als nützlich.

Definition Ein *Schnitt* ist eine Zerlegung der Knotenmenge $V = A \cup B$, $A \cap B = \emptyset$, mit $s \in A$ und $t \in B$.

Die *Kapazität* eines Schnitts (A, B) ist $c(A, B) = \sum_{u \in A, v \in B} c(u, v)$.

Sei f ein Fluss. Dann ist der *Fluss über den Schnitt* (A, B) definiert durch $f(A, B) = \sum_{u \in A, v \in B} f(u, v)$.

Es ist klar, dass für jeden zulässigen Fluss f gilt $f(A, B) \leq c(A, B)$, denn für jeden der Summanden gilt $f(u, v) \leq c(u, v)$.

Ferner gilt nach Definition des Fluss-Betrags: $|f| = f(\{s\}, V - \{s\})$. Tatsächlich spielt es für den Wert von $f(A, B)$ keine Rolle, an welcher Stelle wir das Netzwerk auseinanderschneiden. Für jeden Schnitt (A, B) gilt $|f| = f(A, B)$. Dies lässt sich leicht durch Induktion nach $|A|$ beweisen. Der Fall $|A| = 1$ ist gerade die Definition von $|f|$. Sei nun (A, B) ein Schnitt mit $|A| = n + 1$. Wir wählen einen Knoten $v \in A - \{s\}$ und betrachten den Schnitt $(A', B') = (A - \{v\}, B \cup \{v\})$. Nach Induktionsvoraussetzung gilt $f(A', B') = |f|$. Ferner gilt

$$f(A, B) = f(A', B') - \sum_{u \in A} f(u, v) + \sum_{u \in B} f(v, u) = |f| + \sum_{u \in V} f(v, u) = |f|$$

Somit gilt für jeden Schnitt (A, B) und jeden zulässigen Fluss f: $|f| \leq c(A, B)$. Anders ausgedrückt:

$$\max_f |f| \leq \min_{(A,B)} c(A, B)$$

Der folgende Satz besagt, dass es einen Fluss f^* gibt, bei dem obige Ungleichung zur Gleichung wird, also $|f^*| = \min_{(A,B)} c(A, B)$.

Satz (Min-Cut-Max-Flow-Theorem) Sei f ein zulässiger Fluss in dem Netzwerk G mit Kapazität c. Dann sind die folgenden Aussagen äquivalent:

(1) f ist ein maximaler Fluss in G,

(2) Das Restnetzwerk G_f enthält keinen Erweiterungspfad,

(3) Es gilt $|f| = c(A, B)$ für einen Schnitt (A, B) von G.

Beweis: $(1) \Rightarrow (2)$ Dies folgt aus obigem Lemma: Wenn es in G_f einen Erweiterungspfad gibt, dann kann f echt verbessert werden, kann also nicht maximal gewesen sein.

$(2) \Rightarrow (3)$ Setze $A = \{u \in V \mid \text{es gibt einen Pfad in } G_f \text{ von } s \text{ nach } u\}$ und $B = V - A$. Dann gilt $s \in A$ und nach Voraussetzung $t \in B$. Also ist (A, B) ein Schnitt. Für alle Knoten $u \in A$ und $v \in B$ gilt: $0 = c_f(u, v) = c(u, v) - f(u, v)$, also $c(u, v) = f(u, v)$. Damit folgt:

$$|f| = f(A, B) = \sum_{u \in A, v \in B} f(u, v) = \sum_{u \in A, v \in B} c(u, v) = c(A, B)$$

$(3) \Rightarrow (1)$ Für alle zulässigen Flüsse f und Schnitte (A, B) gilt $|f| \leq c(A, B)$. Falls also $|f| = c(A, B)$ gilt, so muss f ein maximaler Fluss sein. □

Durch diesen Satz wird die Korrektheit des Algorithmus von Ford-Fulkerson gezeigt: Es verblieb zu zeigen, dass es für jedes nicht-maximale f einen Erweiterungspfad in G_f gibt. Dies ist gerade $\neg(1) \Rightarrow \neg(2)$, oder gleichwertig: $(2) \Rightarrow (1)$.

Die Formulierung des Ford-Fulkerson Algorithmus ist an einer Stelle unterspezifiziert; es wird nämlich nicht gesagt, *welcher* Erweiterungspfad gewählt werden soll, sofern es mehrere gibt. Durch „ungeschickte" Wahl des Erweiterungspfades kann Ford-Fulkerson eine recht lange Laufzeit haben, wie das folgende Beispiel zeigt.

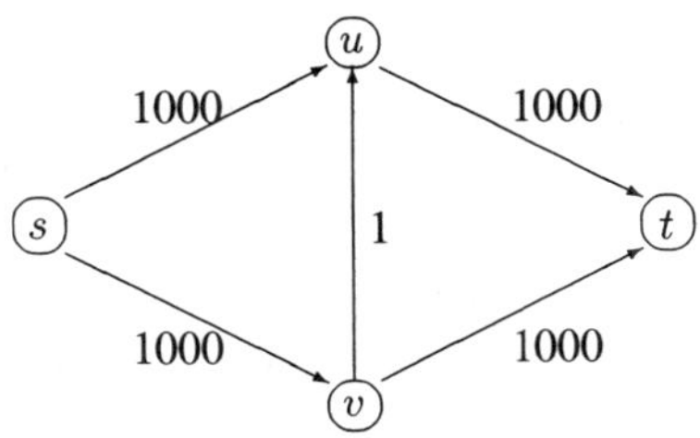

Eine ungeschickte Wahl des Erweiterungspfades wäre s-v-u-t. Dann gilt $c_f(p) = 1$. Das heißt, nach einer Ausführung der REPEAT-Schleife sieht der Fluss wie folgt aus:

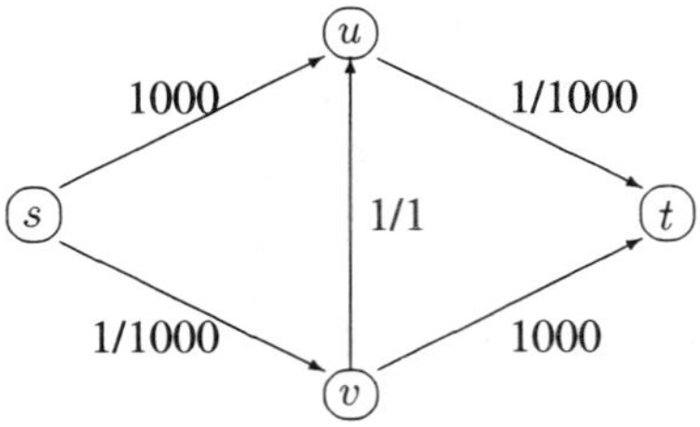

Im nächsten Schritt könnte der Pfad s-u-v-t gewählt werden, usw. Solcherart kommt der Algorithmus erst nach 2000 Schleifendurchläufen zum Stillstand, obwohl es in diesem Fall auch mit 2 Schleifendurchläufen gegangen wäre (nämlich s-u-t und s-v-t). Man kann den worst-case des Ford-Fulkerson-Algorithmus somit lediglich mit $O(|f^*| \cdot |E|)$ abschätzen, wobei f^* der maximale Fluss ist, denn im schlechtesten Fall benötigt der Algorithmus $|f^*|$ Schleifendurchläufe. Pro Schleifendurchlauf fällt der Aufwand für eine Suche nach einem Erweiterungspfad an. Dies ist $O(|E|)$, wenn man dies mittels Breitensuche oder Tiefensuche realisiert.

Ungünstig ist, dass der Betrag des maximalen Flusses mit in die Komplexität einfließt. (Im Sinne der Bit-Komplexität ist dies sogar exponentielle Komplexität). Dies kann allerdings vermieden werden. Die *Edmonds-Karp-Strategie* besteht darin, als Erweiterungspfad immer den *kürzestmöglichen* auszuwählen, also den mit der geringsten Kantenzahl. Ein solcher kürzester Pfad von s nach t in G_f wird zum Beispiel mit Hilfe der Breitensuche (=Dijkstra-Algorithmus) gefunden. Edmonds und Karp argumentieren, dass bei dieser Strategie nie mehr als $|V| \cdot |E|$ viele Schleifendurchläufe notwendig werden, so dass die Gesamtkomplexität dann auf $|V| \cdot |E| \cdot O(|E|) = O(|V| \cdot |E|^2)$ begrenzt werden kann.

Das Argument geht wie folgt. Für jeden Knoten $v \in V$ sei $l(v)$ sein minimaler Abstand von der Quelle s. Der dem Graphen G zugeordnete *Schichtengraph* $L(G)$ ist derjenige Teilgraph von G, der nur solche Kanten $(u, v) \in E$ enthält, für die $l(v) = l(u) + 1$ gilt. Es ist klar, dass $L(G)$ für jeden Knoten $v \in V$ alle Pfade von s nach v minimaler Länge enthält.

Betrachten wir nun einen Erweiterungspfad p minimaler Länge in G_f; das heißt, p wurde gemäß der Edmonds-Karp Strategie gefunden. Dann liegen die Kanten von p in $L(G_f)$. Nun wird der Fluss entlang des Pfades p um $c_f(p)$ erhöht. Das nächste Restnetzwerk G' nach dieser Flusserhöhung unterscheidet sich von G_f dadurch, dass mindestens eine Kante (u, v) auf p nun verschwunden ist (diejenige mit $c_f(u, v) = c_f(p)$). Ferner können einige weitere Kanten hinzugekommen sein; und zwar sind dies Kanten (v, u), wobei (u, v) auf p liegt. Diese neuen Kanten sind also „rückwärtsgerichtet", denn $l(u) = l(v) - 1$.

Betrachten wir nun den nächsten Erweiterungspfad q in G'. Falls dieser auch in $L(G_f)$ vorkommt, so muss dieser dieselbe Länge wie p haben. Falls dieser dagegen nicht in $L(G_f)$ vorkommt, dann dieser Pfad nicht minimale Länge haben. Daher muss in diesem Fall die Länge von q mindestens um 1 größer sein als die Länge von p.

Diese Überlegung zeigt uns, dass die Pfadlängen der Erweiterungspfade in jedem Schleifendurchlauf entweder gleichbleiben, oder echt zunehmen. Die Pfadlängen können aber höchstens für $2|E| = O(|E|)$ viele Schritte gleichbleiben, denn G_f (und damit auch $L(G_f)$) hat zu Beginn höchstens $2|E|$ viele Kanten, und nach jedem Auffinden eines Erweiterungspfades wird mindestens eine Kante entfernt. Dass G_f höchstens $2|E|$ viele Kanten hat, ergibt sich daraus, dass jede Kante (u, v) in G Anlass zu höchstens zwei Kanten in G_f gibt (nämlich (u, v) und (v, u)).

Als mögliche Pfadlängen kommen nur die Zahlen $1, 2, \ldots, |V| - 1$ in Frage. Zusammengefasst heißt dies, dass nicht mehr als

$$\begin{aligned}&(\text{Anzahl möglicher Pfadlängen})\\ &\cdot\ (\text{Anzahl Erweiterungspfade mit derselben Länge})\\ &= O(|V| \cdot |E|)\end{aligned}$$

viele Schleifendurchläufe möglich sind.

6.6 Maximales Matching

Gegeben sei ein bipartiter Graph. Es geht um die Aufgabe, ein möglichst großes *Matching* zu bestimmen. Hierbei ist ein Matching M eine Teilmenge der Kantenmenge, $M \subseteq E$, so dass keine zwei Kanten in M einen gemeinsamen Knoten besitzen.

Beispiel: Die fett gezeichneten Kanten charakterisieren ein Matching der Größe 4 in dem folgenden bipartiten Graphen $G = (V_1 + V_2,\ E)$. Dieses Matching ist maximal, denn es gibt in diesem Fall kein Matching der Größe 5. (Warum das so ist, besagt der sog. Heiratssatz, siehe jedes Buch über Graphentheorie)..

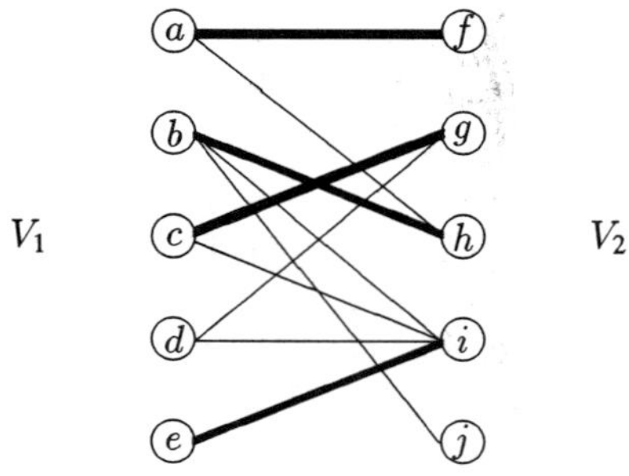

Dieses Matching-Problem ist nicht trivial; zum Beispiel funktioniert der Greedy-Ansatz nicht: wenn wir einfach nur Kanten auswählen, solange sie die Matching-Bedingung erfüllen, bis keine weitere Kante mehr hinzugenommen werden kann, so entsteht am Ende nicht unbedingt ein maximales Matching.

Wir können dieses Matching-Problem aber mit Hilfe des Ford-Fulkerson-Algorithmus lösen, indem wir links eine Quelle s und rechts eine Senke t hinzufügen, die Quelle mit allen Knoten in V_1 und t mit allen Knoten in V_2 verbinden und den Graph (von links nach rechts) gerichtet machen.

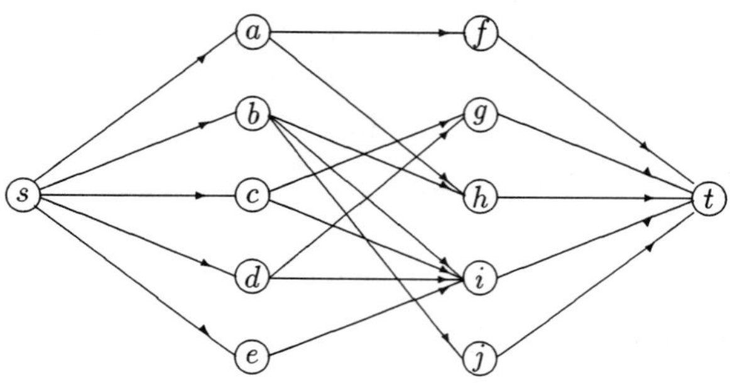

Allen Kanten ordnen wir die Kapazität 1 zu. Wir wenden nun den Algorithmus von Ford-Fulkerson auf dieses Netzwerk an. Das Ergebnis ist ein maximaler Fluss f. Da die c-Werte alle gleich 1 sind, können die f-Werte an den Kanten nur 0 oder 1 sein. Das gesuchte Matching wird gebildet durch diejenigen Kanten zwischen V_1 und V_2 mit dem f-Wert gleich 1.

Diese Kantenmenge bildet tatsächlich ein Matching, denn in jeden Knoten links fließt maximal ein Fluss von 1 hinein, deshalb kann auch nur maximal eine hinausgehende Kante den f-Wert 1 erhalten. Analog ist es auf der rechten Seite: von jedem rechten

Knoten fließt ein Fluss von höchstens 1 in Richtung t hinaus, also kann es auch nur höchstens eine hereinkommende Kante mit $f = 1$ geben.

Dieses Matching ist tatsächlich maximal, da f maximal ist. Wenn es ein Matching mit mehr Kanten gäbe, dann hätte der diesem Matching zugeordnete Fluss einen höheren Betrag, was ein Widerspruch ist, denn Ford-Fulkerson bestimmt nachgewiesenermaßen immer einen *maximalen* Fluss.

6.7 Spielbäume

Wir wollen Algorithmen finden für die Aufgabe, bei einem 2-Personen-Spiel mit vollständiger Information (z.B. bei Schach, Go, Dame, Mühle, Tic-Tac-Toe) einen optimalen Zug zu finden. Betrachten wir eine gegebene Spielsituation in einem solchen Spiel; der Spieler Weiß sei am Zug; er hat endlich viele Zugmöglichkeiten, welche jeweils eine neue Spielkonfiguration ergeben, dann ist Schwarz am Zug, usw. Nach endlich vielen Spielzügen wird eine Situation erreicht, in der entweder Weiß oder Schwarz gewonnen hat (oder evtl. auch Unentschieden). Diese Betrachtung führt auf sog. Spielbäume, die die möglichen Züge und Folgezüge darstellen:

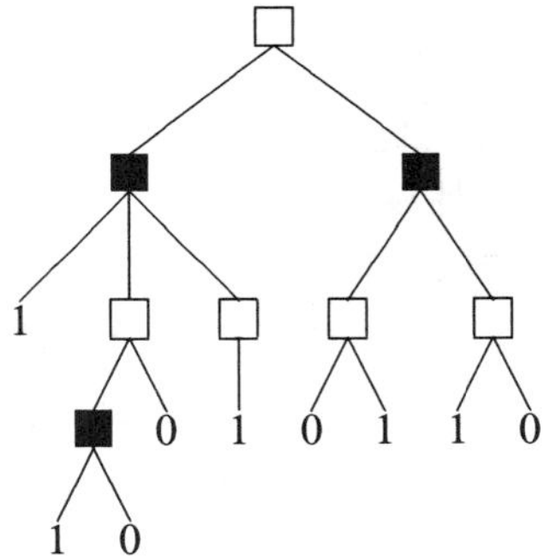

Hierbei bedeutet 1, dass Weiß gewinnt, und 0, dass Schwarz gewinnt. Man beachte, dass diese Spielbäume nicht wie bei den anderen Graphenalgorithmen explizit gegeben sind, sondern dass sich der Baum implizit aus der (zu analysierenden) Anfangs-Spielstellung für Weiß ergibt.

Die Frage ist nun: kann Weiß, der am Zug ist, so spielen, dass er (auch bei optimalem Spiel von Schwarz) gewinnen kann. Indem man die Nullen und Einsen von den Blättern her zur Wurzel zurückbewertet, kann man diese Frage beantworten: An Knoten, bei denen Weiß am Zug ist, übernimmt man den maximalen Wert der Söhne (also sozusagen eine ODER-Verknüpfung); an Knoten, beidenen Schwarz am Zug ist, übernimmt man den minimalen Wert der Söhne (also sozusagen eine UND-Verknüpfung). Man spricht daher auch von *Min-Max-Bäumen* oder *UND-ODER-Bäumen*. Im folgenden Baum sind die sich ergebenden Werte an den inneren Knoten eingetragen.

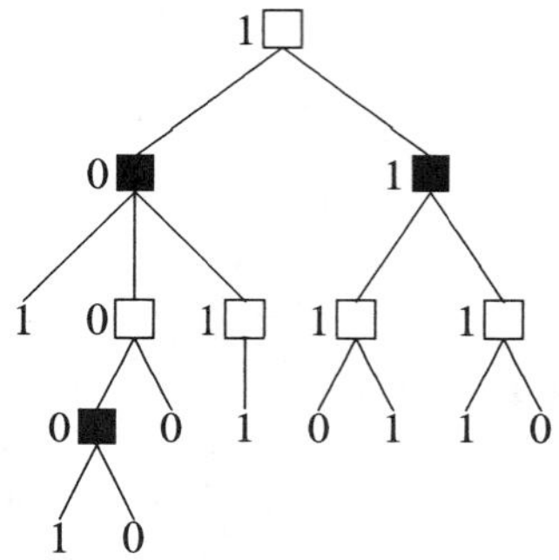

Das Resultat ist, dass Weiß gewinnen kann (denn der Wert an der Wurzel ist 1), und zwar, indem er den nach rechts führenden Zug ausführt. Das folgende Bild zeigt anschaulich, dass es sich um die Auswertung einer Schaltung handelt, die aus UND- und ODER-Gattern besteht.

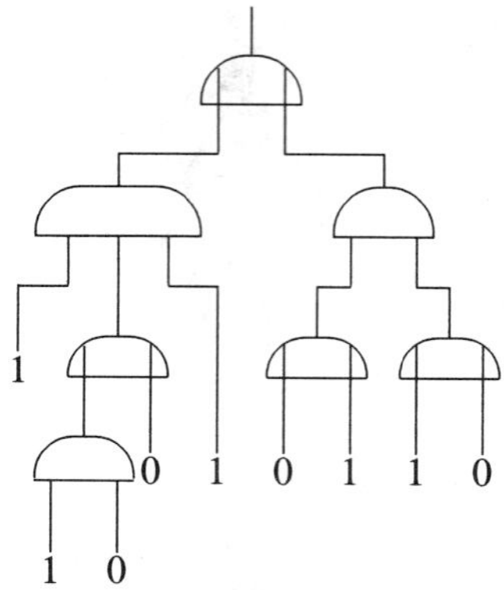

Der folgende Algorithmus vermag solche UND-ODER-Bäume auszuwerten, wobei wir ausnützen, dass eine UND-Verknüpfung bereits dann den Wert 0 ergibt, wenn einer der Eingänge den Wert 0 hat; analog hat eine ODER-Verknüpfung bereits dann den Wert 1, wenn einer der Eingänge den Wert 1 hat. (Der Einfachheit halber nehmen wir an, dass jeder innere Knoten genau 2 Söhne hat).

```
PROCEDURE ODER(s : Knoten): BOOLEAN;
IF (s ist Blatt) THEN RETURN (Wert von s)
ELSE {seien s0 und s1 die beiden Söhne}
  IF UND(s0) THEN RETURN TRUE
  ELSE RETURN UND(s1)
```

```
PROCEDURE UND(s : Knoten): BOOLEAN;
IF (s ist Blatt) THEN RETURN (Wert von s)
ELSE {seien s0 und s1 die beiden Söhne}
  IF NOT ODER(s0) THEN RETURN FALSE
  ELSE RETURN ODER(s1)
```

Nehmen wir an, der Algorithmus arbeitet auf einem vollständigen Binärbaum der Tiefe t; dieser hat 2^t viele Blätter. Man kann immer eine Beschriftung der Blätter finden, so dass obiger UND-ODER-Algorithmus *alle* Blätter besuchen muss, so dass die vorgesehene schnelle Auswertung einer UND- bzw. ODER-Verknüpfung nicht eintrifft. Das folgende ist ein Beispiel für diesen schlechtesten Fall (wobei wir annehmen, dass der Algorithmus die Sohn-Knoten von links nach rechts bearbeitet).

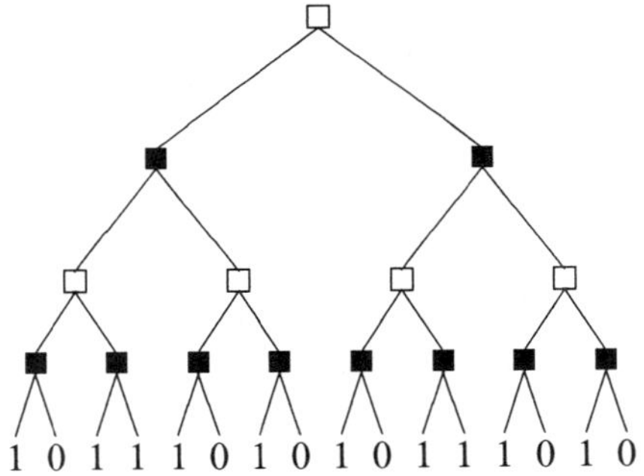

Das heißt, im schlechtesten Fall muss obiger UND-ODER-Algorithmus alle 2^t Blätter besuchen. Interessanterweise können wir das Verfahren durch eine naheliegende probabilistische Strategie verbessern: wir wählen zufällig aus, welchen Sohn-Wert wir zuerst berechnen. Diese Idee führt auf folgende Prozeduren.

```
PROCEDURE ProbODER(s : Knoten): BOOLEAN
IF (s ist Blatt) THEN RETURN (Wert von s)
ELSE {seien s0 und s1 die beiden Söhne}
  RANDOM k IN [0,1]
  IF ProbUND(sk) THEN RETURN TRUE
  ELSE RETURN ProbUND(s1-k)

PROCEDURE ProbUND(s : Knoten): BOOLEAN
IF (s ist Blatt) THEN RETURN (Wert von s)
ELSE {seien s0 und s1 die beiden Söhne}
  RANDOM k IN [0,1]
  IF NOT ProbODER(sk) THEN RETURN FALSE
  ELSE RETURN ProbODER(s1-k)
```

Jetzt sieht die Sache anders aus. Wenn ein UND auszuwerten ist, welches den Wert 0 hat, so muss mindestens einer der Eingänge 0 sein; und mit Wahrscheinlichkeit 1/2 wird dieser Eingang durch die Zufallsauswahl zuerst ausgewählt. Dann erübrigt sich die Auswertung des zweiten Eingangs. Wenn das UND allerdings den Wert 1 hat, so müssen beide Eingänge ausgewertet werden. Aber in der nächsttieferen Schicht, bei den ODER-Auswertungen, welche in diesem Fall den Wert 1 ergeben, lohnt sich der Probabilismus wieder: mit Wahrscheinlichkeit 1/2 stößt man beim ersten ODER-Eingang bereits auf eine 1, dann braucht der zweite Eingang nicht ausgewertet werden.

Sei $A_0(t)$ der Aufwand (die mittlere Anzahl zu besuchender Blätter), wenn ein UND-Knoten der Stufe t ausgewertet wird, welcher den Wert 0 hat. (Hierbei befinden sich die Blätter auf Stufe 0). Analog sei $A_1(t)$ der Aufwand, wenn ein UND-Knoten der Stufe t ausgewertet wird, welcher den Wert 1 hat. Aus Dualitätsgründen ist $A_0(t)$ auch gerade der Aufwand, ein ODER-Gatter auf Schicht t auszuwerten, dessen Wert 1 ist; und $A_1(t)$ ist der Aufwand, ein ODER-Gatter auf Schicht t auszuwerten, dessen Wert 0 ist.

Dann gilt $A_0(0) = A_1(0) = 1$. Für $t > 0$ ergibt sich aufgrund obiger Überlegungen:

$$\begin{aligned} A_0(t) &= \tfrac{1}{2} \cdot A_1(t-1) + \tfrac{1}{2} \cdot (A_0(t-1) + A_1(t-1)) \\ &= A_1(t-1) + A_0(t-1)/2 \qquad (1) \\ A_1(t) &= 2 \cdot A_0(t-1) \qquad (2) \end{aligned}$$

Wir setzen (2) in (1) ein und erhalten die folgende Rekursion für A_0:

$$A_0(t) = 2 \cdot A_0(t-2) + A_0(t-1)/2$$

Wir versuchen es mit dem Ansatz $A_0(t) \leq \alpha^t$ für eine noch zu bestimmende Konstante α und erhalten hieraus die folgende Gleichung zur Bestimmung von α.

$$\alpha^t = 2 \cdot \alpha^{t-2} + \alpha^{t-1}/2$$

Nach Dividieren mit α^{t-2} ergibt sich die quadratische Gleichung

$$2\alpha^2 - \alpha - 4 \geq 0$$

welche die Lösung $\alpha \geq (1 + \sqrt{33})/4$ hat. Daher ist

$$A_0(t) \leq \left(\frac{1+\sqrt{33}}{4}\right)^t = (1,68614)^t$$

und insgesamt ergibt sich

$$\max(A_0(t), A_1(t)) = O\left((1,68614)^t\right) \ll 2^t$$

Man kann dieses Ergebnis wieder als Robin-Hood-Effekt bezeichnen, da das beim deterministischen Algorithmus auftretende breite Spektrum vom besten bis zum schlechtesten Fall beim randomisierten Verfahren „eingeebnet" wird, so dass bei allen Eingaben eine mittlere Laufzeit von ca. $(1,6)^t$ garantiert wird.

Kehren wir zur Ausgangsfragestellung zurück, wie man den optimalen Zug bei einem stategischen Spiel wie Schach bestimmt. Es leuchtet ein, dass man in diesem Fall nicht alle Züge und Gegenzüge bis zum Gewinn von Weiß oder Schwarz (oder Remis) durchspielen kann, so dass eine rigorose Durchführung des oben diskutierten Verfahrens illusorisch ist. Was man stattdessen macht, ist den Spielbaum bis zu einer gewissen Tiefe zu entwickeln, um die dann entstandene Spielsituation zu „bewerten". Als Bewertungskriterium fließt ein: Figurenvorteil, Stellungsvorteil u.a.m. Dies mündet in einer Bewertungszahl, die möglichst realistisch die Gewinnchancen (z.B. aus der Sicht von Weiß) widerspiegeln sollen. Ein realistischer Spielbaum in diesem Sinne (für ein Spiel, bei dem es bei jedem Zug nur 2 Alternativen gibt) könnte also wie folgt aussehen.

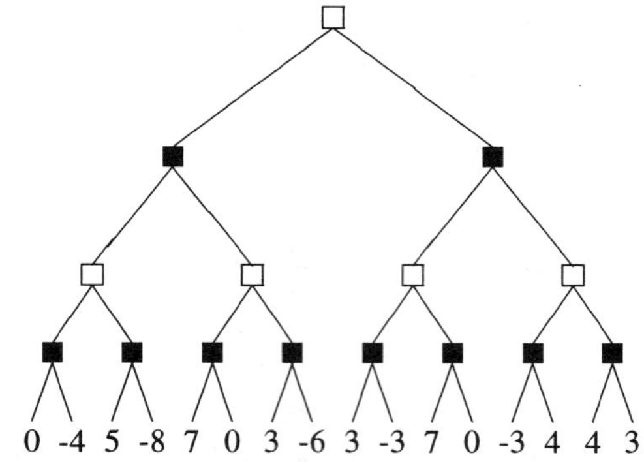

Die Rückbewertung erfolgt im Prinzip wie oben beschrieben: Wenn Weiß am Zug ist, so wird der maximale Sohn-Wert ausgewählt, wenn Schwarz am Zug ist, wird der minimale Sohn-Wert ausgewählt. Im folgenden Bild sind alle sich so ergebenden Bewertungen an den inneren Knoten eingetragen. Der optimale Zug für Weiß ist derjenige, der die Bewertung 0 ergibt; nämlich der rechte. Gestrichelt eingezeichnet ist die für Schwarz und Weiß optimale Zugfolge.

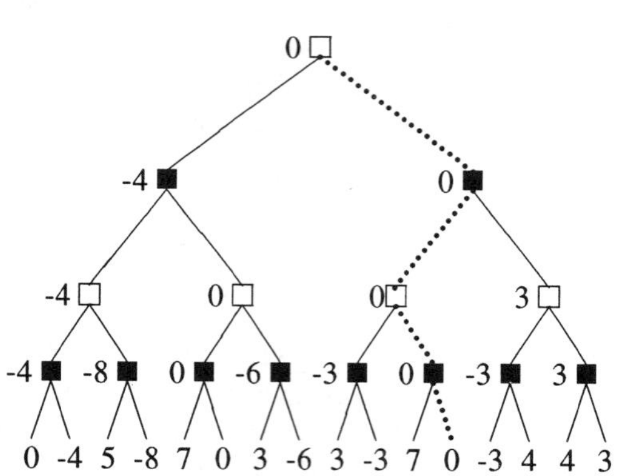

Der folgende Min-Max-Algorithmus berechnet den Wert an der Wurzel (durch Aufruf von Max(Wurzel)).

```
PROCEDURE Max(x : Knoten) : INTEGER
IF (x ist Blatt) THEN RETURN (Bewertung von x)
ELSE {seien x_1, ..., x_k die Söhne von x}
  w := -∞
  FOR i := 1 TO k DO
    v :=Min(x_i)
    IF v > w THEN w := v
  RETURN w
```

```
PROCEDURE Min(x : Knoten) : INTEGER
IF (x ist Blatt) THEN RETURN (Bewertung von x)
ELSE {seien x_1, ..., x_k die Söhne von x}
  w := +∞
  FOR i := 1 TO k DO
    v :=Max(x_i)
    IF v < w THEN w := v
  RETURN w
```

Tatsächlich lässt sich dieser Min-Max-Algorithmus in der Effizienz noch verbessern. Betrachten wir folgende Situation während des Ablaufs des Min-Max-Algorithmus:

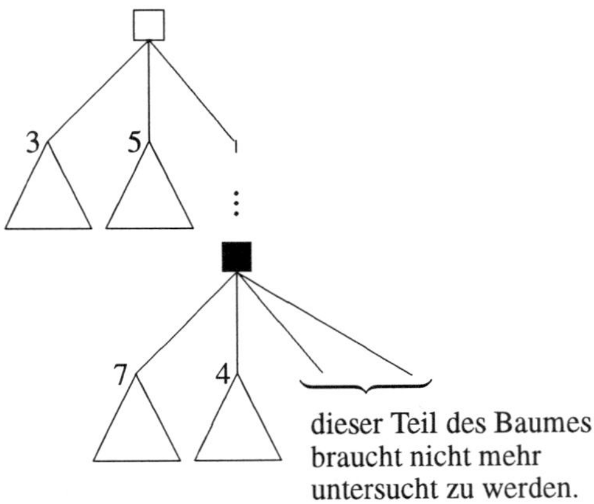

Die ersten beiden Zugauswertungen ergaben die Werte 3 und 5. Das heißt, der vorläufige Maximumwert an der Wurzel ist 5. (Das tatsächliche Maximum kann noch ≥ 5 sein). Im weiteren Verlauf wird in einer tieferen Ebene ein Minimum berechnet.

Zunächst ergab sich bei den Söhnen der Wert 7, dann der Wert 4; das vorläufige Minimum ist also 4. Das tatsächliche Minimum wird ≤ 4 sein. Egal wie dieses tatsächliche Minimum ausfällt, es wird die Maximumbildung weiter oben nicht mehr beeinflussen, da $5 \geq 4$. Wir können daher auf die Bearbeitung der weiteren Söhne bei der Minimum-Bildung verzichten und können in die nächsthöhere Ebene zurückkehren.

Ein analoges Argument zeigt, dass eine Maximumbestimmung in einer tieferen Ebene beendet werden kann, wenn das vorläufige Maximum hierbei $\geq$ einem vorläufigen Minimum aus einer höheren Ebene ist.

Um dieses Verfahren zu implementieren, müssen wir den rekursiven Prozeduren das vorläufig erreichte Maximum und Minimum aus der höheren Ebene als Parameter mitübergeben; diese Werte heißen der α-Wert und der β-Wert und das nachfolgende Verfahren nennt sich *Alpha-Beta-Prozedur*.

```
PROCEDURE alphabetaMax(x : Knoten; α , β : INTEGER) :
   INTEGER;
IF (x ist Blatt) THEN RETURN (Bewertung von x)
ELSE {seien x_1,...,x_k die Söhne von x}
  w := α
  FOR i := 1 TO k DO
    v :=alphabetaMin(x_i , w , β)
    IF v > w THEN w := v
    IF w ≥ β THEN RETURN w  {vorzeitiger Rücksprung}
  RETURN w

PROCEDURE alphabetaMin(x : Knoten; α , β : INTEGER) :
   INTEGER;
IF (x ist Blatt) THEN RETURN (Bewertung von x)
ELSE {seien x_1,...,x_k die Söhne von x}
  w := β
  FOR i := 1 TO k DO
    v :=alphabetaMax(x_i , α , w)
    IF v < w THEN w := v
    IF w ≤ α THEN RETURN w  {vorzeitiger Rücksprung}
  RETURN w
```

Zur Bestimmung des Wertes eines Spielbaumes wird im Hauptprogramm alphabetaMax(Wurzel,$-\infty$,∞) aufgerufen.

Kapitel 7

Algebraische und zahlentheoretische Algorithmen

Wir stellen einige bekannte Algorithmen aus dem Bereich der Algebra und Zahlentheorie vor. Die zahlentheoretischen Algorithmen haben ihren hauptsächlichen Anwendungsbereich in der Kryptographie, zum Beispiel beim sog. RSA-Verfahren.

7.1 Multiplikation großer Zahlen

Große Zahlen können wir leicht nach der *Schulmethode* miteinander multiplizieren.

Beispiel:

$$
\begin{array}{ccccccccccc}
1 & 2 & 3 & 4 & 5 & * & 6 & 7 & 8 & 9 & 0 \\
\hline
 & & 7 & 4 & 0 & 7 & 0 & & & & \\
 & & & 8 & 6 & 4 & 1 & 5 & & & \\
 & & & & 9 & 8 & 7 & 6 & 0 & & \\
 & & & & 1 & 1 & 1 & 1 & 0 & 5 & \\
+ & & & & & & 0 & 0 & 0 & 0 & 0 \\
\hline
 & & 8 & 3 & 8 & 1 & 0 & 2 & 0 & 5 & 0
\end{array}
$$

Es ist klar, dass diese Methode die Komplexität $\Theta(n^2)$ hat, denn die erzeugte Tabelle hat diese Größenordnung, wobei wir hier von der Bit-Komplexität ausgehen. Jede Operation gemäß des „kleinen 1×1“ hat konstante Komplexität.

Karatsuba und Ofman haben eine schnellere Methode angegeben, eine klassische *divide-and-conquer*-Methode. Und zwar zerlegen wir die Ziffernfolgen der zu multiplizierenden Zahlen x und y in zwei gleich lange Teile wie folgt:

x :	x_1	x_0
y :	y_1	y_0

Das heißt, x und y haben die Darstellung:

$$x = x_1 b^{n/2} + x_0, \quad y = y_1 b^{n/2} + y_0$$

wobei b die verwendete Basis ist (z.B. $b = 10$ oder $b = 2$).
Wenn wir x und y multiplizieren, erhalten wir:

$$\begin{aligned} x \cdot y &= (x_1 b^{n/2} + x_0) \cdot (y_1 b^{n/2} + y_0) \\ &= x_1 y_1 \cdot b^n + (x_1 y_0 + x_0 y_1) \cdot b^{n/2} + x_0 y_0 \end{aligned}$$

Das bedeutet, dass wir die Aufgabe, zwei n-stellige Zahlen miteinander zu multiplizieren, darauf reduziert haben, 4 Multiplikationen von $(n/2)$-stelligen Zahlen (rekursiv) durchzuführen, und die Ergebnisse dann gemäß obiger Formel (nach vorherigen „Shifts" um $n/2$ bzw. um n Stellen) zu addieren. Die Komplexität $T(n)$ dieses Vorgehens können wir abschätzen durch $T(n) = 4T(n/2) + \Theta(n)$, was nach dem „Master-Theorem" (Seite 28) die Komplexität $\Theta(n^{\log_2 4}) = \Theta(n^2)$ hat. Hoppla – wir haben gegenüber der Schulmethode also gar nichts gewonnen?! Tatsächlich haben wir uns eher einen noch größeren Verwaltungsaufwand durch die rekursiven Aufrufe eingehandelt.

An dem Master-Theorem können wir aber auch sehen, dass wir Komplexität einsparen könnten, wenn es gelänge, die Berechnung statt mit 4 nur mit 3 rekursiven Aufrufen durchzuführen. Genau das ist möglich, wenn wir den gemischten Term $x_1 y_0 + x_0 y_1$ umschreiben in $x_1 y_1 + x_0 y_0 - (x_0 - x_1)(y_0 - y_1)$. Dies ergibt die Darstellung

$$x \cdot y = x_1 y_1 \cdot b^n + (x_1 y_1 + x_0 y_0 - (x_0 - x_1)(y_0 - y_1)) \cdot b^{n/2} + x_0 y_0$$

Bei dieser Darstellung müssen tatsächlich nur 3 Multiplikationen von $(n/2)$-stelligen Zahlen durchgeführt werden, nämlich $x_1 y_1$, $x_0 y_0$ und $(x_0 - x_1)(y_0 - y_1)$. Damit ergibt sich eine Komplexität von

$$T(n) = 3T(n/2) + \Theta(n) = \Theta(n^{\log_2 3}), \quad \text{wobei } \log_2 3 \approx 1{,}585.$$

7.2 Schnelle Matrizenmultiplikation nach Strassen

Wie schnell kann man zwei $n \times n$ Matrizen miteinander multiplizieren? Wieviele Elementaroperationen (Multiplikationen und Additionen von einzelnen Zahlen) benötigt man dazu?

Sei

$$\begin{pmatrix} a_{11} & \dots & a_{1n} \\ \vdots & \ddots & \vdots \\ a_{n1} & \dots & a_{nn} \end{pmatrix} \cdot \begin{pmatrix} b_{11} & \dots & b_{1n} \\ \vdots & \ddots & \vdots \\ b_{n1} & \dots & b_{nn} \end{pmatrix} = \begin{pmatrix} c_{11} & \dots & c_{1n} \\ \vdots & \ddots & \vdots \\ c_{n1} & \dots & c_{nn} \end{pmatrix}$$

Dann gilt:

$$c_{ij} = \sum_{k=1}^{n} a_{ik} b_{kj}$$

Wenn wir die Berechnung der Produktmatrix direkt anhand der Definition durchführen, so haben wir es mit n^3 Einzel-Multiplikationen und $n^2(n-1)$ Einzel-Additionen zu tun.

Betrachten wir den Fall von 2×2 Matrizen:

$$\begin{pmatrix} a_{11} & a_{12} \\ a_{21} & a_{22} \end{pmatrix} \cdot \begin{pmatrix} b_{11} & b_{12} \\ b_{21} & b_{22} \end{pmatrix} = \begin{pmatrix} a_{11}b_{11} + a_{12}b_{21} & a_{11}b_{12} + a_{12}b_{22} \\ a_{21}b_{11} + a_{22}b_{21} & a_{21}b_{12} + a_{22}b_{22} \end{pmatrix}$$

Laut angegebener Formeln brauchen wir hier 8 Multiplikationen und 4 Additionen. Man kann dasselbe Ergebnis aber auch durch 7 Multiplikationen und 18 Additionen (bzw. Subtraktionen) erhalten, indem man folgende Berechnungen durchführt:

$$\begin{aligned} I &= (a_{12} - a_{22}) \cdot (b_{21} + b_{22}) \\ II &= (a_{11} + a_{22}) \cdot (b_{11} + b_{22}) \\ III &= (a_{11} - a_{21}) \cdot (b_{11} + b_{12}) \\ IV &= (a_{11} + a_{12}) \cdot b_{22} \\ V &= a_{11} \cdot (b_{12} - b_{22}) \\ VI &= a_{22} \cdot (b_{21} - b_{11}) \\ VII &= (a_{21} + a_{22}) \cdot b_{11} \end{aligned}$$

$$\begin{aligned} c_{11} &= I + II - IV + VI \\ c_{12} &= IV + V \\ c_{21} &= VI + VII \\ c_{22} &= II - III + V - VII \end{aligned}$$

Wieso sollten 7 Multiplikationen und 18 Additionen besser sein als 8 Multiplikationen und 4 Additionen? Entscheidend sind die Multiplikationen, denn über die Multiplikationen können wir ein rekursives divide-and-conquer Verfahren laufen lassen. Hierzu verlassen wir jetzt die 2×2 Matrizen und betrachten wieder allgmeine $n \times n$ Matrizen (hierbei sei n eine Zweierpotenz). Wir zerlegen alle beteiligten Matrizen in 4 $(n/2) \times (n/2)$ Matrizen und erhalten folgende Darstellung:

$$\left(\begin{array}{c|c} A_{11} & A_{12} \\ \hline A_{21} & A_{22} \end{array}\right) \cdot \left(\begin{array}{c|c} B_{11} & B_{12} \\ \hline B_{21} & B_{22} \end{array}\right) = \left(\begin{array}{c|c} C_{11} & C_{12} \\ \hline C_{21} & C_{22} \end{array}\right)$$

Wir können genau dieselben Formeln wie oben verwenden, nur dass wir diese nun als Multiplikationen bzw. Additionen von $(n/2) \times (n/2)$ Matrizen verstehen. Die Additionen/Subtraktionen sind hierbei komponentenweise zu verstehen, und die 7 Multiplikationen führen wir durch rekursive Aufrufe des Matrizen-Multiplikations-algorithmus' durch. Damit erhalten wir die folgende rekursive Prozedur.

PROCEDURE *MatProd*(n, A, B)
IF $n = 1$ THEN RETURN (AB)
ELSE
  Berechne $I, \ldots, VII, C_{11}, C_{12}, C_{21}, C_{22}$ gemäß obiger Formeln.
  Die 7 vorkommenden Multiplikationen werden durch 7 rekursive
  Aufrufe der Form *MatProd*$(n/2, \ldots)$ erledigt
  RETURN $\begin{pmatrix} C_{11} & C_{12} \\ C_{21} & C_{22} \end{pmatrix}$

Sei $T_M(n)$ bzw. $T_A(n)$ die Anzahl der elementaren Multiplikationen bzw. Additionen, die beim Aufruf von *MatProd*$(n, \ldots)$ auftreten. Es gilt:

$$T_M(n) = \begin{cases} 1, & n = 1 \\ 7 \cdot T_M(n/2), & n > 1 \end{cases}$$

Es ergibt sich

$$T_M(n) = \underbrace{7 \cdot 7 \cdots 7}_{(\log n)\text{-mal}} = 7^{\log n} = n^{\log 7} = n^{2,81}$$

Ferner haben wir:

$$T_A(n) = \begin{cases} 0, & n = 1 \\ 18(n/2)(n/2) + 7T_A(n/2), & n > 1 \end{cases}$$

Aus dem Master-Theorem ergibt sich sofort $T_A(n) = \Theta(n^{2,81})$. Somit haben wir auch insgesamt die Komplexität $\Theta(n^{2,81})$ – im Vergleich zur Komplexität $\Theta(n^3)$, wenn wir nach der Schulmethode multiplizieren.

Es ist anzunehmen, dass der versteckte konstante Faktor bei $\Theta(n^{2,81})$ in diesem Fall größer ist als derjenige bei $\Theta(n^3)$. Das heißt, das Verfahren wird sich erst bei Matrizen ab einer gewissen Mindestgröße n_0 (zum Beispiel $n_0 = 8$) lohnen. Um dieser Tatsache Rechnung zu tragen, können wir die obige Prozedur *MatProd* noch modifizieren. Statt

IF $n = 1$ THEN RETURN (AB)

schreiben wir

IF $n < n_0$ THEN Berechne $C = AB$ nach der Schulmethode;
RETURN C

Wir merken noch an, dass in der Zwischenzeit immer wieder neue Algorithmen für die Matrizenmultiplikation vorgeschlagen wurden; der „Beste“ davon erreicht die Komplexität $O(n^{2,376})$. Allerdings ist die in der O-Notation versteckte Konstante so groß, dass dieser Algorithmus nicht praktikabel ist.

7.3 Probabilistischer Multiplikationstest für Matrizen

Wir wollen die Aufgabe betrachten, bei drei vorgelegten $n \times n$ Matrizen A, B, C zu überprüfen, ob $A \cdot B = C$ gilt. Natürlich können wir zunächst A und B multiplizieren und dann mit C vergleichen. Diese Vorgehensweise kommt mit $O(n^3)$ Operationen (oder mit $O(n^{2.81})$ Operationen, vgl. voriger Abschnitt) aus. Aber es geht noch schneller: Freivalds hat eine probabilistische Methode vorgeschlagen, die in der Zeit $O(n^2)$ arbeitet. Dieses probabilistische Verfahren birgt eine (einseitige) Fehlermöglichkeit in sich; falls $A \cdot B$ und C nicht identisch sind, so könnte der Algorithmus mit geringer Wahrscheinlichkeit falsch (nämlich „$AB = C$“) antworten. (Konzeptionell ist das Verfahren und die Art der Fehlermöglichkeit sehr ähnlich dem auf Seite 31 vorgestellten).

Sei x ein (Zeilen-) Vektor der Länge n (oder anders ausgedrückt, x ist eine $1 \times n$ Matrix). Dann ergibt die Multiplikation von x mit einer $n \times n$ Matrix M, also $x \cdot M$, wieder eine $1 \times n$ Matrix, also einen Vektor. Dieses Vektor-Matrix-Produkt können wir offensichtlich in der Zeit $O(n^2)$ ausführen. Da die Matrizenmultiplikation assoziativ ist, gilt

$$(x \cdot A) \cdot B = x \cdot (A \cdot B) = x \cdot C$$

sofern $A \cdot B$ und C identisch sind. Man beachte, dass der Ausdruck $(x \cdot A) \cdot B$ in der Zeit $O(n^2)$ ausgewertet werden kann, da er zweimal die Berechnung eines Vektor-Matrix-Produkts beinhaltet.

Der probabilistische Test läuft nun darauf hinaus, dass es im Falle von $A \cdot B \neq C$ und bei zufälliger Wahl von x unwahrscheinlich ist, dass die Vektoren xAB und xC identisch sind – und nach der obigen Diskussion ist klar, dass dieser Test in der Zeit $O(n^2)$ ausgeführt werden kann.

Das analysieren wir nun genauer. Hierbei sei $x = (x_1, \ldots, x_n) \in_R \{0,1\}^n$ zufällig gewählt. Falls $AB = C$, so ist für jede Wahl von x auch $xAB = xC$. Nehmen wir nun an, dass $AB \neq C$. Wir beobachten, dass $xAB \neq xC$ genau dann gilt, wenn $x(AB - C)$ nicht der Nullvektor ist. Nach Voraussetzung ist $M := AB - C$ nicht die Null-Matrix. Daher gibt es ein von Null verschiedenes Element in M, sagen wir $m_{i,j} \neq 0$. Wir wollen nun zeigen, dass die j-te Komponente des Vektor-Matrix-Produkts xM höchstwahrscheinlich ungleich Null ist. Dieser Wert berechnet sich wie folgt:

$$\sum_{k=1}^{n} x_k m_{k,j}$$

und dieser Wert ist genau dann gleich Null, wenn

$$\sum_{k \neq i} x_k m_{k,j} = -x_i m_{i,j} \quad \text{bzw.} \quad x_i = -\frac{\sum_{k \neq i} x_k m_{k,j}}{m_{i,j}} =: w$$

Da x_i zufällig aus zwei Alternativen gewählt wird, ist die Wahrscheinlichkeit, den Wert w zu treffen, höchstens 1/2. (Tatsächlich könnte man den Fehler noch weiter auf $1/m$ verkleinern, wenn man die x_i's zum Beispiel aus $\{0, 1, \ldots, m-1\}$ zieht. Voraussetzung ist allerdings, dass der zugrundeliegende Körper mindestens m Elemente hat. Wenn die Matrizenmultiplikation beispielsweise über dem Körper $(\{0,1\}, \wedge, \oplus)$ auszuführen ist, so können wir x_i nur aus $\{0,1\}$ ziehen).

Mit der Diskussion auf Seite 33 ergibt sich, dass man die Fehlerwahrscheinlichkeit durch eine geeignete Anzahl von Wiederholungen des Zufallsexperiments unter jede vorgegebene Schranke $\varepsilon > 0$ drücken kann. Angenommen, $\varepsilon = 10^{-6} \approx 2^{-20}$ ist eine akzeptable Fehlerwahrscheinlichkeit. Um diese Fehlerwahrscheinlichkeit zu erreichen, genügt es, den Test „$xAB = xC$“ 20-mal zu wiederholen.

7.4 Polynommultiplikation und die FFT

Wir betrachten die Aufgabe, zwei Polynome zu multiplizieren. Die Polynome seien gegeben in ihrer Koeffizientendarstellung. Sei das Polynom

$$A(x) = \sum_{j=0}^{n-1} a_j x^j$$

und das Polynom

$$B(x) = \sum_{j=0}^{n-1} b_j x^j$$

gegeben durch die Koeffizienten-Tupel $a = (a_0, \ldots, a_{n-1})$ und $b = (b_0, \ldots, b_{n-1})$. (Sollte eines der Polynome weniger als n Koeffizienten haben, so muss entsprechend mit Nullen aufgefüllt werden. Später wird sich herausstellen, dass es günstig ist, wenn n eine Zweierpotenz ist. In diesem Fall gilt dieselbe Bemerkung: dann muss bis zur nächsten Zweierpotenz mit Nullen aufgefüllt werden).

Das Produktpolynom $C(x) = A(x) \cdot B(x)$ ergibt sich zu

$$C(x) = \left(\sum_{j=0}^{n-1} a_j x^j\right) \cdot \left(\sum_{k=0}^{n-1} b_k x^k\right) = \sum_{i=0}^{2n-2} c_i x^i$$

wobei

$$c_i = \sum_{k=0}^{i} a_k b_{i-k}$$

Diese letzte Operation, mittels der die Koeffizienten c_i zu bestimmen sind, nennt man auch oft *Faltung* (engl.: convolution).

Wenn man die Polynommultiplikation entsprechend dieser Formeln durchführt, so sind also $2n - 1$ Koeffizienten zu bestimmen, wobei jeder von diesen eine Faltung erfordert. Das macht zusammen die Komplexität $O(n^2)$. (Die Komplexitätsangaben sind im uniformen Kostenmaß zu verstehen, d.h. jede elementare Multiplikation bzw. Addition hat die Komplexität $O(1)$).

Das folgende Schema skizziert den möglichen Weg von den beiden Polynomen $A(x)$ und $B(x)$ (in Koeffizientendarstellung) zum Produktpolynom $C(x) = A(x) \cdot B(x)$ (in Koeffizientendarstellung). Ferner ist ein „Umweg“ skizziert, der auch zum Produktpolynom $C(x)$ führt, allerdings zunächst die Polynome $A(x)$ und $B(x)$ an beliebigen $2n - 1$ Punkten (Stützstellen) $x_0, \ldots, x_{2n-2}$ evaluiert zur *Punkt-Wert-Darstellung*. Danach werden die Werte Punkt für Punkt miteinander multipliziert und schließlich wird aus den $2n - 1$ vielen Werten die Koeffizienten des Produktpolynoms rekonstruiert. (Diesen Vorgang nennt man *Interpolation*).

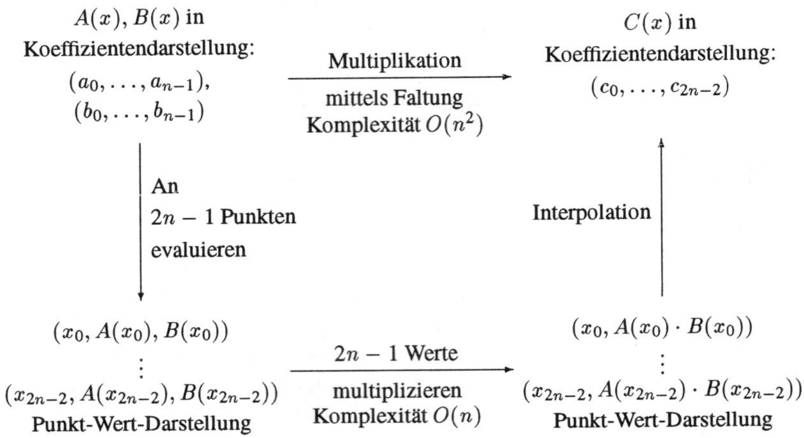

Wenn man das Evaluieren an beliebigen $2n - 1$ Stützstellen mittels Hornerschema implementiert und die Interpolation nach Newton, so ergibt jede dieser Operationen eine Komplexität von $O(n^2)$. Man kann solcherart also nichts an Effizienz gegenüber der direkten Methode gewinnen.

Wir können aber ausnützen, dass wir völlige Wahlfreiheit bei den Stützstellen haben. Wenn wir diese geschickt wählen, so kann das Evaluieren (ebenso wie das Interpolieren) an den Stellen $x_0, \ldots, x_{2n-2}$ effizienter als mit Komplexität $O(n^2)$ (nämlich mit Komplexität $O(n \log n)$) implementiert werden.

Die *diskrete Fourier-Transformation* (kurz: DFT) besteht darin, ein Polynom, das durch n Koeffizienten $(a_0, \ldots, a_{n-1})$ gegeben ist, an genau n Stützstellen, und zwar den sog. *n-ten Einheitswurzeln* auszuwerten. Hier müssen also die Anzahl der Koeffizienten des Polynoms und die Anzahl der Stützstellen übereinstimmen. In der obigen Situation hat das Polynom n Koeffizienten und soll an $2n - 1$ Stellen evaluiert werden. Indem wir die Koeffizientendarstellung des Polynoms mit Nullen auffüllen, können wir die Anzahl der Koeffizienten gleich der Anzahl der Stützstellen machen.

In der folgenden Diskussion sei der Einfachheit halber n=Anzahl Koeffizienten=Anzahl der Stützstellen. Außerdem sei n eine Zweierpotenz.

Der Trick besteht, wie gesagt, darin, als Evaluationspunkte die (komplexen) *n-ten Einheitswurzeln* zu wählen. Ein komplexe Zahl x ist n-te Einheitswurzel, falls $x^n = 1$. Es gibt im Komplexen genau n Lösungen der Gleichung $x^n = 1$. Dieses sind die Zahlen

$x_{0,n}, \ldots, x_{n-1,n}$, wobei

$$x_{k,n} = e^{ik2\pi/n}$$

Wir erinnern in diesem Zusammenhang an die *Eulersche Formel*:

$$e^{i\phi} = \cos(\phi) + i \sin(\phi)$$

Hierbei ist i die imaginäre Einheit mit $i^2 = -1$.
Eine komplexe Zahl z lässt sich darstellen:
algebraisch durch eine Zerlegung in Real- und Imaginärteil: $z = a + ib$,
polar als $z = r\cos(\phi) + ir\sin(\phi)$,
oder *exponentiell* durch $z = re^{i\phi}$.
Veranschaulichung in der *Gaußschen Zahlenebene*:

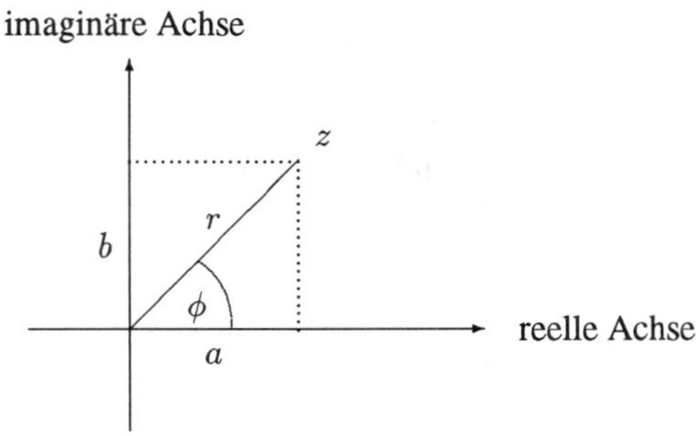

Im Folgenden arbeiten wir mit der exponentiellen Darstellung, da hier die Multiplikation besonders einfach geht:

$$re^{i\phi} \cdot r'e^{i\phi'} = (rr')e^{i(\phi+\phi')}$$

Das heißt, die Radien müssen miteinander multipliziert werden und die Winkel müssen addiert werden.
Die n-ten Einheitswuzeln liegen in der Gaußschen Zahlenebene auf dem Einheitskreis gleichmäßig verteilt. Das folgende Bild zeigt den Fall $n = 8$:

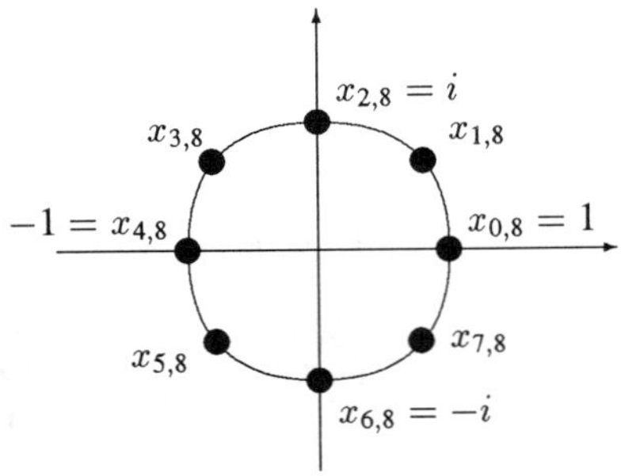

Überprüfen wir, dass $x_{k,n}$ tatsächlich eine n-te Einheitswurzel ist:

$$(x_{k,n})^n = (e^{ik2\pi/n})^n = e^{ik2\pi} = \cos(k2\pi) + i\sin(k2\pi) = 1 + i \cdot 0 = 1$$

Außerdem ergibt sich, dass man alle n-ten Einheitswurzeln als Potenzen von $x_{1,n}$ erhalten kann. Sei $z = x_{1,n} = e^{i2\pi/n}$. Dann gilt:

$$(x_{0,n}, x_{1,n}, \ldots, x_{n-1,n}) = (z^0, z^1, \ldots, z^{n-1})$$

Eine weitere wichtige Beobachtung ist, dass man durch Quadrieren der n-ten Einheitswurzeln gerade die $(n/2)$-ten Einheitswurzeln (und zwar zweimal) erhält. Sei im Folgenden $k = 0, \ldots, (n/2) - 1$:

$$(x_{k,n})^2 = e^{ik2\pi/(n/2)} = x_{k,n/2}$$

$$(x_{(n/2)+k,n})^2 = e^{i((n/2)+k)2\pi/(n/2)} = e^{i2\pi} \cdot e^{k2\pi/(n/2)} = e^{k2\pi/(n/2)} = x_{k,n/2}$$

Definition: Zu gegebenem Koeffizientenvektor $a = (a_0, a_1, \ldots, a_{n-1})$ (welcher das Polynom A repäsentiert) bezeichnet der Vektor $y = (y_0, y_1, \ldots, y_{n-1})$ mit

$$\begin{aligned} y_k &= A(x_{k,n}) \\ &= \sum_{j=0}^{n-1} a_j e^{ijk2\pi/n} \end{aligned}$$

die *diskrete Fourier-Transformierte* (DFT) von a.

Das heißt, y zu berechnen bedeutet das Evaluieren von A an den n-ten Einheitswurzeln. Es wird sich als nützlich erweisen, das Polynom A in zwei kleinere Polynome mit jeweils $n/2$ vielen Koeffizienten aufzuspalten. Sei

$$A^{[0]}(x) := \sum_{k=0}^{(n/2)-1} a_{2k}x^k$$
$$A^{[1]}(x) := \sum_{k=0}^{(n/2)-1} a_{2k+1}x^k$$

Das heißt, $A^{[0]}$ wird repräsentiert durch den Koeffizientenvektor

$$(a_0, a_2, a_4, \ldots, a_{n-2})$$

und $A^{[1]}$ wird repräsentiert durch

$$(a_1, a_3, a_5, \ldots, a_{n-1}).$$

Es gilt: $A(x) = A^{[0]}(x^2)+x\cdot A^{[1]}(x^2)$. In dieser Formel und in der obigen Beobachtung, dass beim Quadrieren der n-ten Einheitswurzeln gerade die $(n/2)$-ten Einheitswurzeln entstehen, liegt der Schlüssel für den *FFT-Algorithmus* (FFT=fast Fourier transform). (Das heißt, der FFT ist ein schneller Algorithmus zur Berechnung der DFT).

Wir beschreiben den Algorithmus zunächst verbal, und dann formal als Programm. Gegeben ist also der Koeffizientenvektor $a = (a_0, \ldots, a_{n-1})$, der das Polynom A repräsentiert. Wir zerlegen diesen zunächst in die beiden Vektoren $a^{[0]} = (a_0, a_2, a_4, \ldots, a_{n-2})$ und $a^{[1]} = (a_1, a_3, a_5, \ldots, a_{n-1})$, jeweils der Länge $n/2$. Dann wenden wir den FFT *rekursiv* auf $a^{[0]}$ und auf $a^{[1]}$ an und erhalten die Fourier-Transformierten

$$y^{[0]} = (y_0^{[0]}, y_1^{[0]}, \ldots, y_{(n/2)-1}^{[0]}) = (A^{[0]}(x_{0,n/2}), \ldots, A^{[0]}(x_{(n/2)-1,n/2}))$$

und

$$y^{[1]} = (y_0^{[1]}, y_1^{[1]}, \ldots, y_{(n/2)-1}^{[1]}) = (A^{[1]}(x_{0,n/2}), \ldots, A^{[1]}(x_{(n/2)-1,n/2}))$$

hiervon. Aus der obigen Formel lassen sich nun die gesuchten Werte

$$(y_0, \ldots, y_{n-1}) = (A(x_{0,n}), \ldots, A(x_{n-1,n}))$$

rekonstruieren: Für $k = 0, \ldots, (n/2) - 1$ gilt:

$$\begin{aligned} y_k &= A(x_{k,n}) \\ &= A^{[0]}((x_{k,n})^2) + x_{k,n} \cdot A^{[1]}((x_{k,n})^2) \\ &= A^{[0]}(x_{k,n/2}) + x_{k,n} \cdot A^{[1]}(x_{k,n/2}) \\ &= y_k^{[0]} + x_{k,n} \cdot y_k^{[1]} \end{aligned}$$

und entsprechend

$$\begin{aligned} y_{(n/2)+k} &= A(x_{(n/2)+k,n}) \\ &= A^{[0]}((x_{(n/2)+k,n})^2) + x_{(n/2)+k,n} \cdot A^{[1]}((x_{(n/2)+k,n})^2) \\ &= A^{[0]}(x_{k,n/2}) + x_{(n/2)+k,n} \cdot A^{[1]}(x_{k,n/2}) \\ &= y_k^{[0]} - x_{k,n} \cdot y_k^{[1]} \end{aligned}$$

Nun lässt sich der FFT-Algorithmus wie folgt formulieren:

```
PROCEDURE FFT(n, (a_0, ..., a_{n-1}))
IF n = 1 THEN RETURN (a_0)
  ELSE
    a^[0] := (a_0, a_2, ..., a_{n-2})
    a^[1] := (a_1, a_3, ..., a_{n-1})
    y^[0] := FFT(n/2, a^[0])
    y^[1] := FFT(n/2, a^[1])
    x := 1
    z := e^{i2π/n}
    FOR k := 0 TO (n/2) - 1 DO
      y_k := y_k^[0] + x · y_k^[1]
      y_{(n/2)+k} := y_k^[0] - x · y_k^[1]
      x := x · z
    RETURN (y_0, y_1, ..., y_{n-1})
```

Die Komplexität dieses Algorithmus ergibt sich aus der Rekursionsgleichung $T(n) = 2T(n/2) + \Theta(n)$, deren Lösung bekanntermaßen $T(n) = \Theta(n \log n)$ ist.

Die *inverse DFT* unterscheidet sich von der DFT nur geringfügig: Um aus einem gegebenen Wertevektor $(y_0, \ldots, y_{n-1})$ die Koeffizienten $(a_0, \ldots, a_{n-1})$ zurückzuerhalten, wende man die folgende Formel an:

$$a_k = \frac{1}{n} \cdot \sum_{j=0}^{n-1} y_j e^{-ijk2\pi/n}$$

Das heißt, dass die inverse DFT durch eine geringfügige Modifikation des FFT-Algorithmus – ebenfalls mit der Komplexität $\Theta(n \log n)$ – berechnet werden kann.

Symbolisch können wir die ursprüngliche Aufgabe der Polynommultiplikation wie folgt ausdrücken. Sei DFT ein Operator, der den Koeffizientenvektor a in den Wertevektor y überführt; und DFT^{-1} überführt umgekehrt y nach a. Seien nun zwei Polynome mit Koeffizientenvektoren a und b gegeben. Diese Vektoren seien mit genügend Nullen aufgefüllt. Dann gilt für den Koeffizientenvektor c des Produktpolynoms

$$c = \text{DFT}^{-1}(\text{DFT}(a) * \text{DFT}(b))$$

Hierbei bedeutet $*$ die komponentenweise Multiplikation der beiden Vektoren, also

$$(y_0, \ldots, y_{n-1}) * (y'_0, \ldots, y'_{n-1}) = (y_0 y'_0, \ldots, y_{n-1} y'_{n-1})$$

Zur Begründung für die obige Formel zur inversen DFT beobachten wir, dass sich die DFT äquivalent durch eine Vektor-Matrix-Multiplikation beschreiben lässt. Hierzu sei wieder $z = e^{i2\pi/n}$:

$$\begin{pmatrix} y_0 \\ y_1 \\ y_2 \\ y_3 \\ \vdots \\ y_{n-1} \end{pmatrix} = \begin{pmatrix} 1 & 1 & 1 & \cdots & 1 \\ 1 & z & z^2 & \cdots & z^{n-1} \\ 1 & z^2 & z^4 & \cdots & z^{2(n-1)} \\ 1 & z^3 & z^6 & \cdots & z^{3(n-1)} \\ \vdots & \vdots & \vdots & \ddots & \vdots \\ 1 & z^{n-1} & z^{2(n-1)} & \cdots & z^{(n-1)(n-1)} \end{pmatrix} \cdot \begin{pmatrix} a_0 \\ a_1 \\ a_2 \\ a_3 \\ \vdots \\ a_{n-1} \end{pmatrix}$$

Diese Matrix wird *Vandermondesche Matrix* genannt. Obige Formel für die inverse DFT behauptet, dass die zur Vandermondeschen Matrix inverse Matrix gerade so aussieht, dass im (j, k)-ten Eintrag z^{-jk}/n steht. Wir überprüfen dies indem wir die Vandermondesche Matrix mit der (behaupteten) Inversen multiplizieren. Der (j, k)-te Eintrag dieser Produktmatrix ergibt sich zu:

$$\sum_{l=0}^{n-1} z^{jl} z^{-lk}/n = \frac{1}{n} \cdot \sum_{l=0}^{n-1} z^{l(j-k)} = \begin{cases} 1, & j = k \\ 0, & j \neq k \end{cases}$$

Das heißt, das Ergebnis ist die Einheitsmatrix – was zu beweisen war.

Wir beenden diesen Abschnitt mit der Bemerkung, dass der FFT-Algorithmus noch viele andere Anwendungen hat, nicht nur im Zusammenhang mit der Polynommultiplikation, zum Beispiel bei der digitalen Signalverarbeitung (digitale Filter), sowie bei der Bild- und Sprachverarbeitung und -Erkennung (siehe Hüttenhofer et al.).

7.5 Euklidscher Algorithmus

Dieser Algorithmus dient der Bestimmung des *größten gemeinsamen Teilers* zweier ganzer Zahlen und geht auf Euklid (ca. 300 v.Chr.) zurück.

```
PROCEDURE Euklid(a, b)
IF b = 0 THEN RETURN a
  ELSE RETURN Euklid(b, a mod b)
```

Beispiel:

$$\begin{aligned} \mathit{Euklid}(21,30) &= \mathit{Euklid}(30,21) \\ &= \mathit{Euklid}(21,9) \\ &= \mathit{Euklid}(9,3) \\ &= \mathit{Euklid}(3,0) \\ &= 3 \end{aligned}$$

Die Korrektheit des Euklidschen Algorithmus beruht auf folgender Beobachtung:

$$ggt(a,b) = ggt(b, a \bmod b)$$

Beweis: Wir zeigen

$$\{t \mid t \text{ teilt } a \text{ und } t \text{ teilt } b\} = \{s \mid s \text{ teilt } b \text{ und } s \text{ teilt } (a \bmod b)\}$$

woraus sich die Behauptung ergibt (denn wenn diese beiden endlichen Mengen gleich sind, müssen auch ihre größten Elemente gleich sein).

Im Folgenden reden wir immer über ganze Zahlen.

($\subseteq$) Sei $a = xt$ und $b = yt$. Dann gilt für die Zahl $r = (a \bmod b)$ die Darstellung $a = zb + r$, wobei $r < b$. Einsetzen ergibt: $xt = zyt + r$ bzw. $r = (x - yz)t$. Also ist t auch ein Teiler von r.

($\supseteq$) Sei $b = xs$ und $r = ys$, wobei $r = (a \bmod b)$. Für eine Zahl z gilt $a = zb + r$ mit $r < b$. Einsetzen ergibt: $a = zxs + ys = (zx + y)s$. Also ist s ein Teiler von a. □

Seien (a_i, b_i) die Parameter von *Euklid* beim i-ten rekursiven Aufruf und seien (a_0, b_0) die Eingabewerte. Wir betrachten eine Folge von *Euklid*-Aufrufen:

$$(a_0, b_0) \mapsto (a_1, b_1) \mapsto \cdots \mapsto (a_k, b_k)$$

Hierbei ist $b_k = 0$, $a_k = ggt(a_0, b_0)$. Ferner gilt $a_{i+1} = b_i$ und $b_{i+1} = (a_i \bmod b_i)$ für $i = 0, \ldots, k-1$.

Wir behaupten, dass für $i = 0, \dots, k-2$ gilt: $b_i > 2b_{i+2}$.

Beweis: Es gilt $b_i = a_{i+1} = xb_{i+1} + b_{i+2}$ für eine Zahl $x \geq 1$. Außerdem gilt $b_{i+2} < b_{i+1}$. Einsetzen von $x = 1$ ergibt die Abschätzung $b_i \geq b_{i+1} + b_{i+2} > 2b_{i+2}$, was zu zeigen war. □

Somit ergibt sich:

$$b_0 > 2b_2 > 4b_4 > 8b_6 > \cdots > 2^{(k-1)/2} b_{k-1} \geq 2^{(k-1)/2}$$

sofern k ungerade ist (den Fall, dass k gerade ist, kann man ähnlich behandeln). Hieraus folgt $b_0 > 2^{(k-1)/2}$ bzw. $k < 1 + 2\log b_0$. Das heißt, die Anzahl der Iterationsschritte (rekursiven Aufrufe) von *Euklid* ist $O(\log b)$, wobei b der zweite Eingabeparameter ist.

In dieser Situation, bei der die Eingaben natürliche Zahlen sind, sollte mittels der Bit-Komplexität abgeschätzt werden (vgl. Abschnitt 1.8). Wir nehmen an, die Eingabezahlen a, b besitzen höchstens n Bits in der Binärdarstellung. Also gilt $a, b < 2^n$. Die Bitkomplexität von *Euklid* ist somit

$$\begin{aligned} &(\text{Anzahl Iterationen}) \cdot (\text{Bit-Komplexität für eine Iteration}) \\ &= O(\log b) \cdot O(n^2) \;=\; O(n^3) \end{aligned}$$

Hierbei ist die Bit-Komplexität einer einzelnen Iteration im wesentlichen durch den Aufwand für eine Multiplikation/Division gegeben, nämlich $O(n^2)$.

7.6 Erweiterter Euklidscher (Berlekamp-) Algorithmus

Die folgende Behauptung gibt eine interessante Charakterisierung des größten gemeinsamen Teilers („Vielfachsummendarstellung“, „Lemma von Bézout“).

Behauptung: Es gilt $ggt(a,b) = \min\Big(\{ax + by \mid x, y \in \mathbb{Z}\} \cap \mathbb{N}_+\Big)$.

Beweis: Sei s das kleinste Element von $\{ax + by \mid x, y \in \mathbb{Z}\}$, das größer als 0 ist. Seien hierzu $x, y \in \mathbb{Z}$ mit $s = ax + by$.

Wir zeigen zunächst, dass s sowohl a als auch b teilt. Hierzu betrachten wir

$$\begin{aligned} (a \bmod s) &= a - qs \quad (q \in \mathbb{N}) \\ &= a - q(ax + by) \\ &= a\underbrace{(1 - qx)}_{\in \mathbb{Z}} + b\underbrace{(-qy)}_{\in \mathbb{Z}} \end{aligned}$$

Daher liegt $(a \bmod s)$ auch in der Menge $\{ax + by \mid x, y \in \mathbb{Z}\}$. Da s aber das *kleinste* positive Element dieser Menge ist, und da $0 \leq (a \bmod s) < s$, folgt $(a \bmod s) = 0$, also ist s ein Teiler von a. Analog zeigt man, dass s ein Teiler von b ist. Daher ist s ein gemeinsamer Teiler von a und b und daher kleiner-gleich dem *größten* gemeinsamen Teier von a und b, also $s \leq ggt(a, b)$.

Als Nächstes beobachten wir, dass $ggt(a, b)$ sowohl ein Teiler von a als auch ein Teiler von b ist. Damit ist $ggt(a, b)$ auch ein Teiler der Linearkombination $ax + by = s$. Insbesondere muss gelten $ggt(a, b) \leq s$. Damit folgt $s = ggt(a, b)$. □

Wir wollen den Euklidschen Algorithmus nun so erweitern, dass zusätzlich zum $ggt(a, b)$ auch entsprechende Zahlen x, y mit $ax + by = ggt(a, b)$ ausgegeben werden. Es bleibt bei der grundsätzlichen (rekursiven Aufruf-) Struktur des Euklidschen Algorithmus', es werden nur ein paar zusätzliche Berechnungen „eingeklinkt". Daher treffen dieselben Komplexitätsaussagen auf diesen Algorithmus zu wie beim Euklidschen Algorithmus (nämlich Bit-Komplexität $O(n^3)$). Dieser Algorithmus heißt in der Literatur auch *Berlekamp-Algorithmus*:

PROCEDURE *Extended-Euklid*(a, b)
$\{$Berechnet das Tripel $(ggt(a, b), x, y)$ mit $ggt(a, b) = ax + by\}$
IF $b = 0$ THEN RETURN $(a, 1, 0)$
ELSE
  (d, x', y') :=*Extended-Euklid*$(b, a \bmod b)$
  $(d, x, y) := (d, y', x' - \lfloor a/b \rfloor \cdot y')$
  RETURN (d, x, y)

Wir begründen nun die Korrektheit von *Extended-Euklid*. Offensichtlich ist *Extended-Euklid* korrekt, wenn $b = 0$. In diesem Fall wird $x = 1$ und $y = 0$ zurückgeliefert. Dieses ist korrekt, denn $ggt = a = ax + by = a \cdot 1 + 0 \cdot 0$.

Nehmen wir nun an, der rekursive Aufruf im Innern von *Extended-Euklid* liefert ein korrektes Ergebnis (d, x', y'), das heißt $d = bx' + (a \bmod b)y'$. Dann gilt:

$$\begin{aligned} ay' + b(x' - \lfloor a/b \rfloor \cdot y') &= ay' + bx' - b\lfloor a/b \rfloor \cdot y' \\ &= bx' + (a - b\lfloor a/b \rfloor) \cdot y' \\ &= bx' + (a \bmod b) \cdot y' \\ &= d \end{aligned}$$

Das heißt, auch in diesem Fall ist das Ergebnis von *Extended-Euklid*(a, b) korrekt.

Das Folgende ist ein Beispiel für den Ablauf von *Extended-Euklid*; zunächst wird die linke Spalte (von oben nach unten) entwickelt, und während *Extended-Euklid* aus seinen rekursiven Aufrufen zurückkehrt, werden die Daten in der rechten Spalte (von unten nach oben) berechnet. Das Ergebnis von *Extended-Euklid*$(21, 30)$ ist $(3, 3, -2)$. (Man prüft sofort nach, dass $3 \cdot 21 + (-2) \cdot 30 = 3 = ggt(21, 30)$).

a	b	d	x	y
21	30	3	3	−2
30	21	3	−2	3
21	9	3	1	−2
9	3	3	0	1
3	0	3	1	0

Was kann man nun mit der zusätzlichen Information x, y anfangen? Man kann zum Beispiel multiplikative Inverse modulo n bestimmen. Dazu überlegen wir uns zunächst, wann solche multiplikativen Inversen existieren.

Betrachten wir zunächst die Struktur $(\mathbb{Z}_n, +_{\text{mod } n})$. Hierbei ist $\mathbb{Z}_n = \{0, \ldots, n-1\}$ und $+_{\text{mod } n}$ bezeichnet die Addition modulo n, also $a +_{\text{mod } n} b = (a + b) \bmod n$. Man prüft leicht nach, dass diese algebraische Struktur eine kommutative Gruppe ist. (Das zu a inverse Element ist hierbei $n - a$, denn $a +_{\text{mod } n} (n - a) = 0$).

Wie sieht es mit der modularen Multiplikation aus? Es stellt sich heraus, dass wir genau dann eine (kommutative) Gruppe erhalten (und damit die Existenz und Eindeutigkeit multiplikativer inverser Elemente), wenn wir als Grundmenge

$$\mathbb{Z}_n^* = \{a \in \{1, \ldots, n-1\} \mid ggt(a, n) = 1\}$$

wählen. Das heißt, $(\mathbb{Z}_n^*, *_{\text{mod } n})$ ist eine Gruppe.

Beispiel: $\mathbb{Z}_{15}^* = \{1, 2, 4, 7, 8, 11, 13, 14\}$.

In dieser Gruppe ist die 1 das neutrale Element und die Existenz inverser Elemente ergibt sich durch Anwendung des Extended-Euklid Algorithmus wie folgt: Sei $a \in \mathbb{Z}_n^*$, also $ggt(a, n) = 1$. Wenn wir *Extended-Euklid*(a, n) berechnen, so erhalten wir ein Tripel (d, x, y) zurück mit $d = 1 = ax + ny$. Daraus folgt $ax \equiv 1 \pmod{n}$. Also ist x (bzw. $x \bmod n$) ein multiplikatives Inverses zu a. Auf diese Weise kann man also mittels *Extended-Euklid* auf effiziente Weise multiplikative Inverse modulo n bestimmen.

Überzeugen wir uns noch davon, dass $(x \bmod n) \in \mathbb{Z}_n^*$. Hierzu müssen wir zeigen, dass $ggt(x \bmod n, n) = 1$.

Sei $e = ggt(x \bmod n, n) = ggt(x, n)$. Dann ist

$$e = \min\Big(\underbrace{\{ux + nv \mid u, v \in \mathbb{Z}\}}_{=:\, M} \cap \mathbb{N}_+\Big)$$

Wegen $1 = ggt(a,n) = ax + ny$ liegt die 1 ebenfalls in M (nämlich mittels $u = a$ und $v = y$). Da e das kleinste Element von M ist, das größer als 0 ist, muss $e = 1$ sein.

Wir beobachten schließlich noch, dass für Primzahlen n gilt $\mathbb{Z}_n^* = \{1, 2, \ldots, n-1\} = \mathbb{Z}_n - \{0\}$. Daher ist leicht einzusehen, dass für Primzahlen n die algebraische Struktur $(\mathbb{Z}_n, +_{\text{mod } n}, *_{\text{mod } n})$ ein Körper ist.

7.7 Chinesischer Restsatz

Gegeben seien 2 (im allgemeinen: n) modulare Gleichungen:

$$\begin{aligned} x \bmod n_1 &= r_1 \\ x \bmod n_2 &= r_2 \end{aligned}$$

Hierbei sind n_1, n_2 teilerfremd (also $ggt(n_1, n_2) = 1$). Die Frage lautet: Existiert eine entsprechende Lösung x – und wie groß muss das Such-Intervall sein, so dass man sicher sein kann, darin ein solches x zu finden?

Der *Chinesische Restsatz* besagt, dass es zu jedem möglichen Restepaar $(r_1, r_2) \in \{0, \ldots, n_1 - 1\} \times \{0, \ldots, n_2 - 1\}$ im obigen Gleichungssystem genau eine Lösung x in der Menge $\{0, \ldots, n_1 n_2 - 1\}$ gibt. Es ist klar, dass es umgekehrt auch zu jedem $x \in \{0, \ldots, n_1 n_2 - 1\}$ ein Paar (r_1, r_2) gibt, das obige Gleichungen erfüllt. Da der Bildbereich $\{0, \ldots, n_1 n_2 - 1\}$ und der Urbildbereich $\{0, \ldots, n_1 - 1\} \times \{0, \ldots, n_2 - 1\}$ dieselbe Mächtigkeit haben, liegt hier also eine *bijektive* Abbildung vor.

Beispiel: Seien $n_1 = 5$ und $n_2 = 8$. Die folgende Tabelle repräsentiert die bijektive Zuordnung von Restepaaren $(r_1, r_2) \in \{0, \ldots, 4\} \times \{0, \ldots, 7\}$ zu Lösungen $x \in \{0, \ldots, 39\}$.

	0	1	2	3	4	5	6	7
0	0	25	10	35	20	5	30	15
1	16	1	26	11	36	21	6	31
2	32	17	2	27	12	37	22	7
3	8	33	18	3	28	13	38	23
4	24	9	34	19	4	29	14	39

Die Nützlichkeit des chinesischen Restsatzes beruht auf der Tatsache, dass man (modulare) Arithmetik (Addition, Subtraktion, Multiplikation), die man in der „großen“

Grundmenge $\{0, \ldots, n_1 n_2 - 1\}$ durchführen möchte, aufsplitten kann in mehrere (hier: 2) Operationen auf den kleineren Grundmengen $\{0, \ldots, n_1 - 1\}$ und $\{0, \ldots, n_2 - 1\}$. Falls also x die Reste (r_1, r_2) bei Division durch (n_1, n_2) lässt, und y die Reste (s_1, s_2), so ergibt $x + y$ die Reste $((r_1 + s_1) \bmod n_1, (r_2 + s_2) \bmod n_2)$.

Eine andere Anwendung des chinesischen Restsatzes besteht darin, dass man eine Folge mehrerer (kleiner) Zahlen $r_1 < n_1, r_2 < n_2, \ldots$ in eine einzige (große) Zahl codieren kann. (Beim Gödelschen Unvollständigkeitssatz wird diese Technik verwendet).

Das algorithmische Problem besteht darin, zwischen beiden Darstellungen der Zahl x hin und her zu wechseln. Die eine Richtung, nämlich das Berechnen der Reste r_1 und r_2 bei Division von x durch n_1 und n_2 ist kein Problem. Wie sieht es jedoch mit der umgekehrten Richtung aus?

Gegeben seien r_1, r_2 und n_1, n_2, gesucht ist eine Zahl $x \in \{0, \ldots, n_1 n_2 - 1\}$, die die beiden modularen Eingangsgleichungen erfüllt. Wir setzen

$$x = (r_2 n_1 m_1 + r_1 n_2 m_2) \bmod n_1 n_2$$

wobei m_1 das multiplikative Inverse von n_1 modulo n_2 und m_2 das multiplikative Inverse von n_2 modulo n_1 ist. Formal ausgedrückt:

$$\begin{aligned} n_1 m_1 \bmod n_2 &= 1 \\ n_2 m_2 \bmod n_2 &= 1 \end{aligned}$$

Algorithmisch können diese multiplikativen Inversen mittels des erweiterten Euklidschen Algorithmus gefunden werden.

Die obige Darstellung von x ist tatsächlich korrekt: Wenn wir modulo n_1 rechnen, so erhalten wir $x = 0 + r_1 \cdot 1 = r_1$, da der erste Summand den Faktor n_1 enthält und der zweite Summand den Faktor $n_2 m_2 = 1$. Wenn wir modulo n_2 rechnen, so erhalten wir entsprechend $x = r_2 \cdot 1 + 0 = r_2$, und damit erfüllt x also obiges Gleichungssystem.

Was wir für den Fall von 2 modularen Gleichungen gemacht haben, läßt sich leicht auf k Gleichungen $x \bmod n_i = r_i$ $(i = 1, \ldots, k)$ verallgemeinern. Sei $n = \prod_{i=1}^{k} n_i$. Die simultane Lösung x dieser Gleichungen ist dann gegeben durch $x = \sum_{i=1}^{k} r_i (n/n_i) m_i$, wobei m_i das multiplikative Inverse von (n/n_i) modulo n_i ist.

Bemerkung: Unsere Formel für x (im Fall $k = 2$) erforderte zwei Anwendungen des Berlekamp-Algorithmus', um die zwei geforderten multiplikativen Inversen zu bestimmen. Tatsächlich geht es auch mit einer einzigen Anwendung, indem man die Formel $x = (r_1 - r_2) \cdot n_2 \cdot m + r_2$ verwendet, wobei m multiplikatives Inverses von n_2 modulo n_1 ist. Dies bestätigt man leicht durch Nachrechnen. Diese Form der Berechnung lässt sich jedoch schlecht auf allgemeines n verallgemeinern.

7.8 Berechnen der modularen Potenzfunktion

Betrachten wir die Bit-Komplexität der verschiedenen Rechenoperationen modulo einer Zahl n. Hierbei seien a, b, n jeweils Zahlen mit höchstens m Bits. Die Addition von a und b (modulo n) kann man mit Komplexität $O(m)$ ausführen, indem man zunächst a und b wie gewöhnlich bitweise addiert und dann ggfs. n subtrahiert. Für die Multiplikation benötigen wir $O(m^2)$. Für das Bestimmen von Inversen mittels *Extended-Euklid* haben wir die Komplexität $O(m^3)$.

Aber wie sieht es mit der Berechnung der modularen Potenzfunktion, also $a^b \pmod n$ aus? Es ist nicht effizient, diese Funktion auf die Weise $\underbrace{a \cdot a \cdots a}_{b\text{-mal}} \pmod n$ zu berechnen. Dies ergäbe die Bit-Komplexität $O(m^2 2^m)$.

Es geht wesentlich besser, indem man die Zahl b zunächst in ihre Binärdarstellung entwickelt: $b = (b_k b_{k-1} \dots b_1 b_0)_2$. Anhand der Binärdarstellung kann man durch fortgesetztes Quadrieren (und Multiplikation mit a, falls $b_i = 1$) die Potenz berechnen. Der folgende Algorithmus führt dies aus.

```
PROCEDURE Mod-Exp(a, b, n)
{Berechnet a^b (mod n)}
Die Binärdarstellung von b sei b_k b_{k-1} ... b_1 b_0
d := 1
FOR i := k DOWNTO 0 DO
  d := (d · d) mod n
  IF b_i = 1 THEN d := (d · a) mod n
RETURN d
```

Zur Begründung der Korrektheit dieser Prozedur kann man wie folgt argumentieren. Die ersten Bits (bis auf das letzte) der Binärdarstellung von b repräsentieren eine gewisse Zahl c; das letzte Bit von b sei $x \in \{0, 1\}$. Dann ist $b = 2c + x$. Angenommen, $d = a^c$. Dann gilt

$$a^b = a^{2c+x} = d^2 a^x = \begin{cases} d^2, & x = 0, \\ d^2 a, & x = 1. \end{cases}$$

Hiermit wird die Berechnung, die pro Schleifendurchlauf getätigt wird, begründet.

Da die Anzahl der Schleifendurchläufe gleich der Anzahl der Bits von b ist, und da pro Schleifendurchlauf höchstens 2 Multiplikationen nötig sind, ist die Bit-Komplexität von *Mod-Exp* $O(m^3)$.

7.9 Primzahltesten

Wir erinnern uns, dass

$$\mathbb{Z}_n^* = \{a \in \{1, \ldots, n-1\} \mid ggt(a, n) = 1\}$$

Die *Euler-Funktion* ist definiert durch $\varphi(n) = |\mathbb{Z}_n^*|$. Es ist klar, dass immer $1 \leq \varphi(n) \leq n-1$ gilt, wobei $\varphi(n) = n-1$ genau dann gilt, wenn n eine Primzahl ist.

Satz. (Euler) Für alle $n \geq 2$ und alle $a \in \mathbb{Z}_n^*$ gilt: $a^{\varphi(n)} \equiv 1 \pmod{n}$.

Beweis: Sei $\mathbb{Z}_n^* = \{z_1, z_2, \ldots, z_{\varphi(n)}\}$. Im Folgenden seien alle Multiplikationen und Gleichungen modulo n zu verstehen. Betrachte nun die Menge

$$a\mathbb{Z}_n^* = \{az_1, az_2, \ldots, az_{\varphi(n)}\}$$

Alle Elemente in dieser Menge sind paarweise verschieden (denn $z_i \neq z_j \Rightarrow az_i \neq az_j$). Daher gilt $\mathbb{Z}_n^* = a\mathbb{Z}_n^*$. Deshalb können wir folgern

$$\prod_{i=1}^{\varphi(n)} z_i = \prod_{i=1}^{\varphi(n)} (az_i) = a^{\varphi(n)} \cdot \prod_{i=1}^{\varphi(n)} z_i$$

da auf beiden Seiten dieselbe Menge von Zahlen aufmultipliziert wird. Indem man beide Seiten mit $\left(\prod_{i=1}^{\varphi(n)} z_i\right)^{-1}$ multipliziert, folgt $1 = a^{\varphi(n)}$. □

Aus dem Satz von Euler ergibt sich durch spezielle Wahl von n als Primzahl der folgende Satz.

Satz. (Fermat) Für alle Primzahlen n und $a \in \{1, \ldots, n-1\}$ gilt $a^{n-1} \equiv 1 \pmod{n}$.

Die Umkehrung des Satzes von Fermat gilt leider nicht; aber doch „fast", denn es gibt nur sehr wenige, rar vorkommende Gegenbeispiele. Das Folgende ist ein „fast richtiger", effizienter Primzahltest:

```
PROCEDURE Pseudo-Prim(n)
IF Mod-Exp(2, n − 1, n)=1
  THEN RETURN „wahrscheinlich Primzahl"
  ELSE RETURN „keine Primzahl"
```

Folgende „Fehlerquoten“ sind bekannt: Sei n eine Zufallszahl mit 50 (bzw. 100) Dezimalziffern. Dann ist die Wahrscheinlichkeit, dass n durch obigen Algorithmus fälschlicherweise als Primzahl deklariert wird, nicht größer als 10^{-6} (bzw. 10^{-13}).

(Zum Vergleich: Die Wahrscheinlichkeit für einen Lottogewinn ist $7 \cdot 10^{-8}$; die Wahrscheinlichkeit, innerhalb eines Jahres von einem Blitz (bzw. Meteor) getroffen zu werden, ist 10^{-7} (bzw. 10^{-12})).

Man könnte die Fehlerquote noch weiter verkleinern, indem man nicht nur auf $2^{n-1} \equiv 1 \pmod{n}$, sondern zusätzlich auch auf $3^{n-1} \equiv 1 \pmod{n}$ (und evtl. weitere Basiszahlen) testet. Es gibt allerdings Zahlen n, die keine Primzahlen sind, und die den Test $a^{n-1} \equiv 1 \pmod{n}$ für alle $a \in \mathbb{Z}_n^*$ bestehen (sogenannte *Carmichael-Zahlen*; die kleinste ist $561 = 3 \cdot 11 \cdot 17$).

Eine prinzipielle Verbesserung bringen verschiedene probabilistische Primzahltests, die für *jede* Eingabezahl mit hoher Wahrscheinlichkeit eine korrekte Antwort bzgl. der Primzahleigenschaft liefern. Es gibt also keine systematischen Fehler mehr, die bei einigen Zahlen, wie den Carmichael-Zahlen, auftreten. Diese Tests wählen immer die Basiszahl a zufällig und führen einen Fermat-Test $a^{n-1} \equiv 1 \pmod{n}$ durch. Wenn dieser Test positiv ausgeht, also n höchstwahrscheinlich eine Primzahl ist, aber doch die Chance besteht, dass n keine Primzahl ist, wird ein weiterer Test angeschlossen. Und zwar kann man folgende Tatsache ausnutzen. Falls $n > 2$ eine Primzahl ist, so hat die 1 genau 2 Quadratwurzeln modulo n. Viele Nicht-Primzahlen, einschließlich der Carmichael-Zahlen, besitzen dagegen mindestens 4 Quadratwurzeln der 1 modulo n. (Beispiel: $1 \equiv 1^2 \equiv 20^2 \equiv 8^2 \equiv 13^2 \pmod{21}$). Falls nun der Fermat-Test $a^{n-1} \equiv 1 \pmod{n}$ positiv ausgeht, so bietet sich an, zu testen, ob $a^{(n-1)/2} \equiv 1$ oder $\equiv n-1$ gilt. Falls nicht, so kann n keine Primzahl sein. In dem folgenden probabilistischen *Miller-Rabin-Primzahltest* sind mehrere dieser zusätzlichen Tests in die Berechnung der Potenz a^{n-1} eingeflochten, welche nach dem *Mod-Exp* Prinzip durchgeführt wird.

```
PROCEDURE test(a, n)
Sei b_k ... b_0 die Binärdarstellung von n − 1
d := 1
FOR i := k DOWNTO 0 DO
  x := d ; d := (d · d) mod n
  IF (d = 1) AND (x ≠ 1) AND (x ≠ n − 1)
    THEN RETURN TRUE
  IF b_i = 1 THEN d := (d · a) mod n
RETURN (d ≠ 1)
```

Aufgerufen wird dieser Test vom nachfolgenden eigentlichen Programm. Hierbei ist s ein „Sicherheitsparameter“, über den die Fehlerwahrscheinlichkeit eingestellt werden kann.

```
PROCEDURE Miller-Rabin(n, s)
FOR i := 1 TO s DO
  RANDOM a IN {1, ..., n − 1}
  IF test(a, n) THEN RETURN „keine Primzahl“
RETURN „Primzahl“
```

Man kann zeigen (hier ohne Beweis), dass die Wahrscheinlichkeit, fälschlicherweise „Primzahl“ auszugeben, pro Aufruf von *test*(a, n) höchstens 1/2 ist. Die Prozedur *test* wird insgesamt s mal aufgerufen. Daher ist die Wahrscheinlichkeit, jedesmal einen Fehler zu machen, höchstens $(1/2)^s$. Um also die Fehlerwahrscheinlichkeit von zum Beispiel 10^{-10} zu erreichen, muss man $s = 33$ wählen.

Viele kryptographischen Anwendungen benötigen zufällige Primzahlen mit etwa 100 Dezimalstellen. Diese kann man wie folgt erhalten:

```
REPEAT
  Wähle eine 100-stellige Zufallszahl n
UNTIL n ist Primzahl
```

Nun könnte es sein, dass man viel zu viele Schleifendurchläufe machen muss, bis man eine Primzahl gefunden hat. Dass dies aber nicht so ist, garantiert der Primzahlsatz: für die Anzahl der Primzahlen bis zur Zahl n gilt $\pi(n) \sim n/\ln n$. Daher ist die Wahrscheinlichkeit im Intervall $\{1, \ldots, n\}$ bei zufälliger Auswahl eine Primzahl zu finden, etwa $1/\ln n$. Das heißt, im Durschnitt benötigt man $\ln n$ viele Versuche, bis man eine Primzahl gefunden hat. Beispielweise gilt $\ln 10^{100} \approx 230$.

Eine weitere Bemerkung: Wir haben also gesehen, dass es effiziente Primzahltests gibt (mit dem Abstrich, dass diese probabilistisch sind und eine gewisse Fehlerquote in sich tragen). Wenn der Primzahltest aber „keine Primzahl“ ausgibt, so handelt es sich um eine Zahl, die sich in nicht-triviale Faktoren zerlegen lässt. Wir sind aber weit davon entfernt, solche Faktoren in effizienter Weise zu erhalten. Nehmen wir an, n ist das Produkt zweier 100-stelliger Primzahlen p und q. Die Aufgabe, aus einer solchen gegebenen Zahl $n = pq$ die Faktoren p und q rückzugewinnen, ist auch mit heutigen Computern eine „praktisch unlösbare“ Aufgabe. Eine solche Berechnung würde Jahrtausende dauern.

Viele kryptographische Anwendungen (z.B. das RSA-Verfahren) bedienen sich genau dieser Diskrepanz: Primzahl-Testen geht einfach, Primfaktoren zu finden, ist schwierig.

Kapitel 8

String Matching

Wir betrachten folgende, sehr häufig vorkommende Aufgabe: Gegeben seien ein *Text* $T[1..n]$ und ein *Muster* oder *Pattern* $P[1..m]$ mit $m \leq n$. Die Elemente von T bzw. P entstammen hierbei einem vorgegebenen Alphabet Σ. Wir sagen, dass das Muster P im Text T mit *Shift* s vorkommt, falls gilt:

$$T[s+1,\ldots,s+m] = P[1,\ldots,m]$$

Die Aufgabe besteht darin, alle Shifts s auszugeben, so dass P in T mit Shift s vorkommt. (Einen solchen Shift nennen wir im Folgenden auch einen *zulässigen Shift*).

Eine Variante der Aufgabe bestünde darin, nur den *ersten* zulässigen Shift s zu finden.

Der naive Algorithmus für die obige Aufgabe arbeitet wie folgt:

```
FOR s := 0 TO n − m DO
  IF test(s) THEN output s
```

wobei

```
PROCEDURE test(s)
FOR j := 1 TO m DO
  IF P[j] ≠ T[s + j]
    THEN RETURN FALSE
RETURN TRUE
```

Die Komplexität von diesem Algorithmus ist $O((n-m+1)\cdot m) = O(n \cdot m)$. Die Frage ist, ob es auch Algorithmen gibt, die mit linearem Aufwand bezogen auf die Eingabelänge arbeiten, also mit Komplexität $O(n+m)$. Wir werden solche Algorithmen in den nächsten Abschnitten vorstellen.

8.1 Rabin-Karp-Algorithmus

Die Idee bei diesem Algorithmus ist, zunächst das Pattern P mittels einer Hashfunktion auf ein wesentlich kleineres Wort (oder Zahl) $h(P)$ abzubilden, so dass dieses in eine Speicherzelle passt (also mit Komplexität $O(1)$ verarbeitet werden kann). Im weiteren Verlauf des Matching-Vorgangs werden anstelle der Originaltextabschnitte der Länge m deren Hashwerte mit $h(P)$ verglichen. Sollten die Hashwerte nicht übereinstimmen, so kann unmittelbar das Vergleichsfenster weitergeschoben werden. (Man spricht anschaulich auch davon, dass von dem Pattern ein „Fingerabdruck" genommen wird; also eine vergleichsweise kurze Information, die jedoch das Pattern (nahezu) eindeutig identifiziert.

Nur wenn die Hashwerte übereinstimmen, so müssen der entsprechende Textabschnitt doch Zeichen für Zeichen mit P verglichen werden, da eine Kollision mit einem Text ungleich P stattgefunden haben kann. Wir können also nicht unbedingt sicher sein, dass aus $h(P) = h(T[s+1..s+m])$ folgt $P = T[s+1..s+m]$.

Ein weiterer Trick besteht darin, dass das Neu-Berechnen der Hashfunktion nach Verschieben des zu betrachtenden Textfensters mit Aufwand $O(1)$ geschehen kann, wenn man eine Hashfunktion nach der Kongruenzmethode verwendet.

Beispiel: Sei $\Sigma = \{0, \ldots, 9\}$ das zugrundeliegende Alphabet. Soll beim laufenden Text $T = \ldots 12345678 \ldots$ das Fenster der Größe $m = 6$ von 123456 nach 234567 weitergeschoben werden, so können wir annehmen, dass $h = h(123456) = 123456 \bmod q$ bereits berechnet wurde. Um $h' = h(234567) = 234567 \bmod q$ zu bestimmen, rechne man nur $h' = ((h - 1 \cdot u) * |\Sigma| + 7) \bmod q$, wobei $u = 10^{m-1} \bmod q$. Das heißt, die Ziffer 1 vorne wird entfernt; der Rest mit der Basiszahl $|\Sigma|$ multipliziert, und dann hinten die neue Ziffer 7 angefügt. Alle Zwischenrechnungen können modulo q gerechnet werden.

Der folgende Algorithmus führt dies aus.

Sei q eine von vorneherein festgelegte (oder zufällig gewählte) Zahl, die die weiter unten im Text diskutierten Bedingungen erfüllt

$p := 0;\ \ t := 0;\ \ u := |\Sigma|^{m-1} \bmod q$

FOR $i := 1$ TO m DO

  $p := (|\Sigma| \cdot p + P[i]) \bmod q$

  $t := (|\Sigma| \cdot t + T[i]) \bmod q$

```
FOR s := 0 TO n − m DO
  IF p = t THEN
    IF test(s) THEN output s
  IF s < n − m THEN
    t := ((t − T[s + 1] · u) · |Σ| + T[s + m + 1]) mod q
```

Die Anforderungen an die Zahl q sind die folgenden: Die Zahl q sollte in eine Speicherzelle passen, so dass alle Rechnungen modulo q mit Aufwand $O(1)$ ausgeführt werden können. (Besser noch: $|\Sigma| \cdot q$ sollte in eine Speicherzelle passen, da solche Zahlen als Zwischenergnisse – vor der Reduktion modulo q – auftreten können). Ferner empfiehlt es sich – genauso wie bei der Kongruenzmethode (Seite 74) – q als Primzahl zu wählen, um eine gute Streuung der Hashwerte zu erreichen. Andererseits sollte q nicht zu klein gewählt werden, da sonst zu oft Kollisionen zu erwarten sind. Die Zahl q sollte größer als die Patternlänge m sein.

Wenn man die Primzahl q zufällig aus einem festgelegten Zahlenintervall zieht, so befreien wir uns von dem jeweils möglichen schlechtesten Fall. Dies bietet dieselbe Art von Vorteil wie beim universal hashing (Abschnitt 3.3) diskutiert.

Im schlechtesten Fall hat der Rabin-Karp-Algorithmus dieselbe Komplexität wie der naive Algorithmus, nämlich $O(m \cdot n)$. Wenn zum Beispiel $T = a^n$ und $P = a^m$, so ist jeder Shift ein zulässiger Shift, so dass derselbe Aufwand wie beim naiven Algorithmus entsteht.

Es ist aber realistischer anzunehmen, dass das Pattern im Text nicht sehr häufig vorkommt, etwa nur $O(1)$-mal. In diesem Fall hat der Rabin-Karp-Algorithmus die mittlere Komplexität

$$O(m) + O(n) + (O(1) + (\text{mittlere Anzahl der Kollisionen})) \cdot O(m)$$

Für die meisten Texte und Pattern wird die Anzahl der Kollisionen in etwa der statistischen Trefferhäufigkeit entsprechen. Das heißt, es sind $n/q \leq n/m$ Kollisionen zu erwarten. Dies eingesetzt erhalten wir damit die mittlere Komplexität $O(n + m)$.

8.2 String Matching mit endlichen Automaten

Was den naiven Algorithmus ineffizient macht, ist dass bei einer aufgefundenen Nicht-Übereinstimmung (einem „mismatch“) zwischen dem Pattern P und dem Textfenster $T[s + 1..s + m]$ dieses Textfenster nur um eine Position weitergeschoben geschoben wird. Evtl. lässt sich aus dem bereits gelesenen Teil von $T[s + 1..s + m]$ schließen, dass ein größerer Shift möglich ist als 1.

Diese Idee kann mittels endlicher Automaten realisiert werden. Anhand des Patterns $P = P[1..m]$ wird ein endlicher Automat konstruiert. Dieser hat $m + 1$ Zustände $0, 1, \ldots, m$, wobei 0 der Startzustand ist und m der Endzustand, welcher signalisiert, dass das Pattern erkannt wurde, also dass ein zulässiger Shift aufgefunden wurde.

Der Automat enthält die folgenden Übergänge, die dafür sorgen, dass bei Lesen des Patterns Schritt für Schritt in den Endzustand übergegangen wird:

$$\delta(i - 1, P[i]) = i \quad (i = 1, 2, \ldots, m)$$

Skizze:

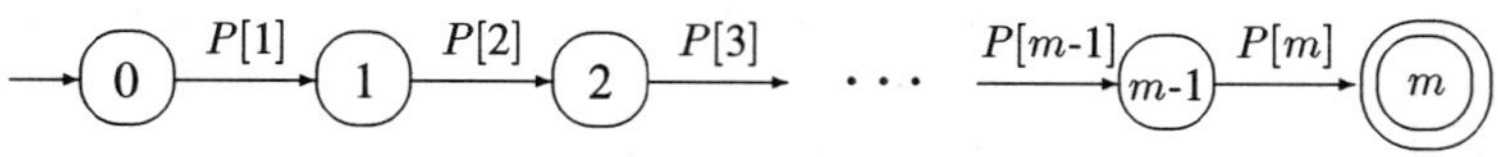

Dies nennen wir den *Skelettautomaten*. Dieser ist natürlich noch kein vollständig beschriebener endlicher Automat, denn es fehlen noch die Übergange $\delta(i - 1, a)$ für $a \neq P[i]$, $i = 1, \ldots, m$ und die Übergänge vom Zustand m aus. Diese Übergänge entsprechen gerade der Situation bei einem mismatch. Und zwar muss dabei berücksichtigt werden, dass ein Suffix von $P[1] \ldots P[i-1]a$ wieder ein Präfix des Patterns sein kann, und daher muss zu einem entsprechenden Zustand, der diesen partiellen match repräsentiert, zurückgesprungen werden.

Die entsprechende Definition ist die folgende: Es gilt

$$\delta(i, a) = \begin{cases} \max\{k \leq i \mid P[1..k] \text{ ist Endstück von } P[1..i]a\}, \\ \quad \text{falls das Maximum existiert} \\ 0, \quad \text{sonst} \end{cases}$$

Beispiel: Das Pattern sei *ananas* und $\Sigma = \{a, n, s\}$. Dann ergibt sich der folgende Automat.

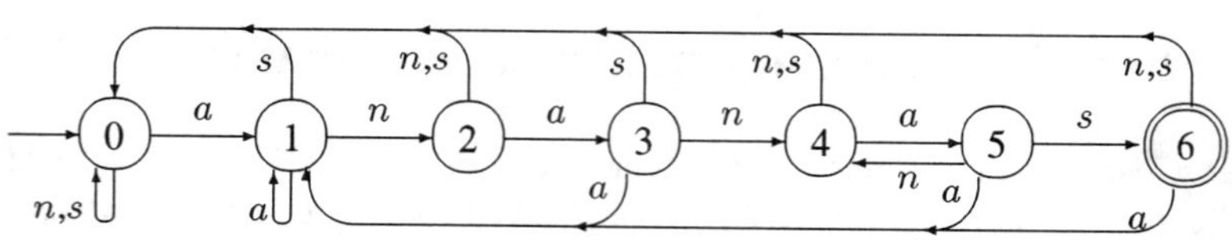

Beispielsweise gilt der Übergang $\delta(5, n) = 4$, weil das Wort $P[1..4] = anan$ ein Endstück von $P[1..5]n = ananan$ ist. (Das Wort $P[1..2] = an$ wäre zwar auch ein Endstück; jedoch ist das *maximale* k auszuwählen).

Der Algorithmus läuft nun so ab, dass zunächst anhand des Patterns der entsprechende endliche Automat aufgebaut wird, und dann der Text mit Hilfe des endlichen Automaten Symbol für Symbol verarbeitet wird. Jedesmal, wenn der Automat in den Endzustand gerät, wird ein zulässiger Shift gemeldet.

Konstruiere den endlichen Automaten
$z := 0$
FOR $i := 1$ TO n DO
  $z := \delta(z, T[i])$
  IF $z = m$ THEN output $i - m$

Dieser Algorithmus arbeitet in der Zeit $O(|\Sigma|m + n)$. Hierbei wird zur Konstruktion der Übergangstabelle des endlichen Automaten schon ein recht kleverer Algorithmus vorausgesetzt, wenn dies in der Zeit $O(|\Sigma|m)$ (also linear in der Größe der Automaten-Übergangstabelle) gehen soll. Wir verzichten auf eine explizite Angabe eines solchen Algorithmus, da die in den nächsten Abschnitten besprochenen Algorithmen noch effizienter sind.

8.3 Knuth-Morris-Pratt Algorithmus

Beim String-Matching mit endlichen Automaten ist das Erstellen der Automaten-Übergangstabelle recht aufwendig. Es ist eine zweidimensionale Tabelle mit $|\Sigma| \cdot (m + 1)$ Einträgen erforderlich. Der folgende Algorithmus von Knuth-Morris-Pratt verwendet konzeptionell dieselbe Idee, nur wird stattdessen eine weniger aufwendige, eindimensionale Tabelle mit m Einträgen verwendet. Diese „Verschiebetabelle“ beruht allein auf der Patterninformation und kann in linearer Zeit in der Patternlänge konstruiert werden.

Nehmen wir an, ein Teil des Patterns wurde bereits mit dem Text verglichen, bis ein mismatch auftritt:

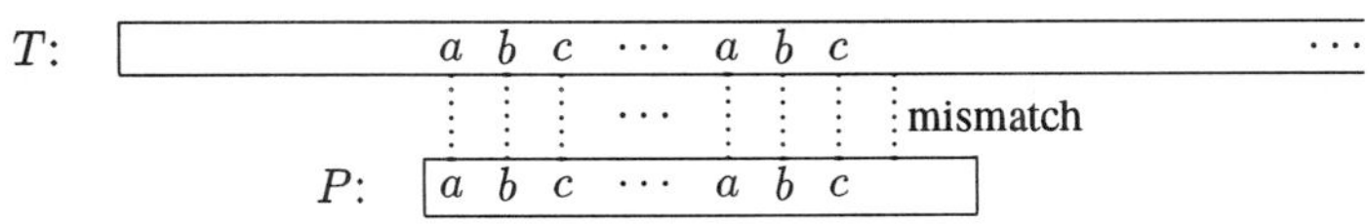

Bei diesem Beispiel kann das Pattern im nächsten Schritt soweit verschoben werden, bis der Teil „*abc*“ wieder zur Deckung gebracht wird. Dazwischenliegende Verschiebepositionen können ausgeschlossen werden. Ferner brauchen in diesem Fall die ersten 3 Zeichen des Patterns nicht noch einmal mit dem Text verglichen zu werden.

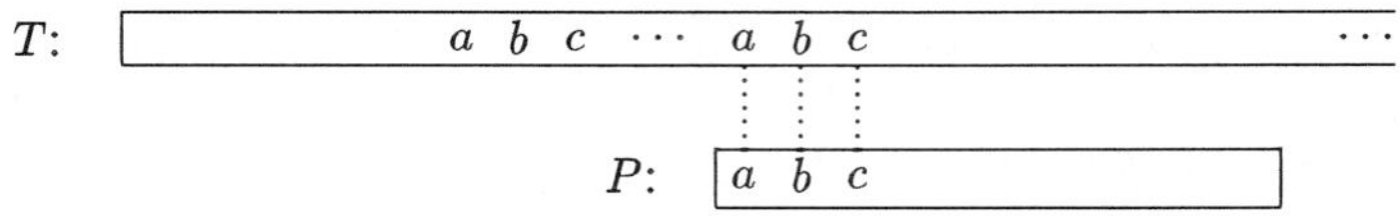

Wesentlich ist hier, dass der Teil des Patterns vor der mismatch-Stelle identisch ist mit einem Anfangsstück des Patterns. Was wir beim Knuth-Morris-Pratt Algorithmus zunächst berechnen, ist die folgende Verschiebetabelle $\Pi[1..m]$ mit

$$\Pi[q] \; = \; \max\{k < q \mid P[1..k] = P[q-k+1..q]\,\} \quad (q = 1, \ldots, m)$$

Beispiel: Für das Pattern $ananas$ ergibt sich folgende Tabelle:

i	1	2	3	4	5	6
P	a	n	a	n	a	s
Π	0	0	1	2	3	0

Wir verschieben zunächst das Problem, die Verschiebetabelle zu berechnen. Der eigentliche Algorithmus arbeitet wie folgt:

```
Berechne die Verschiebetabelle Π[1..m]
q := 0
FOR i := 1 TO n DO
  WHILE (q > 0) AND (P[q + 1] ≠ T[i]) DO q := Π[q]
  IF P[q + 1] = T[i] THEN q := q + 1
  IF q = m THEN
    output i − m
    q := Π[q]
```

Hierbei ist i die aktuelle, zu vergleichende Textposition; q ist die Zahl der Positionen, in denen momentan das Pattern und der Text übereinstimmen; m ist die Patternlänge; n ist die Textlänge.

In der WHILE-Schleife wird im Falle eines mismatches (nämlich $(P[q+1] \neq T[i])$) der Wert von q anhand der Verschiebetabelle reduziert ($q := \Pi[q]$), danach wird die fragliche Pattern-Position $q+1$ wieder mit dem Text verglichen, usw. Wenn schließlich Übereinstimmung zwischen $P[q+1]$ und $T[i]$ festgestellt wird, kann das „Fenster" um eine Position erweitert werden (also $q := q+1$ und $i := i+1$). Ein match tritt genau dann auf (und wird entsprechend ausgegeben), wenn q den Wert m erreicht.

Zur Komplexitätsanalyse: Programmtechnisch wurden oben zwei ineinander verschachtelte Schleifen verwendet, wobei die äußere von 1 bis n läuft, und die innere, die WHILE-Schleife, schlimmstenfalls den Wert von q von m in Einerschritten bis auf auf 0 reduziert. Dass die Gesamtkomplexität beider Schleifen trotzdem nicht $O(nm)$ ist, sondern nur $O(n)$, zeigt eine amortisierte Analyse. Der wesentliche Punkt hierbei ist, wenn die innere WHILE-Schleife den q-Wert mal stark reduziert hat, so muss dieser erst wieder in Einerschritten aufgebaut werden. Das hat den Effekt, dass ein solcher schlechtester Fall der inneren WHILE-Schleife nur sehr selten auftreten kann.

Das folgende Diagramm zeigt, wie sich der q-Wert typischerweise im Verlauf der beiden Schleifen verändert.

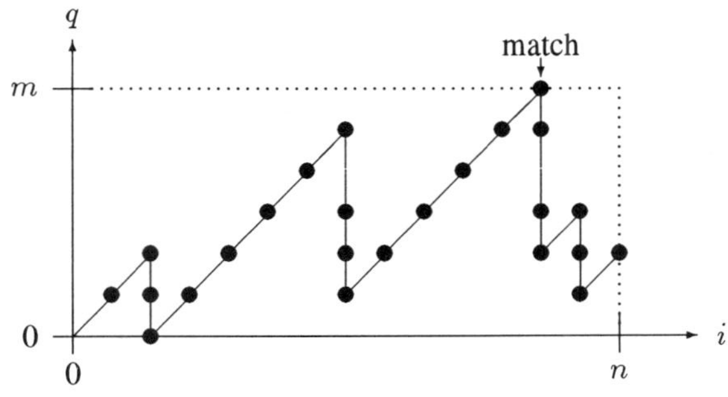

Jeder Punkt auf der Kurve entspricht einer Veränderung des q-Wertes und macht einen $O(1)$ Anteil an der Gesamtkomplexität des Knuth-Morris-Pratt Algorithmus aus (abgesehen von dem Aufwand zur Berechnung der Verschiebetabelle $\Pi[1..m]$). Es genügt also, die Anzahl der q-Wertveränderungen im Verlauf der beiden Schleifen abzuschätzen. Jeder Punkt, der auf einer aufwärts gerichteten Linie sitzt, entspricht einer Ausführung von $q := q+1$ (und $i := i+1$). Solche Punkte gibt es insgesamt n Stück, da i die Werte von 1 bis n durchläuft. Die abwärts laufenden Linien entsprechen den WHILE-Schleifendurchläufen. Jede abwärts laufende Linie kann höchstens so viele Punkte enthalten, wie auf der davorliegenden aufwärts laufenden Linie sitzen. Also gilt, dass die Anzahl der „Abwärts-Punkte" höchstens so groß ist wie die Anzahl der „Aufwärts-Punkte". Somit ist die Anzahl der Punkte insgesamt durch $2n$ beschränkt. Somit haben die beiden ineinandergeschachtelten Schleifen eine Komplexität von

$O(n)$.

Als Nächstes betrachten wir den Algorithmus zum Aufbau der Verschiebetabelle. Dieser ist konzeptionell genauso aufgebaut wie der vorige Algorithmus, nur wird hier nicht das Pattern mit dem Text verglichen, sondern das Pattern mit sich selbst.

$\Pi[1] := 0$
$k := 0$
FOR $q := 2$ TO m DO
  WHILE $(k > 0)$ AND $(P[k+1] \neq P[q])$ DO $k := \Pi[k]$
  IF $P[k+1] = P[q]$ THEN $k := k+1$
  $\Pi[q] := k$

Die Begründung zur Korrektheit dieses Programms ist analog zu der zuvor gegebenen. Hier ist q die aktuelle Patternposition, während k die Position des Anfangsabschnitts des Patterns ist, welche potenziellerweise mit dem Endstück von $P[1..q]$ übereinstimmt. Ausgehend von $\Pi[1] = 0$ lassen sich die weiteren Π-Werte mit Hilfe der bereits berechneten Π-Werte bestimmen: Sei $q > 1$ und sei k solcherart maximal gewählt, dass $P[1..k+1] = P[q-k..q]$. (Der Wert von k wird durch die WHILE-Schleife, basierend auf den bereits berechneten Π-Werten, bestimmt). Dann ergibt sich $\Pi[q] = k+1$.

Wir analysieren die Komplexität dieses Verfahrens. Die k-Werte verändern sich – in Abhängigkeit von der q-Schleife – typischerweise so wie im folgenden Diagramm dargestellt. Man beachte, dass der k-Wert höchstens den Wert $q-1$ annehmen kann (entspricht der gestrichelten Linie).

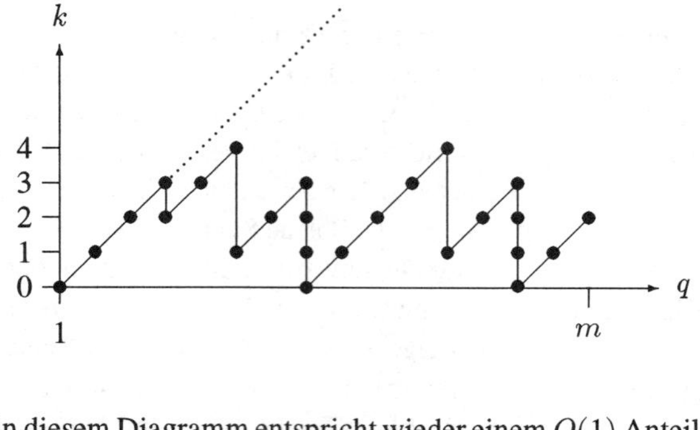

Jeder Punkt in diesem Diagramm entspricht wieder einem $O(1)$ Anteil an Komplexität. Es gilt also, die maximal mögliche Anzahl der Punkte abzuschätzen. Es gibt höchstens

m Punkte, die auf einer aufwärts führenden Linie sitzen, da diese mit einer Erhöhung des q-Wertes einhergehen und q nur die Werte von 1 bis m durchläuft. Für jeden Punkt auf einer abwärts führenden Linie gibt es zuvor einen Punkt auf einer aufwärts gerichteten Linie, der auf derselben Höhe sitzt. Daher kann die Anzahl der Punkte nach oben mit $2m = O(m)$ abgeschätzt werden.

Insgesamt ergibt sich daher für die Komplexität des Knuth-Morris-Pratt Algorithmus die worst-case Komplexität $O(m + n)$.

8.4 Boyer-Moore Algorithmus

Wir wollen noch einen weiteren schnellen String-Matching-Algorithmus, allerdings nur skizzenhaft, vorstellen. Grundsätzlich ist hier auch die Idee vorhanden, das Pattern am Text entlangzuschieben, und beim Feststellen eines mismatches das Pattern um einen möglichst großen Abschnitt weiterzuschieben.

Die neue Idee hierbei ist, die Vergleiche zwischen dem Textabschnitt (der Länge m) und dem Pattern nicht wie bisher von links nach rechts, sondern *von rechts nach links* durchzuführen; vgl. folgende Skizze.

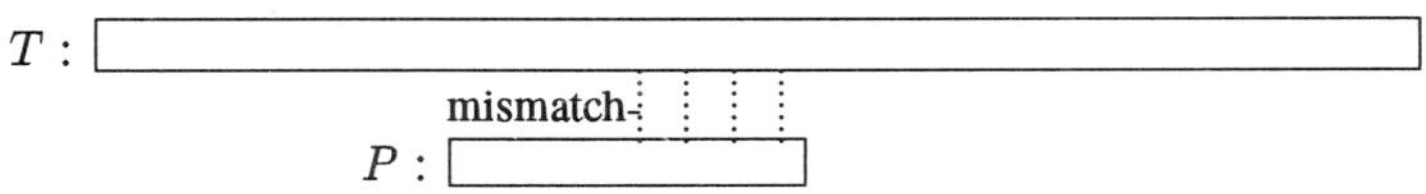

Es ist möglich, dass nach dem Feststellen eines mismatches sehr große Verschiebungen, evtl. bis zur Größenordnung der Patternlänge m, durchgeführt werden können. Im Idealfall (der wohl auch nicht weit vom Durchschnittsfall entfernt ist; dieser ist aber schwer zu analysieren) ergibt sich die folgende Situation: falls Pattern $P[1..m]$ und Textabschnitt $T[s + 1..s + m]$ verschieden sind, so kann dies bereits nach $O(1)$ Vergleichen durch einen mismatch festgestellt werden. Danach ist womöglich eine Verschiebung um $m - o(m)$ Positionen möglich, so dass der Algorithmus (abgesehen von einer Initialisierungsphase, in der irgendwelche „Verschiebetabellen" aufgebaut werden müssen) insgesamt nur die Komplexität $O(1) \cdot \frac{n}{m - o(m)} = O(n/m)$ hat. Dies wäre noch schneller als der Knuth-Morris-Pratt Algorithmus und tatsächlich ist der Boyer-Moore Algorithmus in der Praxis der schnellste String-Matching Algorithmus.

Wir müssen noch diskutieren, wie die Verschiebung des Patterns vonstatten geht. Der Boyer-Moore Algorithmus arbeitet mit zwei verschiedenen Strategien; er wählt bei jedem mismatch schließlich diejenige Strategie, die die größte Verschiebung ergibt.

1.) *Die „bad character"-Strategie:*

Nehmen wir an, es gibt beim dritten Vergleich mit dem Pattern $reminescence$ einen mismatch.

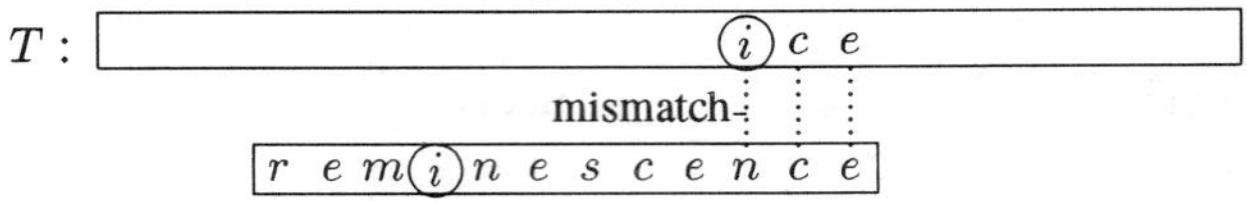

Hierbei ist das „bad character" das Zeichen i im Text. Für den nächsten potenziell möglichen match schauen wir vor der mismatch-Position nach dem am weitesten rechts vorkommenden i im Pattern nach (dieses ist eingekreist). Wir können das Pattern nun so weit verschieben, bis die beiden i's zur Deckung kommen; dazwischen kann definitiv kein match auftreten.

Nach der Verschiebung erhalten wir:

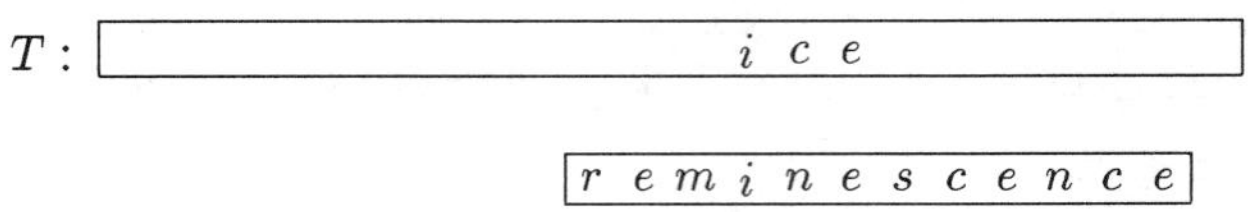

2.) *„good suffix"-Strategie:*

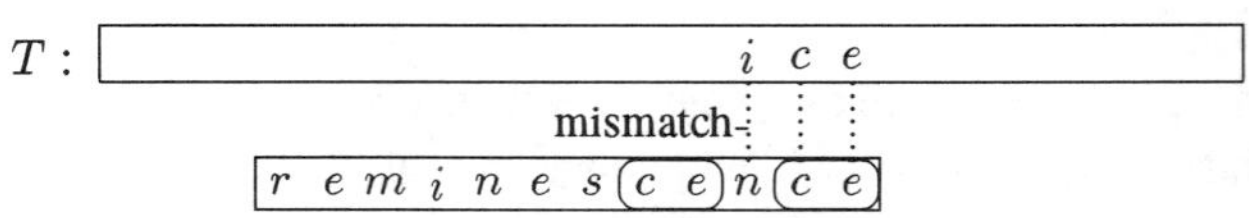

Wir suchen dieses Mal nach Feststellen eines mismatches nach dem am weitesten rechts (vor der mismatch-Position) vorkommenen „good suffix", also derjenigen Zeichenfolge (hier: ce), in der Text und Pattern übereingestimmt haben. Wir können nun das Pattern so weit verschieben, bis diese Textabschnitte zur Deckung gebracht werden:

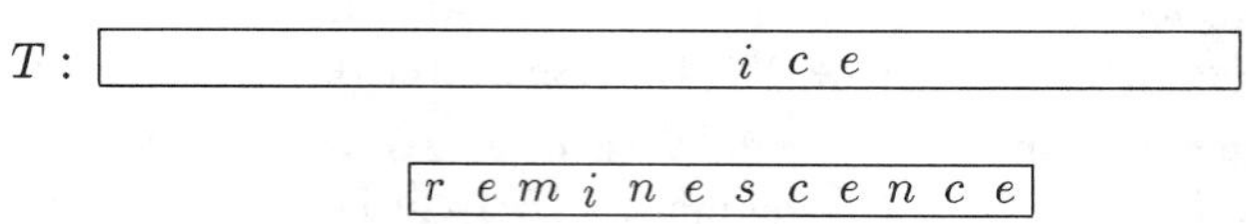

Für jede der Strategien muss zuvor eine geignete Verschiebetabelle anhand des Patterns in der Zeit $O(m)$ berechnet werden. Es wird natürlich jeweils gemäß derjenigen Strategie verfahren, die die größere Verschiebung mit sich bringt (im obigen Beispiel die bad character-Strategie).

Obwohl der Boyer-Moore Algorithmus im Mittel sehr schnell ist, ist die worst-case Komplexität allerdings miserabel; sie ist $O(mn)$, wie beim naiven Algorithmus. Man überprüft leicht, dass der schlechteste Fall zum Beispiel eintritt, wenn Text und Pattern die Form $T = a^n$ und $P = a^m$ haben.

Kapitel 9

Heuristische Algorithmen

Unter heuristischen Algorithmen verstehen wir eine Sammelbezeichnung für Algorithmen, die versuchen, eine (möglichst optimale) Lösung in einem (exponentiell) großen Lösungsraum durch eine durch „Heuristiken" gesteuerte Suche zu finden. Heuristiken sind hierbei problem-spezifische Informationen, die es ermöglichen, evtl. schneller zu einer (optimalen, oder wenigstens passablen) Lösung zu gelangen, als durch „blindes" Suchen (wie z.B. backtracking).

Wir wollen im Folgenden verschiedene Ansätze, die in diese Kategorie fallen – aber untereinander z.T. sehr unterschiedlich sind – diskutieren. Als Anwendungsbeispiel, an dem wir die verschiedenen Konzepte demonstrieren, haben wir das (NP-vollständige) Traveling Salesman Problem (TSP) gewählt, das in Abschnitt 4.3 eingeführt wurde.

Die heuristischen Verfahren lassen sich grob in zwei Klassen einteilen: Erstens, solche Verfahren, die eine Lösung sukzessive, ausgehend von der leeren Lösung, konstruieren. Zweitens, solche Verfahren, die bereits gegebene (evtl. zufällig hergestellte) Lösungen versuchen zu verbessern. Die Abschnitte 9.2 und 9.3 behandeln Verfahren der ersten Kategorie und die restlichen Abschnitte Verfahren der zweiten Kategorie. In Abschnitt 9.1 wird ein probabilistisches Verfahren diskutiert.

9.1 Randomized Rounding

Das Problem *0/1-ganzzahlige Programmierung* (oder Boolesche Optimierung) ist bekanntermaßen NP-vollständig. Hierbei seien $x_1, \dots, x_n$ Variablen, die nur die Werte 0 und 1 annehmen dürfen. Die Aufgabe besteht darin, eine Wertebelegung für die

Variablen zu finden, die eine Linearkombination

$$\sum_{i=1}^{n} a_i x_i$$

mit gegebenen Koeffizienten $a_1, \ldots, a_n$ maximiert (oder alternativ: minimiert), unter Einhaltung von Nebenbedingungen, die in Form eines Systems von linearen Ungleichungen gegeben sind:

$$\begin{array}{rcl} \sum_{i=1}^{n} b_{1,i} x_i & \leq & c_1 \\ \sum_{i=1}^{n} b_{2,i} x_i & \leq & c_2 \\ & \vdots & \\ \sum_{i=1}^{n} b_{m,i} x_i & \leq & c_m \end{array}$$

Auf Grund der NP-Vollständigkeit dieses Problems kann also jedes NP-Problem in Form einer solchen 0/1-ganzzahlige Programmierungsaufgabe niedergeschrieben werden.

Da das Problem als solches wie gesagt NP-vollständig ist, haben wir keinen effizienten Algorithmus zur exakten Lösung anzubieten. Aber, es gibt eine interessante probabilistische Methode, die in vielen Fällen recht gute Näherungslösungen liefert. Diese Methode beruht auf der Tatsache, dass das sehr ähnlich aussehende Problem, bei dem die Variablen x_i beliebige *reelle* Werte in $[0, 1]$ annehmen dürfen, effizient lösbar ist. (Man spricht in diesem Zusammenhang von *Relaxation*; dies bedeutet ein gewisses „Aufweichen" der Problemstellung, so dass effiziente Lösungsalgorithmen ermöglicht werden). Tatsächlich gibt es für diese modifizierte Problemstellung verschiedene effiziente Verfahren (z.B. den Algorithmus von Karmarkar), die wir hier nicht beschreiben wollen. (Ein recht einfach zu implementierendes Verfahren ist der Simplex-Algorithmus, der im „Durchschnittsfall" sehr effizient arbeitet, der allerdings ein exponentielles worst-case Verhalten hat. Dieser Algorithmus fällt in die Kategorie der lokalen Verbesserungsstrategien, die wir Abschnitt 9.4 ansprechen).

Wir gehen also so vor, dass wir das Problem zunächst über $[0, 1]^n$ mit einem der existierenden Verfahren exakt lösen. Die Lösung $(a_1, \ldots, a_n) \in [0, 1]^n$ für die Variablen $(x_1, \ldots, x_n)$ wird im allgemeinen aber nicht 0/1-wertig sein. Nun nehmen wir den Zufall zu Hilfe. Wir interpretieren jedes errechnete a_i als eine Wahrscheinlichkeit. Das heißt, wir führen dann n unabhängige Zufallsexperimente durch, indem wir zufällige reelle Zahlen zwischen 0 und 1 ziehen. Ist die i-te Zufallszahl $< a_i$ so setzen wir x_i auf 0; sonst setzen wir x_i auf 1. Dieses soeben beschriebene Rundungsvorgang hat den Namen *Randomized Rounding*. Je nach Kontext lässt sich zeigen, dass die erhaltene Lösung mit hoher Wahrscheinlichkeit (zulässig und) „fast optimal" ist.

9.2 Greedy-Heuristiken

In Kapitel 5 haben wir das Greedy Algorithmen-Paradigma vorgestellt, welches nach der Methode vorgeht, nur auf Grund der lokal verfügbaren Information den nächsten Lösungs-Erweiterungsschritt vorzunehmen, nämlich denjenigen, der für den Moment den größten Gewinn einbringt – bei einem Maximierungsproblem (bzw. die geringsten Kosten verursacht – bei einem Minimierungsproblem). Die Methode ist deshalb attraktiv, weil sie einfach zu implementieren und effizient ist.

Wenn die zugrundeliegende algebraische Struktur ein Matroid ist, so führt diese simple Strategie tatsächlich zum Erfolg, das heißt, es wird eine optimale Lösung gefunden. Wenn diese Voraussetzungen aber nicht gegeben sind, so wird Greedy im allgemeinen nicht erfolgreich sein. Aber trotzdem, unter Umständen wird durch die simple Greedy-Vorgehensweise auch in einem solchen Fall eine „nahezu optimale“ Lösung erreicht. Daher haben wir es mit einem effizient implementierbaren *heuristischen* Verfahren zu tun.

Betrachten wir eine sehr einfache Greedy-Heuristik für das Graphenfärbeproblem. (Gegeben ein Graph, färbe diesen mit möglichst wenigen Farben. Das Problem ist NP-vollständig). Wir ordnen nach irgendeinem Kriterium die Knoten das Graphen an. (Vernünftig ist es, die Knoten nach *absteigenden* Knotengraden zu ordnen). Dann geben wir dem ersten Knoten die Farbe 1; dem zweiten ebenso die Farbe 1, wenn er nicht mit dem ersten verbunden ist, ansonsten die Farbe 2. Der allgemeine Fall sieht so aus, dass wir immer die kleinstmögliche Farbennummer auswählen, bei der kein Konflikt mit den bisherigen Farben der Nachbarknoten entsteht. Man kann leicht Beispiele angeben, an denen man erkennt, dass das Verfahren nicht immer die bestmögliche Färbung findet (sonst gilt $P = NP$!).

Das *Mengenüberdeckungsproblem* besteht darin, bei einer gegebenen Menge von Teilmengen von $\{1, \ldots, n\}$ eine minimale Auswahl zu treffen, so dass jedes Element $i \in \{1, \ldots, n\}$ in mindestens einer Menge der Auswahl vorkommt. (Effiziente Verfahren für diese Aufgabe sind zum Beispiel bei der Minimierung von Booleschen Schaltkreisen gefragt). Eine Greedy-Heuristik drängt sich hier geradezu auf: man wähle sukzessive immer diejenige Menge aus, die die meisten noch nicht ausgewählten Elemente enthält. Leider sind die solcherart erzeugten Mengenauswahlen im allgemeinen nicht minimal.

Angewandt auf das Traveling Salesman Problem wäre das Folgende eine mögliche Realisierung einer Greedy-Heuristik-Idee: Konstruiere sukzessive eine Rundreise, indem man vom aktuellen Standort aus immer die *nächstliegende* Stadt, die vorher noch nicht besucht wurde, auswählt und besucht („Nearest Neighbor Heuristic“). Am Schluss kehrt man zur Ausgangsstadt zurück. (Wir gehen hier davon aus, dass von jeder Stadt aus zu jeder anderen eine mögliche Verbindung existiert).

Diese Heuristik liefert mäßige Ergebnisse. Die erzeugten Rundreisen enthalten zu Beginn zwar viele kurze Kanten, dann aber kommt es vor, dass eigentlich zu besuchende Knoten „übersehen“ werden, da sie von der aktuellen Position zu weit entfernt sind. Am Schluss aber müssen diese Knoten von einer noch weiter entfernten Position dann doch besucht werden, da keine unbesuchten Knoten mehr übrigbleiben.

Trotzdem können die mit einer solch einfachen Heuristik erzeugten Rundreisen nützlich sein, wenn man anschließend eine Methode der Nach-Verbesserung durchführt (siehe Abschnitt 9.4 und die danach folgenden Abschnitte). Die Komplexität des Verfahrens ist $O(n^2)$, denn jeder der $n-1$ Erweiterungsschritte erfordert eine Minimumssuche mit Komplexität $O(n)$.

Kleverer ist dann schon folgende Greedy-Methode: Wir starten mit einer kurzen Tour, die nur über die zwei am dichtesten zueinander liegenden Knoten führt. In jedem Schritt wird diese Tour dann um einen weiteren Knoten erweitert, bis schließlich alle Knoten mit einbezogen sind. Welcher der noch nicht involvierten Knoten als nächster in die Tour integriert werden soll, das ist die Frage. Hier gibt es verschiedene Varianten, die untersucht wurden. Die Methode, die sich in praktischen Versuchen als die beste erwiesen hat, ist „Farthest Insertion“: Man wählt unter den noch nicht integrierten Knoten denjenigen, dessen Minimalabstand zu einem Knoten, der bereits auf der Tour liegt, *maximal* ist. Nicht viel schlechter verhält sich „Random Insertion“: Man wählt einen zufälligen, noch nicht integrierten Knoten. Der betreffende Knoten wird dann so in die Tour zwischen zwei Knoten eingefügt, dass die Zunahme der Tourenlänge minimal bleibt.

Es mag wundern, dass Farthest Insertion besser ist als das eigentlich offensichtlichere „Nearest Insertion“. Der Grund liegt intuitiv darin, dass Farthest Insertion schon nach relativ wenigen Schritten eine Tour erzeugt, die in der globalen Kontur der endgültigen Tour ähnelt.

Die Komplexität von Farthest Insertion und von Random Insertion ist $O(n^2)$.

In der Praxis noch besser verhält sich folgende Greedy-Heuristik: Man wählt zunächst einen beliebigen Knoten $v \in V$ als „Basisknoten“ aus. Zur Initialisierung des Verfahrens legt man von diesem Basisknoten aus sternförmig $n-1$ viele kurze Rundreisen $v-x-v$ zu jedem Knoten $x \in V-\{v\}$ an. Sukzessive werden nun in einer Schleife je zwei verschiedene, über v laufende Rundreisen T_1, T_2 ausgewählt, so dass $\{v, x\}$ eine Kante auf T_1 und $\{v, y\}$ eine Kante auf T_2 ist. Aus den beiden Touren T_1, T_2 wird nun eine einzige gemacht, indem man die Kanten $\{v, x\}, \{v, y\}$ streicht und statt dessen die Kante $\{x, y\}$ hinzunimmt.

Skizze:

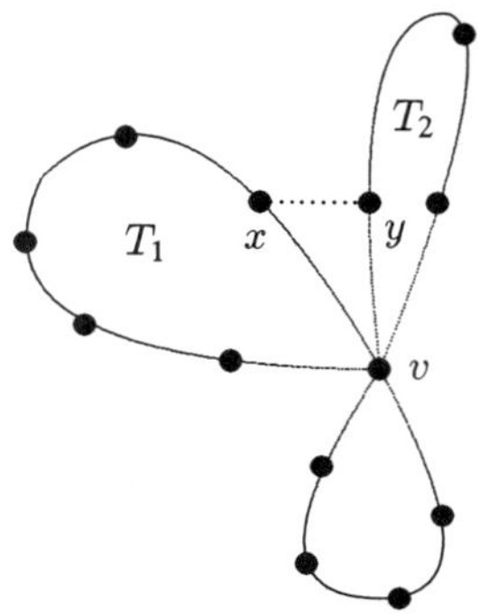

Und zwar wählt man in jedem Schritt dasjenige Paar T_1, T_2 und deren Knoten x, y aus, welches die Kostenersparnis $w(\{v, x\}) + w(\{v, y\}) - w(\{x, y\})$ maximiert.

Implementieren lässt sich das Verfahren, indem man die Touren T_i als verkettete Listen darstellt. Jede Tour hat im allgemeinen zwei Endpunkte, die für den oben beschriebenen Vereinigungsvorgang in Frage kommen. Beim Einrichten einer Tour wird zugleich für die beiden Endpunkte der günstigste Endpunkt derjenigen Nachbartour vermerkt, mit welcher gegebenenfalls zu vereinigen ist. Der Vereinigungsvorgang erfordert das Zusammenfügen zweier Listen. Nach dem Vereinigungsvorgang erfolgt ein update bzgl. der günstigsten Nachbarn, welcher ungünstigenfalls die Komplexität $O(n^2)$ hat. Daher können wir die Komplexität des Verfahrens insgesamt mit $O(n^3)$ abschätzen.

9.3 Branch-and-Bound

Bei Verfahren nach dem Branch-and-Bound Prinzip wird der Lösungsraum (implizit) so strukturiert, dass er eine Baumstruktur darstellt. Hierbei entspricht die leere Lösung, die noch zu jeder beliebigen Lösung erweitert werden kann, der Wurzel. Dieser Baum, oder ein Teil davon, wird nach einem bestimmten Prinzip erzeugt, das an den Dijkstra-Algorithmus (bzw. den A^*-Algorithmus aus der Künstlichen Intelligenz) erinnert. Sobald ein neuer Knoten erzeugt wurde, wird für diesen eine gewisse untere Schranke b (bound) berechnet. Diese besagt, dass keine Lösung, die sich unterhalb des betreffenden Knotens befindet, einen kleineren (also besseren) Wert als b haben kann. Das bedeutet, dass alle Lösungen, die Erweiterungen der betreffenden partiellen

Lösung darstellen, einen Wert haben müssen, der $\geq$ dem berechneten bound für die partielle Lösung ist. (Wir gehen hier von einem Minimierungsproblem aus). Wie ein solcher bound berechnet werden kann, ist problem-spezifisch und wird weiter unten am Beispiel des TSP erläutert.

Im nächsten Schritt, dem Branch-Schritt, werden die bounds aller bisherigen Baumblätter miteinander verglichen, und dasjenige Blatt mit dem kleinsten bound wird expandiert; das heißt, es werden seine Nachfolger generiert. Danach werden deren bounds bestimmt, und so weiter. Um dasjenige Blatt mit dem kleinsten bound effizient zu bestimmen, empfiehlt sich die Information über die aktuellen Baumblätter in einer Priority Queue zu organisieren (vgl. Abschnitt 5.8).

Wenn bei diesem Verfahren ein Ast so weit entwickelt wurde, dass das entsprechende Blatt eine vollständige Lösung darstellt und dessen Wert im Vergleich zu allen anderen bounds minimal ist, dann ist garantiert, dass diese Lösung optimal ist, denn alle anderen momentanen Baumblätter können höchstens noch zu Lösungen erweitert werden mit einem schlechteren oder demselben Wert.

Die Idee des Verfahrens ist also, dass viele der Verzweigungen nicht weiter betrachtet werden müssen, da sie einen zu großen bound erhalten haben. Daher braucht der Baum i.a. nicht vollständig entwickelt zu werden und die Komplexität bleibt im Erträglichen. (Im worst-case hat die Methode aber i.a. exponentielle Komplexität).

Als Nächstes diskutieren wir die Branch-and-Bound Methode am Beispiel des TSP (vgl. Abschnitt 4.3). Gegeben sei also eine Entfernungsmatrix $M[1..n, 1..n]$, die die Entfernungen der Städte $1, \ldots, n$ untereinander angibt. Für das Folgende ist es am besten, Kanten, die nicht vorhanden sind oder nicht mehr gewählt werden können, mit dem Eintrag ∞ zu versehen. Insbesondere gehen wir bei der Ausgangsmatrix davon aus, dass $M[i, i] = \infty$ für alle $i = 1, \ldots, n$ gilt.

Den Verzweigungsschritt (Branch) organisieren wir solcherart, dass wir zunächst einen Eintrag (i, j) der Matrix auswählen, der nicht unendlich ist. Die beiden Nachfolger der Matrix M sind die beiden neuen Entfernungsmatrizen M' und M'', wobei in M' bzw. M'' einige Einträge solcherart auf unendlich gesetzt werden, dass M' diejenigen Rundreisen symbolisiert, die die Kante (i, j) benutzen, während für M'' diejenigen Rundreisen relevant sind, die die Kante (i, j) *nicht* benutzen. Wir erreichen dies dadurch, dass wir $M''[i, j] = \infty$ setzen. Was M' betrifft, so setzen wir $M'[i, k] = \infty$ für $k \neq j$ und $M'[l, j] = \infty$ für $l \neq i$. Ferner setzen wir $M'[j, i] = \infty$. Alle diese Kantenauswahlen können ausgeschlossen werden, wenn die Rundreise über (i, j) verläuft.

Wie bestimmen wir den bound, also eine (möglichst gute) untere Schranke für die Güte der unterhalb von M erreichbaren Lösung? Hierzu beobachten wir folgendes.

Seien $a_1, a_2, \ldots, a_n$ die Werte einer festgehaltenen Zeile (oder Spalte) von M. Sei $m = \min\{a_1, a_2, \ldots, a_n\}$. Indem wir diese Zeile (bzw. Spalte) von M modifizieren zu $a_1 - m, a_2 - m, \ldots, a_n - m$ erhalten wir eine neue Entfernungsmatrix M' mit der Eigenschaft, dass für jede Lösung π von M mit Wert c die entsprechende Lösung π für M' den Wert $c - m$ hat (und umgekehrt). Das heißt, wenn π eine optimale Lösung für M ist mit minimalem (Entfernungs-) Wert, so ist π auch minimal für M' mit einem um m reduzierten Wert. Die Optimierungsprobleme M und M' sind also – bis auf die Werteverschiebung um m – äquivalent.

Den einer Matrix M zugeordneten bound berechnen wir algorithmisch wie folgt: Wir reduzieren jede Zeile von M und erhalten hierbei die Reduktionswerte $m(1), \ldots, m(n)$. Dann reduzieren wir noch jede Spalte und erhalten die Werte $m(n+1), \ldots, m(2n)$. Der bound für die Matrix M ist dann $\sum_{i=1}^{2n} m(i)$.

Der folgende Algorithmus berechnet den bound von M.

```
PROCEDURE bound(M)
b := 0
FOR i := 1 TO n DO
  min := ∞
  FOR j := 1 TO n DO
    IF M[i,j] < min THEN min := M[i,j]
  b := b + min
  FOR j := 1 TO n DO M[i,j] := M[i,j] − min
FOR j := 1 TO n DO
  min := ∞
  FOR i := 1 TO n DO
    IF M[i,j] < min THEN min := M[i,j]
  b := b + min
  FOR i := 1 TO n DO M[i,j] := M[i,j] − min
RETURN b
```

Beispiel: Die folgende Matrix M

$$\begin{bmatrix} \infty & 10 & 15 & 20 \\ 5 & \infty & 9 & 10 \\ 6 & 13 & \infty & 12 \\ 8 & 8 & 9 & \infty \end{bmatrix}$$

wird wie folgt zunächst zeilen-reduziert:

$$\begin{bmatrix} \infty & 0 & 5 & 10 \\ 0 & \infty & 4 & 5 \\ 0 & 7 & \infty & 6 \\ 0 & 0 & 1 & \infty \end{bmatrix}$$

was den Wert $10 + 5 + 6 + 8 = 29$ ergibt. Die anschließende Reduktion nach den Spalten liefert

$$\begin{bmatrix} \infty & 0 & 4 & 5 \\ 0 & \infty & 3 & 0 \\ 0 & 7 & \infty & 1 \\ 0 & 0 & 0 & \infty \end{bmatrix}$$

was einen weiteren Wertgewinn von 6 ergibt. Dies macht zusammen 35. Also ist *bound*(M)=35.

Dies ist eine untere Schranke für die zu erwartende Rundreiselänge in M, denn eine optimale Rundreise in M entspricht einer optimalen Rundreise in der reduzierten Matrix. Letztere hat mindestens den Wert 0. Also hat die kürzeste Rundreise in M mindestens den Wert $\sum_{i=1}^{2n} m(i)$.

Das folgende Beispiel zeigt den Ablauf des Branch-and-Bound Algorithmus auf demselben Beispiel wie in Abschnitt 4.3.

$$\begin{bmatrix} \infty & 10 & 15 & 20 \\ 5 & \infty & 9 & 10 \\ 6 & 13 & \infty & 12 \\ 8 & 8 & 9 & \infty \end{bmatrix}$$

bound = 35

$\neg 2,1$ $2,1$

$$\begin{bmatrix} \infty & 10 & 15 & 20 \\ \infty & \infty & 9 & 10 \\ 6 & 13 & \infty & 12 \\ 8 & 8 & 9 & \infty \end{bmatrix} \qquad \begin{bmatrix} \infty & \infty & 15 & 20 \\ 5 & \infty & \infty & \infty \\ \infty & 13 & \infty & 12 \\ \infty & 8 & 9 & \infty \end{bmatrix}$$

bound = 34   bound = 40

¬3,1 | 3,1

$$\begin{bmatrix} \infty & 10 & 15 & 20 \\ \infty & \infty & 9 & 10 \\ \infty & 13 & \infty & 12 \\ 8 & 8 & 9 & \infty \end{bmatrix} \qquad \begin{bmatrix} \infty & 10 & \infty & 20 \\ \infty & \infty & 9 & 10 \\ 6 & \infty & \infty & \infty \\ \infty & 8 & 9 & \infty \end{bmatrix}$$

bound = 39 | bound = 34

¬4,2 | 4,2

$$\begin{bmatrix} \infty & 10 & \infty & 20 \\ \infty & \infty & 9 & 10 \\ 6 & \infty & \infty & \infty \\ \infty & \infty & 9 & \infty \end{bmatrix} \qquad \begin{bmatrix} \infty & \infty & \infty & 20 \\ \infty & \infty & 9 & 10 \\ 6 & \infty & \infty & \infty \\ \infty & 8 & \infty & \infty \end{bmatrix}$$

bound = 35 | bound = 43

¬2,4 | 2,4

$$\begin{bmatrix} \infty & 10 & \infty & 20 \\ \infty & \infty & 9 & \infty \\ 6 & \infty & \infty & \infty \\ \infty & \infty & 9 & \infty \end{bmatrix} \qquad \begin{bmatrix} \infty & 10 & \infty & \infty \\ \infty & \infty & \infty & 10 \\ 6 & \infty & \infty & \infty \\ \infty & \infty & 9 & \infty \end{bmatrix}$$

bound = 45 | bound = 35
Lösung:
1–2–4–3–1

Die ermittelte Lösung mit dem bound 35 (was der Länge der Rundreise entspricht) ist nun garantiertermaßen optimal, da es im entwickelten Baum kein Blatt gibt, das einen geringeren bound hat und damit noch zu einer besseren Lösung führen könnte.

Zusammenfassend sind die wesentlichen Bestandteile des Branch-and-Bound Ansatzes die Folgenden: Erstens muss eine Baumstruktur über den Lösungsraum gelegt werden; auf diese Weise werden die Branch-Schritte definiert. Zweitens muss eine

Methode gefunden werden, wie man möglichst gute bounds berechnen kann, um so den zu entwickelnden Baum nicht allzusehr „auswuchern“ zu lassen, sondern möglichst zielstrebig auf die optimale Lösung zuzusteuern.

Manchmal wird nur eine (pessimistische) *Schätzung* für die Güte der zu erwartenden optimalen Lösung verwendet; gelegentlich sind solche Schätzungen viel einfacher zu erhalten als eine garantierte untere Schranke. Wenn man eine solche Schätzfunktion für den bound in dem Verfahren einsetzt, so muss nicht mehr garantiertermaßen die optimale Lösung gefunden werden. In diesem Fall wird die Branch-and-Bound Methode zu einer *approximativen* Methode Aber möglicherweise wird auf diese Weise in recht effizienter Weise eine nahezu optimale Lösung gefunden. Diese Thematik wird in der Künstlichen Intelligenz im Zusammenhang mit dem sog. A^*-Algorithmus diskutiert.

Branch-and-Bound ist natürlich in symmetrischer Weise auch auf *Maximierungsprobleme* anwendbar (wobei der bound dann natürlich eine *obere* Schranke darstellen muss).

9.4 Lokale Verbesserungsstrategien

Die Idee besteht darin, mit einer beliebigen (zufällig oder systematisch gewählten) Lösung zu beginnen, und diese dann in einer zufälligen Weise durch gewisse lokale, geringfügige Veränderungen zu „mutieren“. Sollte diese Veränderung eine Verbesserung gebracht haben, so wird diese neue Lösung übernommen. Die Methode wird manchmal auch *hill climbing* oder *local search* genannt.
Der folgende Algorithmus skizziert dieses Vorgehen.

```
Erzeuge eine Anfangslösung l
REPEAT
  Modifiziere l zufällig zu l'
  IF Lösung l' ist besser als l THEN l := l'
UNTIL längere Zeit keine Verbesserung mehr eingetreten
Gib l als akzeptable Lösung aus
```

Das Problem bei diesem Vorgehen ist, dass man möglicherweise in einem lokalen Optimum hängenbleiben kann und das globale Optimum nicht findet. Das folgende Bild skizziert den Verlauf der Lösungsverbesserungen.

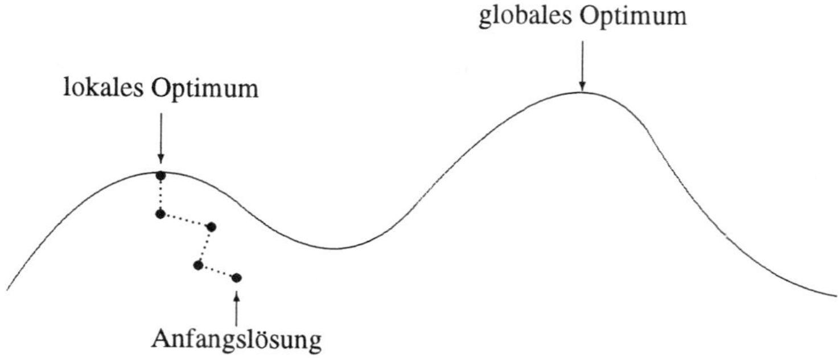

Dem Problem der lokalen Optima kann dadurch begegnet werden, dass man das Verfahren wiederholt ausführt mit immer wieder neuen zufälligen Anfangslösungen.

Es gibt einen recht erfolgreichen Algorithmus für das TSP, der nach dieser lokalen Verbesserungsmethode vorgeht. Gegeben sei dieses Mal eine *symmetrische* Entfernungsmatrix $M[1..n, 1..n]$. Außerdem nehmen wir (wie in Abschnitt 9.2) an, dass *alle* Kanten in dem zugrundeliegenden Graphen vorhanden sind. Dies hat die Konsequenz, dass *jede* Permutation eine zulässige Lösung ist.

In der Initialisierungsphase wird eine zufällige Permutation aller Knoten erzeugt: $v_1, v_2, \ldots, v_n$. (Im Folgenden sei mit v_{n+1} wieder der Knoten v_1 gemeint).

Die lokalen Verbesserungsschritte vollziehen sich wie folgt („2-Opt-Heuristik“): Wähle zunächst zwei zufällige Knoten v_i und v_j. Diese dürfen auf der bisherigen Rundreise nicht direkt benachbart sein. Ferner sei (o.B.d.A.) $i < j$.

Falls jetzt

$$M[v_i, v_{i+1}] + M[v_j, v_{j+1}] \; > \; M[v_i, v_j] + M[v_{i+1}, v_{j+1}]$$

gilt, so kann die bisherige Rundreise verbessert werden. Das folgende Bild skizziert die Modifikation.

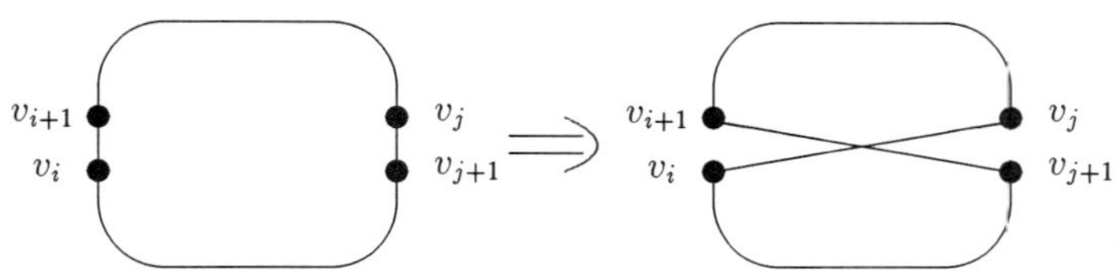

Mit anderen Worten, die bisherige Rundreise $v_1, \ldots, v_n$ wird modifiziert zu

$$v_1, v_2, \ldots v_i, \; v_j, v_{j-1}, \ldots, v_{i+2}, v_{i+1}, \; v_{j+1}, \ldots, v_n$$

Man beachte, dass der Abschnitt $v_j \ldots v_{i+1}$ in der modifizierten Rundreise in umgekehrter Richtung durchlaufen wird. Daher haben wir zu Beginn die Symmetrie der Entfernungsmatrix gefordert.

Als Nächstes wollen wir eine einfache lokale Verbesserungsstrategie für das Erfüllbarkeitsproblem für aussagenlogische Formeln in 3-konjunktiver Normalform (kurz: 3-KNF) vorstellen und analysieren. Gegeben seien eine Menge von *Klauseln* mit jeweils 3 Literalen; eine solche Klausel ist eine Formel der Form $(u \vee v \vee w)$, wobei

$$u, v, w \in \{x_1, \ldots, x_n\} \cup \{\overline{x_1}, \ldots, \overline{x_n}\}$$

Die Klauseln selber sind mittels „$\wedge$“ miteinander verknüpft.

Beispiel: $F = (\overline{x_1} \vee x_2 \vee \overline{x_3}) \wedge (\overline{x_1} \vee x_2 \vee x_3) \wedge (x_1 \vee x_2 \vee \overline{x_3})$ ist eine Formel in 3-KNF.

Es ist ein Algorithmus gesucht, der feststellt, ob eine solche Formel *erfüllbar* ist, also ob es eine Belegung der Variablen mit Wahrheitswerten $\in \{0,1\}$ gibt, so dass F den Wert 1 erhält. Beispielsweise ist $x_1 \mapsto 0$, $x_2 \mapsto 1$, $x_3 \mapsto 0$ eine erfüllende Belegung für obige Formel.

Dieses Problem ist eines der bekanntesten NP-vollständigen Probleme; das heißt insbesondere, dass kein effizienter Algorithmus für das Problem bekannt ist. Betrachten wir den folgenden simplen Algorithmus:

Wähle eine zufällige Anfangsbelegung $a = a_1 a_2 \ldots a_n \in \{0,1\}^n$
WHILE es gibt eine Belegung a', die sich von a nur in einem bit
  unterscheidet, und die mehr Klauseln von F auf 1 setzt als a DO
    Wähle eine solche Belegung a'
    $a := a'$
RETURN a

Sofern die Eingabeformel F unerfüllbar ist, so wird die Ausgabe des Algorithmus' sicher keine erfüllende Belegung sein. In diesem Fall ist der Algorithmus (sozusagen trivialerweise) korrekt.

Falls die Formel F jedoch erfüllbar ist, so sei a^* eine erfüllende Belegung. Die zufällige Anfangsbelegung a stimmt im Durchschnitt mit $n/2$ vielen bits von a^* überein. Wir gehen bei den nachfolgenden Betrachtungen von der Vorbedingung aus, dass a und a^* in *mindestens* $n/2$ vielen bits übereinstimmen. Durch eine geringe Anzahl von unabhängigen Wiederholungen des Algorithmus' haben wir eine große Chance, dass diese Vorbedingung mindestens einmal erfüllt ist.

Unter dieser Vorbedingung wollen wir nun abschätzen, für wieviele Formeln der obige Algorithmus zum Erfolg führt und eine erfüllende Belegung, nämlich a^*, findet. Hierzu nehmen wir (im Sinne einer average-case Analyse) an, die Formel F werde zufällig generiert, indem man aus der Menge K aller Klauseln mit 3 Literalen, die unter der Belegung a^* den Wert 1 erhalten, eine zufällige Auswahl trifft. Das heißt, jede Klausel in K wird unabhängig mit Wahrscheinlichkeit 1/2 ausgewählt.

Sei a' eine beliebige Belegung, die sich von a in genau einem (sagen wir dem i-ten) bit unterscheidet; und zwar in einem bit, in dem sich auch a und a^* unterscheiden. Wenn wir von der Belegung a zur Belegung a' übergehen, wie sieht die Bilanz, was die Anzahl der erfüllten Klauseln von F betrifft, dann aus? Wir wollen zeigen, dass der Übergang von a nach a' mit großer Wahrscheinlichkeit erfolgreich ist, also zu einer echt größeren Anzahl erfüllter Klauseln führt. Sei N_1 die Anzahl der Klauseln in K, die unter a den Wert 0, aber unter a' den Wert 1 haben. Diese Klauseln nennen wir die ***günstigen*** Klauseln, sie sind genau dadurch charakterisiert, dass sie die Variable x_i enthalten (mit der richtigen „Polung"), sowie irgendwelche zwei weiteren Variablen (die ebenso richtig „gepolt" sein müssen, so dass sie unter a und a' den Wert 0 haben). Daher ist

$$N_1 = \binom{n-1}{2} = n^2/2 - \Theta(n)$$

Umgekehrt sei N_0 die Anzahl der Klauseln in K, die unter a den Wert 1, aber unter a' den Wert 0 haben. Diese Klauseln, die wir die *ungünstigen* Klauseln nennen wollen, sind dadurch charakterisiert, dass sie die Variable x_i (mit der richtigen, nun aber umgekehrten „Polung") enthalten und zwei weitere Variablen so wie oben. Allerdings dürfen die Indizes der beiden weiteren Variablen nicht beide aus der Menge der übereinstimmenden Indizes von a und a^* stammen. (Das ist unmöglich, denn dann würde a' eine solche Klausel mit 0 bewerten und a^* mit 1, obwohl beide Belegungen in den fraglichen Variablen übereinstimmen). Daher ist

$$N_0 \leq N_1 - \binom{n/2}{2} = 3n^2/8 - \Theta(n)$$

Das zugrundeliegende Zufallsexperiment, das die Klauselmenge F erzeugt, legt auch fest, ob mehr günstige als ungünstige Klauseln ausgewählt werden, was bedeuten würde, dass a' mehr Klauseln erfüllt als a. Wir können die Auswahl der günstigen (ungünstigen) Klauseln als ein Bernoulli-Experiment auffassen: es wird N_1 (bzw. N_0) mal unabhängig mit Wahrscheinlichkeit 1/2 ausgewählt. Sei X_1 (bzw. X_0) die zugehörige binomialverteilte Zufallsvariable. Die Belegung a' erfüllt ***höchstens so viele*** Klauseln wie a, genau dann wenn $X_1 \leq X_0$. Die Wahrscheinlichkeit $Pr(X_1 \leq X_0)$ lässt sich nach oben abschätzen durch $Pr(X_1 \leq m) + Pr(X_0 \geq m)$, für jede

Konstante m. Eine günstige Wahl für m ist der (geometrische) Mittelwert der beiden Erwartungswerte von X_1 und X_0, also $m = \sqrt{3}n^2/8$. Nun können wir abschätzen:

$$\begin{aligned} Pr(X_1 \leq m) &= \sum_{i=0}^{m} \binom{N_1}{i}(1/2)^i(1/2)^{N_1-i} \\ &= 2^{-N_1}\sum_{i=0}^{m} \binom{N_1}{i} \\ &\leq 2^{-N_1}2^{h(m/N_1)N_1} \leq (0,99551)^{n^2} \end{aligned}$$

wobei h die binäre Entropiefunktion ist, vgl. Abschnitt 1.4 und 1.10.

Ähnlich können wir abschätzen:

$$\begin{aligned} Pr(X_0 \geq m) &= \sum_{i=m}^{N_0} \binom{N_0}{i}(1/2)^i(1/2)^{N_0-i} \\ &= 2^{-N_0}\sum_{i=0}^{N_0-m} \binom{N_0}{i} \\ &\leq 2^{-N_0}2^{h((N_0-m)/N_0)N_0} \leq (0,99551)^{n^2} \end{aligned}$$

Wir fassen zusammen: Bei zufälliger Wahl der Formel F erfüllt die Belegung a' (wie oben definiert) höchstens so viele Klauseln wie a (und kommt damit als „verbesserte" Belegung nicht in Frage) mit Wahrscheinlichkeit $\leq 2 \cdot (0,99551)^{n^2}$, wobei n die Zahl der Variablen ist. Da es insgesamt $n2^{n-1}$ viele potentielle Übergänge so wie den von a nach a' gibt (dies ist die Anzahl der Kanten im n-dimensionalen „Hyperwürfel"), gilt mit Wahrscheinlichkeit $\leq n2^n(0,99551)^{n^2}$, dass der obige Algorithmus (bei Vorliegen einer Anfangsbelegung, die sich von der erfüllenden Belegung in höchstens $n/2$ bits unterscheidet), keine erfüllende Belegung findet. (Zahlenbeispiel: Für $n = 200$ ist diese Wahrscheinlichkeit für Misserfolg höchstens $2,15 \cdot 10^{-16}$).

9.5 Simulated Annealing

Dem Problem, in einem lokalen Optimum „hängenzubleiben", kann man auch mit der Methode *Simulated Annealing* (simuliertes Ausglühen oder Abkühlen) begegnen. Wie bei der Auskühlung eines Metalls oder bei der Kristallzüchtung geht man von einem flüssigen Zustand aus und überführt diesen langsam bis hin zu einem möglichst energiearmen, festen Zustand. Dabei werden evtl. auch zwischendurch Zustände höherer Energie eingenommen.

Die wesentliche Idee ist, dass mit gewisser abnehmender Wahrscheinlichkeit im Verlauf des Algorithmus' auch wieder schlechtere Lösungen akzeptiert werden. Dies verhindert, dass der Algorithmus in lokalen Optima steckenbleibt. Ist nämlich mal eine lokal optimale Lösung erreicht, reicht unter Umständen die Palette der möglichen

Mutationen nicht aus, dieses lokale Optimum wieder zu verlassen, wenn man nicht auch in Zwischenschritten wieder schlechtere Lösungen akzeptiert.

Der folgende Algorithmus skizziert das prinzipielle Vorgehen.

```
Erzeuge eine Anfangslösung a
Initialisiere c (die „Temperatur“) und l
REPEAT
  FOR k := 1 TO l DO
    Erzeuge aus a eine zufällig mutierte Lösung a'
    Δ := w(a') − w(a)  {w ist die Gewichtsfunktion}
    IF Δ ≤ 0 THEN a := a'
    ELSE IF e^(−Δ/c) > random
      THEN a := a'
  c := αc
UNTIL c < ε
```

Hierbei ist α eine Konstante kleiner als Eins, etwa $0,8 \leq \alpha \leq 0,99$, und ε ist eine kleine Konstante nahe bei Null. Eine Faustregel ist, den Startwert von c etwa 10-mal so groß wie den größtmöglichen, potenziellen Δ-Wert zu wählen. Ferner ist random eine gleichverteile Zufallszahl zwischen 0 und 1.

So wie hier formuliert, verwendet Simulated Annealing den Zufall, um bei schlechteren Lösungen festzulegen, ob diese beibehalten werden sollen oder nicht. Es spricht aber im Prinzip nichts dagegen, stattdessen diese Entscheidung deterministisch durchzuführen. Das bedeutet dann, dass der Algorithmus einen *Schwellenwert* s mitführt, so dass schlechtere Lösungen – ohne Verwenden von Zufall – dann akzeptiert werden, wenn $\Delta \leq s$. Dieser Schwellenwert (genauso wie im obigen Algorithmus die „Temperatur“ c) wird in jedem Schritt heruntergesetzt und strebt gegen Null. Diese Variante nennt man auch *Threshold Accepting*.

9.6 Genetische Algorithmen

Genetische Algorithmen arbeiten vom Konzept her auch mit lokalen Verbesserungsstrategien, evtl. angereichert mit dem Simulated Annealing Konzept. Nur wird hier konsequenter das Vorbild der Natur, die genetischen Evolution, imitiert.

Der erste Unterschied besteht darin, dass nicht nur eine einzelne Lösung verändert und verbessert wird, sondern eine *Population* von Lösungen. Lösungen werden in diesem Kontext auch oft *Chromosomen* genannt. Der weitere Unterschied besteht darin, dass nicht nur zufällige lokale Änderungen der Lösungen (Mutationen) vorgenommen werden, sondern auch *Kreuzungen* (cross-over) zwischen Lösungen, um solcherart neue Lösungen zu erzeugen. Nach dem Erzeugen solcher neuen Lösungen werden alle bewertet, und die neue Population besteht dann aus denjenigen mit den höchsten Bewertungen. (In diesem Kontext wird oft der Term „Fitness" für die Bewertung verwendet).

Im folgenden Algorithmus ist das Konzept ausgeführt.

```
Erzeuge eine zufällige Anfangspopulation
 von Lösungen {a_1, ..., a_m}
REPEAT
  Erzeuge eine gewisse Anzahl
   zufälliger Mutationen der Lösungen
  Erzeuge eine gewisse Anzahl
   zufälliger Kreuzungen von Lösungspaaren
  Bewerte die Fitness aller erhaltenen Lösungen
  Wähle die m fittesten Lösungen aus; diese seien dann
  {a_1, ..., a_m}
UNTIL Fitness verbessert sich nicht mehr
Finde in der erhaltenen Population die fitteste Lösung
```

Wir müssen noch diskutieren, wie die cross-over Operation zu verstehen ist. An dieser Stelle ist es sehr wichtig, dass die Lösungen „geeignet" als Bitstrings codiert sind. Wir betrachten zwei Lösungen a_i und a_j und schneiden diese an einer beliebigen (oder geeigneten) Stelle (dem *cross-over point*) auf:

$$\begin{array}{rcl|l} a_i & = & 1110110111 & 1010101 \\ a_j & = & 0011011011 & 1110001 \end{array}$$

Nun sind zwei Kreuzungen möglich; man kann die vordere Hälfte von a_i (bzw. a_j) mit der hinteren Hälfte von a_j (bzw. a_i) kombinieren, und wenn die Codierung der Lösungen geeignet gewählt ist, so entstehen wieder zulässige Lösungen. Diese wären in diesem Fall

$$11101101111110001 \text{ und } 00110110111010101$$

Wichtig an der Codierung ist, dass die gekreuzten Lösungen in gewisser Weise die Charakteristika der Elternpaare noch in sich tragen.

Wenden wir uns dem TSP zu. Hier lässt sich das cross-over Konzept nicht in der angegebenen idealen, symmetrischen Form verwirklichen. Seien zwei Lösungen (also Rundreisen) gegeben:

$$v = (v_1, v_2, \dots, v_n)$$
$$w = (w_1, w_2, \dots, w_n)$$

Man kann nicht einfach eine vordere Hälfte der ersten Rundreise mit der hinteren Hälfte der zweiten Rundreise kombinieren, da dann Knoten (Städte) doppelt oder überhaupt nicht auftreten können.

Es gibt eine mögliche Lösung des Problems, die annehmbare Ergebnisse liefert: Wir wählen aus der ersten Lösung einen Teilabschnitt, den wir identisch übernehmen. Aus der zweiten Lösung schließen wir dann – ausgehend vom letzten besuchten Knoten des ersten Teils – weitere Knoten an, sofern sie nicht schon vorgekommen sind; ansonsten lassen wir diese aus.

Beispiel:

$$v = (5\,6\,2\,0\,1\,4\,7\,3\,8\,9)$$
$$w = (3\,2\,1\,6\,5\,9\,4\,0\,8\,7)$$

Wir wählen aus der ersten Lösung den Abschnitt $v' = (2\ 0\ 1\ 4\ 7\ 3)$. Wir setzen beim Nachfolgerknoten von 3 in w auf und wählen der Reihe nach diejenigen Knoten, die noch nicht vorgekommen sind. Das Ergebnis ist folgende „gekreuzte" Rundreise:

$$(2\,0\,1\,4\,7\,3\,6\,5\,9\,8)$$

Eine andere Möglichkeit, den cross-over Operator beim (symmetrischen) Traveling Salesman Problem zu definieren, ist wie folgt. Wir erzeugen den Graphen, der sich ergibt, wenn man nur die in den beiden zu kreuzenden (Eltern-) Rundreisen verwendeten Kanten einträgt. Gegeben seien zum Beispiel die folgenden beiden Rundreisen:

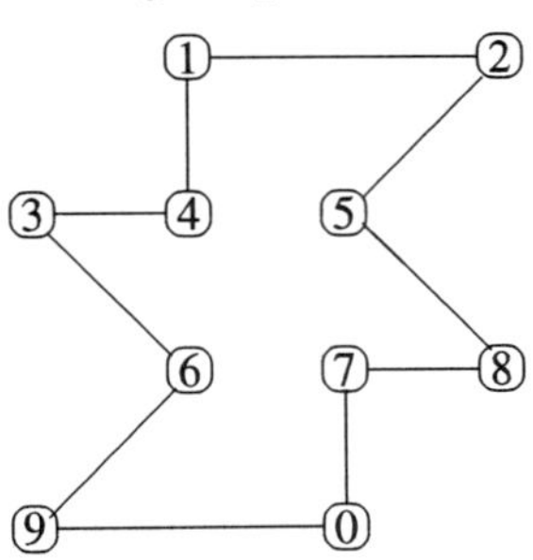

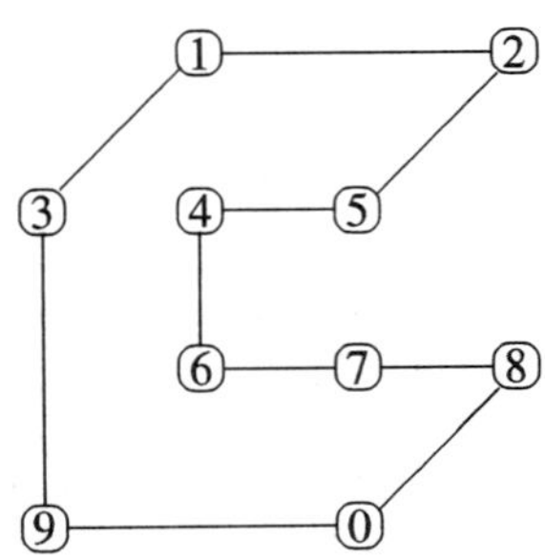

Wir tragen alle vorkommenden Kanten in einen gemeinsamen Graphen ein. Jeder Knoten in diesem Graphen hat jetzt 2,3 oder 4 Nachbarn.

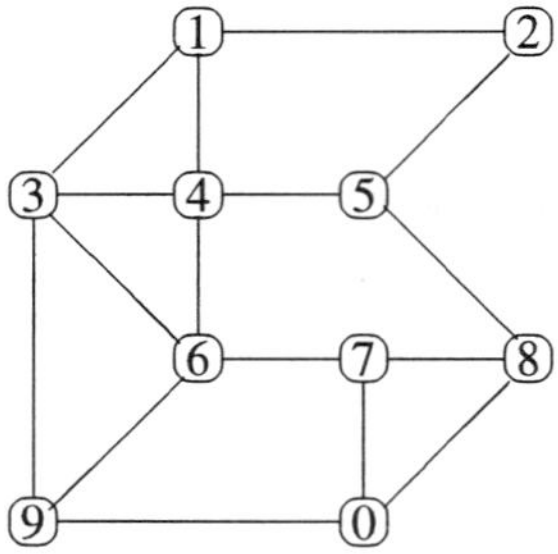

Nun versuchen wir probabilistisch durch einen „random walk“ auf dem Graphen, einen neue Rundreise zu finden. Hierbei kann es möglicherweise vorkommen, dass diese Zufallsirrfahrt in eine „Sackgasse“ gerät, also dass alle Nachbarn des aktuellen Knotens auf der begonnenen Rundreise bereits besucht wurden. In einem solchen Fall muss eine Kante verwendet werden, die in keiner der Eltern-Rundreisen vorkam. Das folgende Bild zeigt eine Möglichkeit, die nur in den Eltern vorhandene Kanten verwendet:

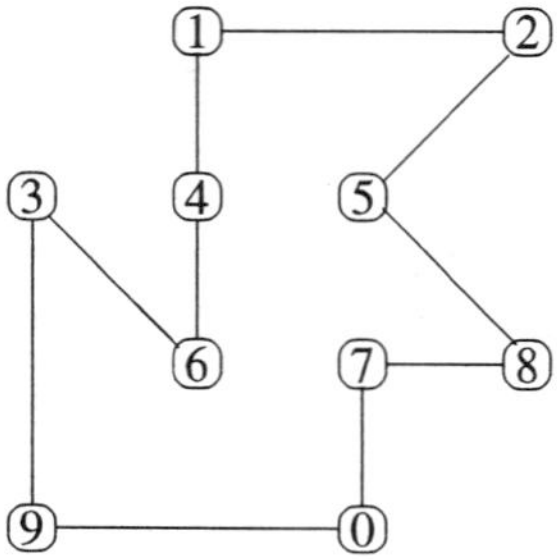

Anstatt die Rundreise zufällig zu konstruieren, kann man auch eine Greedy-Heuristik verwenden, indem man immer denjenigen noch nicht besuchten Nachbarknoten mit minimaler Kantenzahl auswählt.

Das folgende Diagramm illustriert, wie typischerweise im Laufe eines genetischen Algorithmus’ die Lösungsgüte zunimmt (also die Länge der gefundenen Rundreisen abnimmt), wobei die optimale Lösung möglicherweise aber nicht erreicht wird.

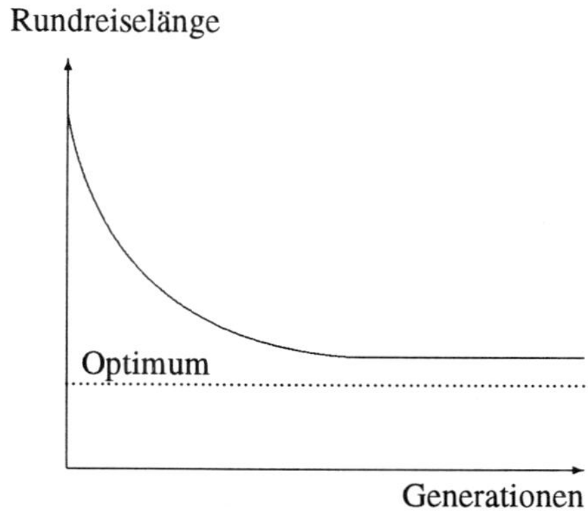
Rundreiselänge
Optimum
Generationen

Literatur

A.V. Aho, J.E. Hopcroft, J.D. Ullman: *The Design and Analysis of Computer Algorithms.* Addison-Wesley, 1974.

M. Aigner: *Diskrete Mathematik.* Vieweg, 1993.

S. Baase: *Computer Algorithms – Introduction to Design and Analysis.* Addison-Wesley, 1988.

L. Banachowski, A. Kreczmar, W. Rytter: *Analysis of Algorithms and Data Structures.* Addison-Wesley, 1991.

A. Bartholomé, J. Rung, H. Kern: *Zahlentheorie für Einsteiger.* Vieweg, 1995.

L. Bolc, J. Cytowski: *Search Methods for Artificial Intelligence.* Academic Press, 1992.

G. Brassard, P. Bratley: *Algorithmics – Theory and Practice.* Prentice-Hall, 1988.

G. Brassard, P. Bratley: *Fundamentals of Algorithmics.* Prentice-Hall, 1996.

J. Clark, D.A. Holton: *Graphentheorie.* Spektrum Akademischer Verlag, 1991.

T.H. Cormen, C.E. Leiserson, R.L. Rivest: *Introduction to Algorithms.* MIT Press, 1990.

L. Davis: *Genetic Algorithms and Simulated Annealing.* Pitman, 1990.

R. Diestel: *Graphentheorie.* Springer-Verlag, 1996.

M.R. Garey, D.S. Johnson: *Computers and Intractability – A Guide to the Theory of NP-Completeness.* Freeman and Company, 1979.

A. Gibbons: *Algorithmic Graph Theory.* Cambridge University Press, 1985.

P. Giblin: *Primes and Programming – An Introduction to Number Theory with Computing.* Cambridge University Press, 1993.

G.H. Gonnet: *Handbook of Algorithms and Data Structures.* Addison-Wesley, 1984.

G. Goos: *Algorithmentechnik.* Vorlesungsskript, Uni Karlsruhe, 1994.

J. Gruska: *Foundations of Computing.* Thomson Computer Press, 1997.

G. Hansel, D. Perrin, I. Simon: Compression and Entropy. *Symposiom on Theoretical Aspects of Computer Science* 1992. Lecture Notes in Computer Science 577, Springer-Verlag, 1992.

D.S. Hochbaum (Hg.): *Approximation Algorithms for NP-Hard Problems.* PWS Publ. Company, 1997.

E. Horowitz, S. Sahni: *Algorithmen.* Springer-Verlag, 1981.

T.C. Hu: *Combinatorial Algorithms.* Addison-Wesley, 1982.

M. Hüttenhofer, M. Lesch, N. Peyerimhoff: *Mathematik in Anwendung mit C++.* Quelle & Meyer Verlag, 1994.

T. Ihringer: *Diskrete Mathematik.* Teubner, 1994.

D. Jungnickel: *Graphen, Netzwerke und Algorithmen.* Bibl. Institut Wissenschaftsverlag, 1987.

D.E. Knuth: *The Art of Computer Programming.* Addison-Wesley. Vol 1: *Fundamental Algorithms*, 1973. Vol 2: *Seminumerical Algorithms.* 1981. Vol 3: *Sorting and Searching*, 1975.

E. Koutsoupias, C.H. Papadimitriou: On the greedy algorithm for satisfiability. *Information Processing Letters* 43 (1992) 53–55.

D.C. Kozen: *The Design and Analysis of Algorithms.* Springer-Verlag, 1992.

E. Kranakis: *Primality and Cryptography.* Wiley-Teubner, 1986.

L. Kučera: *Combinatorial Algorithms.* Adam Hilger, 1990.

P. Läuchli: *Algorithmische Graphentheorie.* Birkhäuser, 1991.

T. Lengauer: *Combinatorial Algorithms for Integrated Circuit Layout.* Wiley-Teubner, 1990.

U. Mander: *Introduction to Algorithms – A Creative Approach.* Addison-Wesley, 1989.

R. Mathar, D. Pfeifer: *Stochastik für Informatiker.* Teubner, 1990.

K. Mehlhorn: *Effiziente Algorithmen.* Teubner, 1977.

K. Mehlhorn: *Data Structures and Algorithms*. Band 1: *Sorting and Searching*. Band 2: *Graph Algorithms and NP-Completeness*. Band 3: *Multidimensional Searching and Computational Geometry*. EATCS Monographs on Theor. Comput. Sci., Vol 1–3. Springer-Verlag, 1984.

B.M.E. Moret, H.D. Shapiro: *Algorithms from P to NP, Volume I: Design and Efficiency*. Benjamin/Cummings, 1991.

C. Meinel: *Effiziente Algorithmen*. Fachbuchverlag Leipzig, 1991.

J.D. Meißner: *Heuristische Programmierung*. Akad. Verlagsgesellschaft, 1978.

Z. Michalewicz: *Genetic Algorithms + Data Structures = Evolution Programs*. Springer-Verlag, 1994.

R. Motwani, P. Raghavan: *Randomized Algorithms*. Cambridge University Press, 1995.

G. Nägler, F. Stopp: *Graphen und Anwendungen*. Teubner, 1996.

V. Nissen: *Einführung in Evolutionäre Algorithmen*. Vieweg, 1997.

W. Oberschelp, D. Wille: *Mathematischer Einführungskurs für Informatiker*. Teubner, 1976.

T. Ottmann, P. Widmayer: *Algorithmen und Datenstrukturen*. Spektrum Akademischer Verlag, 1996.

C.H. Papadimitriou, K. Steiglitz: *Combinatorial Optimization – Algorithms and Complexity*. Prentice-Hall, 1982.

I. Parberry: *Problems on Algorithms*. Prentice Hall, 1995.

P.W. Purdom, C.A. Brown: *The Analysis of Algorithms*. Holt, Rinehart and Winston, 1985.

V.J. Rayward-Smith, I.H. Osman, C.R. Reeves, G.D. Smith (Hg.): *Modern Heuristic Search Methods*. Wiley, 1996.

A. Reinefeld: *Spielbaum-Suchverfahren*. Informatik-Fachberichte 200, Springer-Verlag, 1987.

G. Reinelt: *The Traveling Salesman – Computational Solutions for TSP Applications*. Lecture Notes in Computer Science 840, Springer-Verlag, 1994.

K. Richte, P. Bachmann, S. Dempe: *Diskrete Optimierungsmodelle - Effektive Algorithmen und näherungsweise Lösung*. VEB Verlag Technik Berlin, 1988.

R. Sedgewick: *Algorithmen*. Addison-Wesley, 1992.

R. Sedgewick, P. Flajolet: *An Introduction to the Analysis of Algorithms*. Addison-Wesley, 1996.

E. Specker, V. Strassen: *Komplexität von Entscheidungsproblemen*. Lecture Notes in Computer Science 43, Springer-Verlag, 1976.

R.E. Tarjan: *Data Structures and Network Algorithms*. Society for Industrial and Applied Mathematics, 1983.

V. Turau: *Algorithmische Graphentheorie*. Addison-Wesley, 1996.

H. Walther, G. Nägler: *Graphen - Algorithmen - Programme*. Springer-Verlag, 1987.

I. Wegener: *Effiziente Algorithmen für grundlegende Funktionen*. Teubner, 1989.

M.A. Weiss: *Data Structures and Algorithm Analysis*. Benjamin/Cummings Publ. Comp., 1992.

D. Welsh: *Codes and Cryptography*. Oxford University Press, 1988.

H.S. Wilf: *Algorithms and Complexity*. Prentice-Hall, 1986.

D. Wood: *Data Structures, Algorithms, and Performance*. Addison-Wesley, 1993.

J. Ziegenbalg: *Algorithmen – Von Hamurapi bis Gödel*. Spektrum Akademischer Verlag, 1996.

Index

Spektrum Hochschultaschenbücher – *Mathematik*

Christoph Bandelow
Einführung in die Wahrscheinlichkeitstheorie
2. Aufl. 1989, 242 S., Br.
DM 34,-/öS 249,-/sFr 34,-
ISBN 3-86025-400-6

Walter Benz
Ebene Geometrie
Eine Einführung in Theorie und Anwendung
ca. 295 S., Br.
DM 38,-/öS 278,-/sFr 35,-
ISBN 3-8274-0138-0

R. Bodendiek / R.Lang
Lehrbuch der Graphentheorie
Bd. 1
1995, 324 S., Br.
ISBN 3-86025-667-X
Bd. 2
1995, 378 S., Br.
ISBN 3-86025-668-8
je DM 38,-/öS 278,-/sFr 38,-

J. Cigler / H.-Chr. Reichel
Topologie
2. Aufl. 1987, 260 S., Br.
DM 29,80/öS 218,-/sFr 29,80
ISBN 3-86025-412-X

H.-D. Ebbinghaus / J. Flum / W. Thomas
Einführung in die mathematische Logik
4. Aufl. 1996, ca. 340 S., Br.
DM 34,80/öS 255,-/sFr 34,80
ISBN 3-8274-0130-5

A. Erhard-Ferron / H. Walter
Mathematik-Repetitorium zur Prüfungsvorbereitung
Bd. 1
1993, 288 S., Br.
DM 19,80/öS 145,-/sFr 19,80
ISBN 3-86025-421-9
Bd. 2
1995, 396 S., Br.
DM 48,-/öS 351,-/sFr 46,-
ISBN 3-86025-395-6

F. Hirzebruch / W. Scharlau
Einführung in die Funktionalanalysis
1971, 197 S., Br.
DM 29,80/öS 218,-/sFr 29,80
ISBN 3-86025-429-4

Wilfried Kaballo
Einführung in die Analysis I
1996, 388 S., ca.170 Abb., Br.
DM 29,80/öS 218,-/sFr 29,80
ISBN 3-8274-0005-8

Herbert Kütting
Elementare Analysis
Bd. 1
1992, 206 S., Br.
ISBN 3-86025-436-7
Bd. 2
1995, 255 S., Br.
ISBN 3-86025-455-3
je DM 29,80/öS 218,-/sFr 29,80

Falko Lorenz
Einführung in die Algebra
Bd. I
3. Aufl., 1995, 346 S., Br.
DM 38,00/öS 278,-/sFr 38,00
ISBN 3-86025-397-2
Bd. II
1991, 397 S., Br.
DM 48,-/öS 351,-/sFr 46,-
ISBN 3-86025-456-1

Falko Lorenz
Lineare Algebra I
3. Aufl., 1992, 236 S., Br.
DM 29,80/öS 218,-/sFr 29,80
ISBN 3-86025-441-3
Lineare Algebra II
3. Aufl. 1992, 195 S., Br.
DM 29,80/öS 218,-/sFr 29,80
ISBN 3-86025-457-X

Erich Martensen
Analysis I
5. Aufl., 1992, 280 S., 52 Abb., Br.
ISBN 3-86025-445-6
Analysis II
5. Aufl. 1992, 246 S., 43 Abb., Br.
ISBN 3-86025-446-4
Analysis III
4. Aufl. 1992, 272 S., 46 Abb., Br.
ISBN 3-86025-447-2
Analysis IV
1995, 208 S., Br.
ISBN 3-86025-672-6
je DM 29,80/öS 218,-/sFr 29,80

Martin Mathieu
Funktionsanalysis Ein Arbeitsbuch
ca. 430 S.,Br.
DM 48,-/öS 351,-/sFr 44,50
ISBN 3-8274-0153-4

Walter Oevel
Einführung in die Numerische Mathematik
1995, 480 S.,Br.
DM 58,-/öS 424,-/sFr 55,-
ISBN 3-86025-674-2

Friedhelm Padberg
Elementare Zahlentheorie
2. Aufl. 1991, 196 S.,Br.
DM 26,80/öS 196,-/sFr 26,80
ISBN 3-86025-453-7

F. Padberg / R. Danckwerts / M. Stein
Zahlbereiche
1995, 236 S., Br.
DM 38,-/öS 278,-/sFr 38,-
ISBN 3-86025-394-8

F. Padberg/H. Kütting
Lineare Algebra
1991, 304 S., Br.
DM 29,80/öS 218,-/sFr 29,80
ISBN 3-86025-454-5

Reiffen / Scheja / Vetter
Algebra
2. Aufl. 1984, 276 S., Br.
DM 29,80/öS 218,-/sFr 29,80
ISBN 3-86025-459-6

Heinrich Rommelfanger
Mathematik für Wirtschaftswissenschaftler
Bd. I
3. Aufl., 1995, 360 S., Br.
DM 34,-/öS 249,-/sFr 34,-
ISBN 3-86025-981-4
Bd. II
4. vollständig überarbeitete Auflage
300 S., Br.
DM 32,-/öS 234,-/sFr 29,50
ISBN 3-8274-0186-0

Karl Rottmann
Mathematische Formelsammlung
4. Aufl. 1991, 176 S., Br.
DM 19,80/öS 145,-/sFr 19,80
ISBN 3-86025-462-6

Spektrum
AKADEMISCHER VERLAG

Vangerowstr. 20, D-69115 Heidelberg

Spektrum Hochschultaschenbücher – *Informatik*

Heide Balzert

Objektorientierte Systemanalyse

Dieses Buch führt anwendungsnah in die Konzepte der objektorientierten Systemanalyse ein. Dabei werden die Methoden von Coad, Rumbaugh und Booch zu einer eigenen Methodik integriert und weiterentwickelt. Einen besonderen Schwerpunkt bildet die Beschreibung der methodischen Vorgehensweise zur Erstellung eines OOA-Modells.

1996, 328 S., Br.
DM 48,-/öS 351,-/sFr 46,-
ISBN 3-8274-0111-9

Jürgen Wolff von Gudenberg

Objektorientiert Programmieren von Anfang an

Diese 2., aktualisierte Auflage bietet eine Darstellung der grundlegenden Konzepte (Objekt, Klasse, Methode, Vererbung) der objektorientierten Programmierung. Zahlreiche Programmbeispiele dienen der konkreten Umsetzung des Lehrstoffs; Kenntnisse in C oder anderen Programmiersprachen werden nicht vorausgesetzt.

2. Aufl., 1996, ca. 330 S., Br.
DM 48,-/öS 351,-/sFr 46,-
ISBN 3-8274-0112-7

Dierk Röschke / Matthias Sperl / Thomas Voigtmann

Einführung in die Programmierung unter UNIX

Schwerpunkte dieses auf die Bedürfnisse von Anfängern ausgerichteten Buchs sind neben UNIX-Grundlagen Einführungen in das Arbeiten mit Internet-Diensten und in die Programmiersprachen PERL und C.

1996, 215 S., Br.
DM 29,80/öS 218,-/sFr 29,80
ISBN 3-8274-0064-3

Wilhelm Büttemeyer

Wirtschaftstheorie für Informatiker

Dieser Band führt in die Wissenschaftstheorie, soweit sie für den Informatiker relevant ist, ein. Die systematische Darstellung der Sachverhalte wird durch fachbezogene Beispiele konkretisiert.

1995, 149 S., Br.
DM 29,80/öS 218,-/sFr 29,80
ISBN 3-86025-518-5

A. Graf / W. Bundschuh / H.-G. Kruse

Effektives Arbeiten mit SAS

Einführung in die Sprach- und Programmstruktur von SAS. Durch die vielen Beispiele und ein einführendes Kapitel eignet sich das Werk auch für Anfänger zum Selbststudium.

1993, 337 S., Br.
DM 38,-/öS 278,-/sFr 38,-
ISBN 3-86025-526-6

Graf / Sandner / Stede

Einführung in die Programmiersprache COBOL

Dieser sowohl zum Selbststudium als auch als kursbegleitendes Arbeitsbuch geeignete Band gibt eine umgassende Einführung in die Sprach- und Programmstruktur sowie die Programmierung mit COBOL.

1992, 368 S., Br.
DM 38,-/öS 278,-/sFr 38,-
ISBN 3-86025-527-4

Otto Mayer

Programmieren in COMMON LISP

Dieser Titel stellt eine kompetente Einführung in das Programmieren in COMMON LISP, die Standardsprache der Künstlichen Intelligenz, dar. Grundlegende Funktionen werden in leicht verständlicher, methodisch klarer Form präsentiert.

2. Aufl. 1995, 329 S., Br.
DM 38,-/öS 278,-/sFr 38,-
ISBN 3-86025-710-2

Bernd Baumgarten

Petri-Netze

Dieses Buch stellt die formalen Grundlagen der Petri-Netze bereit. Neue Begriffe werden dabei stets durch anschauliche Modelle von Alltags- oder EDV-Systemen illustriert. Daneben stehen prinzipielle oder praktische Hinweise zum Modellieren und Entwerfen von Petri-Netzen.

1997, 372 S., Br.
DM 58,-/öS 424,-/sFr 52,50
ISBN 3-8274-0175-5

Weiterhin lieferbar:

Fevzi Belli

Einführung in die Logische Programmierung mit PROLOG

2. Aufl. 1988, 227 S., Br.
DM 29,80/öS 218,-/sFr 29,80
ISBN 3-86025-511-8

Fevzi Belli

PASCAL

Bd. I, *2. Aufl. 1989, 387 S., Br.*
ISBN 3-86025-512-6
Bd. II, *1989, 383 S., Br.*
ISBN 3-86025-513-4
Bd. III, *1989, 344 S., Br.*
ISBN 3-86025-514-2
je DM 38,-/öS 278,-/sFr 38,-

Gerhard Berendt

Mathematische Grundlagen für Informatiker
Bd. 2: Analysis, Lineare Algebra und Elemente der Wahrscheinlichkeitstheorie

1990, 216 S., Br.
DM 19,80/öS 145,-/sFr 19,80
ISBN 3-86025-516-9

Spektrum
AKADEMISCHER VERLAG

Vangerowstr. 20, D-69115 Heidelberg